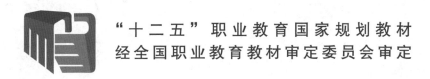

"十二五"职业教育国家规划教材

经全国职业教育教材审定委员会审定

火电厂动力设备

（第二版）

主编　刘蓉莉
编写　李　京　谭德见
主审　卢啸风

内 容 提 要

本书为"十二五"职业教育国家规划教材。

全书共分八章,主要内容包括锅炉燃料及其燃烧设备、锅炉受热面、锅炉运行、汽轮机概述、汽轮机本体结构及其主要辅助设备、汽轮机运行、发电厂的热经济性、发电厂的热力及辅助生产系统等。

本书可以作为电力技术类及其他非热能动力专业教学用书,也可作为电厂人员职业技能培训教材。

图书在版编目（CIP）数据

火电厂动力设备/刘蓉莉主编．—2 版．—北京：中国电力出版社，2014.8（2024.8重印）
"十二五"职业教育国家规划教材
ISBN 978 - 7 - 5123 - 6159 - 1

Ⅰ.①火… Ⅱ.①刘… Ⅲ.①火电厂－动力装置－职业教育－教材 Ⅳ.①TM621

中国版本图书馆 CIP 数据核字（2014）第 145584 号

中国电力出版社出版、发行
(北京市东城区北京站西街 19 号 100005 http://www.cepp.sgcc.com.cn)
廊坊市文峰档案印务有限公司印刷
各地新华书店经销

*

2007 年 7 月第一版
2014 年 8 月第二版 2024 年 8 月北京第十五次印刷
787 毫米×1092 毫米 16 开本 11.5 印张 277 千字
定价 **35.00** 元

版 权 专 有 侵 权 必 究
本书如有印装质量问题，我社营销中心负责退换

前 言

本书第一版于 2007 年 7 月出版，已重印多次，受到广大院校师生的欢迎，在给予本书肯定的同时，也提出了很多中肯的意见和建议，在此基础上，编者结合高职高专教育的特点，本着理论够用、应用为主、注重实践的思想开展了此次修订工作。

此次修订主要内容包括：

（1）增加锅炉新型点火装置内容；
（2）修订循环流化床锅炉的燃烧及工作过程；
（3）补充 600MW 机组汽轮机资料；
（4）增加凝汽设备运行内容；
（5）合并汽轮机启动与停机章节；
（6）增加汽轮机寿命损耗知识；
（7）修订热电联产内容；
（8）补充除氧器运行相关知识。

本书共分八章，全面介绍了火力发电厂动力部分的锅炉、汽轮机及热力系统。希望通过本书的学习能初步掌握火电厂常用热力设备及系统的结构和应用。本书内容注重以实用为主，以必须、够用为度，追求新知识、新技术的应用。深浅适度、简明扼要、分量合适。

全书由国网重庆市电力公司技能培训中心刘蓉莉、李京、谭德见编写。刘蓉莉任主编，并编写绪论、第一～第三章，李京编写第四～第六章，谭德见编写第七、第八章。

本书由重庆大学卢啸风教授主审。卢啸风教授详细审阅了全部书稿，提出许多意见和建议，使编者在编写过程中受益匪浅，特此表示感谢。

限于编者水平，书中不足之处在所难免，恳切希望广大读者批评指正。

编 者
2014 年 6 月

第一版前言

为贯彻落实教育部《关于进一步加强高等学校本科教学工作的若干意见》和《教育部关于以就业为导向深化高等职业教育改革的若干意见》的精神，加强教材建设，确保教材质量，中国电力教育协会组织制订了普通高等教育"十一五"教材规划。该规划强调适应不同层次、不同类型院校，满足学科发展和人才培养的需求，坚持专业基础课教材与教学急需的专业教材并重、新编与修订相结合。本书为新编教材。

本书共分八章，全面介绍了火力发电厂动力部分的锅炉、汽轮机及其热力系统。本书内容注重以实用为主，以必须、够用为度，追求新知识、新技术的应用。深浅适度、简明扼要、分量合适。

全书由重庆市电力公司教育培训中心刘蓉莉、李京、谭德见编写。刘蓉莉任主编，负责全书的统稿工作，并编写绪论、第一章～第三章；李京编写第四章～第六章；谭德见编写第七章、第八章。

本书由重庆大学卢啸风教授主审。卢啸风教授详细审阅了全部书稿，提出了许多建设性意见和建议，使编者在修改过程中受益匪浅，特此表示感谢。

由于编者水平有限，书中缺点和错误在所难免，恳切希望广大读者批评指正。

编 者

2007 年 3 月

目　录

前言
第一版前言

绪　论		1
第一章	锅炉燃料及其燃烧设备	6
第一节	电厂锅炉概述	6
第二节	燃料特性	9
第三节	煤粉及制粉系统	12
第四节	煤的燃烧及燃烧设备	23
第五节	锅炉热平衡	35
思考题		37
第二章	锅炉受热面	39
第一节	蒸发设备	39
第二节	蒸汽净化设备	44
第三节	过热器和再热器	48
第四节	省煤器和空气预热器	50
第五节	典型锅炉简介	54
思考题		59
第三章	锅炉运行	61
第一节	锅炉启动和停运	61
第二节	锅炉的运行调节	64
思考题		68
第四章	汽轮机概述	69
第一节	汽轮机设备的组成及工作概况	69
第二节	汽轮机的工作原理及基本形式	70
第三节	汽轮机的分类和型号	74
第四节	汽轮机级的一般概念	76
第五节	汽轮机级内的工作过程	78
第六节	级内损失和级效率	81
第七节	多级汽轮机的轴向推力及其平衡	86
第八节	汽轮发电机组的效率和经济指标	88
思考题		89

第五章　汽轮机本体结构及其主要辅助设备 … 90
第一节　汽缸的结构和热膨胀 … 90
第二节　喷嘴组及隔板的结构 … 98
第三节　汽封 … 103
第四节　动叶片 … 105
第五节　转子 … 109
第六节　凝汽设备 … 113
思考题 … 118

第六章　汽轮机运行 … 120
第一节　汽轮机启停时的热状态 … 120
第二节　汽轮机的寿命 … 122
第三节　汽轮机的启动与停机 … 125
第四节　汽轮机正常运行与监督 … 129
第五节　汽轮机的调节与保护 … 132
思考题 … 138

第七章　发电厂的热经济性 … 139
第一节　凝汽式发电厂的各种热损失和效率 … 139
第二节　提高热力发电厂热经济性的主要途径 … 141
第三节　热力发电厂的主要经济指标 … 149
思考题 … 150

第八章　发电厂的热力及辅助生产系统 … 151
第一节　原则性热力系统 … 151
第二节　给水回热加热系统 … 152
第三节　给水除氧系统 … 161
第四节　发电厂其他热力系统 … 168
第五节　火电厂的辅助生产系统简介 … 172
思考题 … 175

参考文献 … 176

绪 论

一、电力工业在国民经济中的作用及发展政策

(一) 电力工业在国民经济中的作用

电能由于其固有的优点而成为国民经济各领域最广泛使用的能量。电力工业是把一次能源转变为电能的生产行业。一次能源是指以原始状态存在于自然界中，不需要经过加工或转换过程就可直接提供热、光或动力的能源，如石油、煤炭、天然气、水力、原子能、风能、地热能、海洋能等，上述前五种能源是当前被广泛使用的，所以称为常规能源，世界能源消费几乎全靠这五大能源来供应。一次能源通过加工、转化生成的能源称为二次能源。电能是优质的二次能源。一些不宜或不便于直接利用的一次能源（如核能、水能、低发热量燃料等），可以通过转换成电能而得到充分利用，由此扩大了一次能源的应用范围。电能可较为方便地转换为社会所需要的各种形式的能源，如机械能、光能、磁能、化学能等，而且转换效率高。电能容易控制，无污染。以电能作为动力，可有效地提高各行各业的生产自动化水平，促进技术进步，从而提高劳动生产率，改善劳动者的工作环境和工作条件。电能在提高人民的物质文化水平方面同样起着非常重要的作用。电能的应用已深入到社会生产和生活的各个领域，一个国家的电气化程度已成为国民经济现代化的一个重要标志。只有电力工业迅速发展才有可能保证整个国民经济迅速而稳步地发展。

(二) 我国电力工业发展政策

我国的电力工业虽然取得了一定的成就，但与发达国家相比还有较大的差距。为缩小与发达国家的差距，促进我国电力工业持续、快速、健康地发展，国家提出了今后一个时期电力工业发展的政策。

(1) 调整产业结构，优化资源配置。因地制宜地确定与地区经济发展相适应的电力工业发展速度。优先开发中西部地区的能源资源，加快坑口电厂建设，变输煤为输电。坚持优化发展火电、优先发展水电、适当发展核电、积极利用新能源的方针。大力发展大容量、高参数、高效率机组，重点建设 600MW 及其以上亚临界和超临界压力机组，逐渐淘汰小机组。重视有调峰能力电厂的建设，特别是加快东部地区抽水蓄能电站的建设。

(2) 切实加强电网建设，积极推进全国联网。加强主干网的建设，提高输电线路的输送能力和供电质量，充分发挥和提高大电网的整体优势和效益。

(3) 依靠科技进步，加快技术改造。对于国际上先进实用的技术，有重点、有选择地引进、吸收、创新，加速实现国产化。对于老电厂，通过技术改造实现节能降耗，提高电力工业的总体技术水平和安全经济运行水平。

(4) 高度重视节约与环保。坚持资源开发和节约并重，把节约放在首位，提高能源利用率。加快循环流化床锅炉和脱硫设备的国产化步伐。加强对火电厂污染的治理，使火电厂的排放达到环保标准。

(5) 进一步深化改革用电管理体制。厂网分开，建立起规范、竞争、有序的电力市场。

早日实现全国联网,统一调度,实现全国城乡电网电力销售同网同质同价。

二、电力生产的特点及基本要求

目前电能不能大量储存。这就要求发电厂所发出的电功率必须随时与用户所消耗的电功率保持平衡,以保证用户对电量的需求。为此,发电设备的运行工况必须随着外界负荷的变化而改变。根据这一特点,对电能生产提出了如下要求。

1. 安全可靠

电力工业是连续进行的现代化大生产,一个小事故处理不当就可能造成大面积的停电事故。所以电力生产必须保证发电和供电的可靠性与安全性。电力系统有必需的备用容量,以备在检修或事故情况下向外正常供电,对重要用户还要采用双回路供电。

2. 力求经济

目前,我国的电力生产仍以火电为主,所消耗的一次能源多,而能源的利用率又很低(仅为30%),先进国家在40%~50%,因此节能的潜力很大。如果发电煤耗平均下降 $1g/(kW \cdot h)$,按目前的发电量计算,则全年可节约标准煤上亿千克;若全国送电线损率和厂用电率降低1%,则全国可节电上百亿千瓦时。因此,在电力生产过程中,必须力求经济运行,提高能源利用率。

3. 保证电能质量

随着电力工业的不断发展,电网愈来愈大,为保证电能质量,在电力系统中设有适应用户有功功率变化的调频厂或机组,使电网频率保持在规定的范围内。为了保证电压质量,在电网中无功功率差异较大的局部地区要安装电力电容器或调相机组,给予补偿。

4. 控制污染与保护环境

火电厂在生产过程中产生的烟尘、SO_x、NO_x、废水、灰渣和噪声等,污染环境,危害人民的身体健康,必须采取有效措施严格控制。目前采用煤或烟气的脱硫、脱硝、流化床及低温分段燃烧等技术,使烟气中有害气体的含量得到有效控制;利用高效的电气式除尘器使烟气中的粉尘含量大为减少。可以说,火电厂环保的优劣已成为一个国家电力工业技术水平高低的标志之一。

三、电厂的类型

(一) 按产品分类

电厂按产品可分为发电厂和热电厂两种。发电厂只生产电能,如火力发电厂,汽轮机做完功的蒸汽,排入凝汽器凝结成水,所以又称为凝汽式发电厂。热电厂既生产电能又对外供热,供热是利用汽轮机较高压力的排汽或可调节抽汽送给热用户。

(二) 按使用的能源分类

1. 火力发电厂

以煤、油、天然气为燃料的电厂称为火力发电厂,简称火电厂。按照我国的能源政策,火电厂要以燃煤为主,并且优先使用劣质煤,除国家批准的燃油电厂外,严格控制电厂使用燃油。

2. 水力发电厂

以水能作为动力发电的电厂为水力发电厂,其生产过程是由拦河坝维持的高水位的水,经压力水管进入水轮机推动转子旋转,将水能转变成机械能,水轮机带动发电机旋转,从而使机械能转变为电能。

与火力发电相比，水力发电具有发电成本低、效率高、环境污染小、启停快、事故应变能力强等优点，但需要修筑大坝，投资大、工期长。我国的水力资源丰富，从长远利益看，发展水电将取得很好的综合效益。

3. 原子能发电厂

将原子核裂变释放出的能量转变成电能的电厂为原子能发电厂，简称核电站。原子能发电厂由两部分组成：一部分是利用核能产生蒸汽的核岛，它包括核反应堆和一回路系统，核燃料在反应堆中进行链式裂变产生热能，一回路中冷却水吸收裂变产生的热能后流出反应堆，进入蒸汽发生器将热量传给二回路中的水，使之变成蒸汽；另一部分是利用蒸汽热能转换成电能的常规岛，它包括汽轮发电机组及其系统，与火电厂中的汽轮发电机组大同小异。

原子能发电比火力发电有许多优越性，其燃料能量高度密集，避免燃料的繁重运输，运行费用低，无大气污染等，但基建投资大。在能源短缺的今天，原子能发电将会得到更大的发展。

（三）其他类型的发电厂

1. 燃气—蒸汽联合循环发电厂

利用燃气—蒸汽联合循环动力装置，能充分利用燃气轮机的余热发电，因此热效率高，净效率可达 43.2%。利用深层煤炭地下气化技术，结合燃气—蒸汽联合循环发电，不仅能提高发电效率，而且避免深井煤炭的开采，有利于煤的脱硫，其综合效益非常显著。当利用工业企业排放出的废气，如煤气厂、石化厂的火炬气、高炉烟气作为燃气轮机的能源时，还可减轻公害。

2. 抽水蓄能电厂

将电力系统负荷处于低谷时的多余电能转换为水的势能，在电力系统负荷处于高峰时又将水的势能转换为电能的电厂称为抽水蓄能电厂，或称抽水蓄能电站。这种水电站因有两次水的势能与电能之间的转换，所以存在一定的能量损失。但随着电力负荷的急剧增长，特别是对有大型核电站带基本负荷的电力系统，它在电力系统调峰、调频中的作用会更为显著，因而发展较快。

3. 太阳能发电厂

利用太阳能发电的电厂称为太阳能发电厂。太阳能发电有两种基本方法：一种是将太阳光聚集到一个容器上，加热水或其他低沸点液体产生蒸汽，带动汽轮发电机组发电；另一种是用光电池直接发电。

4. 地热发电厂

地热发电厂利用地下热水（蒸汽或汽水混合物），经过扩容器降压产生蒸汽，或通过热交换器使低沸点液体产生蒸汽，通过汽轮发电机组发电。

5. 风力发电厂

利用高速流动的空气即风力，驱动风车转动，从而带动发电机发电的电厂，称为风力发电厂。

另外，还有利用潮汐能、海洋能、磁流体等发电的电厂。

四、火力发电厂的生产过程

火力发电厂的生产过程，就是将燃料中的化学能转换为热能（在锅炉中），再将热能转换为机械能（在汽轮机中），最后将机械能转换为电能（在发电机中）的一系列能量转换过程。

图 0-1 是以煤为燃料的火力发电厂生产过程示意图。煤由煤场经输煤皮带送入原煤仓，再与由锅炉尾部空气预热器来的热空气一起送入磨煤机，经过磨煤机被磨制成煤粉。风粉混合物由排粉风机送入锅炉燃烧室内燃烧，生成高温烟气，使燃料的化学能转换为烟气的热能。锅炉受热面将烟气的热能传给水。被冷却了的烟气通过尾部受热面，经除尘器，由引风机排入烟囱。

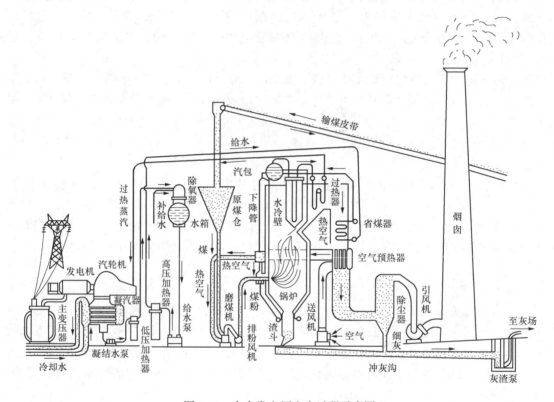

图 0-1 火力发电厂生产过程示意图

给水进入锅炉，先经省煤器加热，再进入汽包。汽包出来的水经过下降管到锅炉的下联箱，再进入炉膛内的水冷壁，吸热汽化。汽水混合物又回到汽包，经汽水分离后，蒸汽进入过热器。在过热器中被加热成过热蒸汽后送往汽轮机。

过热蒸汽进入汽轮机，在汽轮机喷嘴中降压降温膨胀而形成高速汽流，将蒸汽的热能转换成动能。具有较大动能的蒸汽冲动汽轮机转子上的叶片，使汽轮机转子旋转，将蒸汽的动能转换成汽轮机轴的回转机械能。汽轮机再带动发电机一起旋转而发出电能。

进入汽轮机的部分蒸汽从中间抽出，送至高压加热器、除氧器和低压加热器去加热凝结水和给水。其余大部分蒸汽在汽轮机中做功后变成乏汽，由汽轮机排入凝汽器，被循环水冷却而凝结成水。凝结水由凝结水泵抽出，经过低压加热器至除氧器。除氧后由给水泵经过高压加热器送回锅炉。如此周而复始，就使燃料燃烧时放出的热能连续不断地转换为电能。

由此可见，火力发电厂主要由两大部分组成，即从燃料的化学能转换为机械能的热力部分和从机械能转换为电能的电气部分。热力部分包括锅炉、汽轮机、水泵、加热器以及连接它们的管道等设备，这些设备的组合通常称为热能动力设备。

火力发电机组按汽轮机的进汽参数分为中低压机组（进汽压力＜3.43MPa）、高压机组（进汽压力为 8.83MPa）、超高压机组（进汽压力 12.75～13.24MPa）、亚临界压力机组（进汽压力约为 16.17MPa）、超临界压力机组（进汽压力约为 24.2MPa）。

本书主要介绍火力发电厂的生产过程、锅炉设备、汽轮机设备及发电厂热力系统。

第一章 锅炉燃料及其燃烧设备

第一节 电厂锅炉概述

一、锅炉的作用及工作过程

锅炉设备是火力发电厂三大主要设备之一，它是能量转换设备，其作用是使燃料释放热能，并将送入锅炉的给水加热成符合规定参数（温度、压力）和足够数量的蒸汽，供汽轮机使用。

从安全性来看：火力发电厂的生产过程是连续工作的，无论是入炉煤质发生变化，还是电网负荷发生变化，都要求锅炉能够立即自动适应这种变化，并确保蒸汽参数和蒸汽品质。若锅炉发生事故，必将影响到整个电厂的生产过程。从经济性来看：由于火电厂锅炉容量大，燃料消耗多，其运行好坏对节约燃料、降低成本影响很大。因此，锅炉在火力发电厂中占有很重要的地位，要提高电厂的安全经济性，就必须注重提高锅炉的安全经济性。

电厂锅炉是一个结构复杂、具有较高技术水平的承压设备。它工作时需要不断地供水、通风、输入燃料、组织好燃烧，并排出燃烧后的烟气、灰渣等。锅炉运行时需要许多的辅助设备协同工作。所以，锅炉是锅炉机组的简称，它由锅炉本体和辅助设备组成。

根据燃烧方式的不同，锅炉可分为煤粉锅炉、流化床锅炉和层燃锅炉。不同的锅炉，其锅炉本体和辅助设备有较大的差异。本书主要介绍煤粉锅炉及其辅助设备。

锅炉本体由炉膛、水平烟道和尾部烟道组成。现以图1-1所示的一台煤粉锅炉简化原理图为例，介绍锅炉的工作过程。

（一）燃烧系统

如图1-1所示，煤粉锅炉所燃烧的煤粉是由原煤经制粉系统制备而成的。煤粉和空气经燃烧器3送入炉膛，在炉膛空间1内悬浮燃烧。炉墙内侧布置着密集排列的管子，管内有水和蒸汽流动，这就是水冷壁2，它吸收炉膛内的辐射热。煤粉燃烧放出热量，火焰中心具有1500℃或更高的温度。炉膛上部布置有顶棚过热器和屏式过热器，高温烟气在炉膛内流动时，主要以辐射换热方式把热量传递给水冷壁和过热器。烟气温度由此不断地降下来。

烟气离开炉膛后进入水平烟道12，然后向下拐入垂直烟道10。在水平烟道和垂直烟道中布置有过热器7、再热器8、省煤器9、空气预热器11等受热面。烟气流过这些受热面时，主要以对流换热方式放出热量，这些受热面称为对

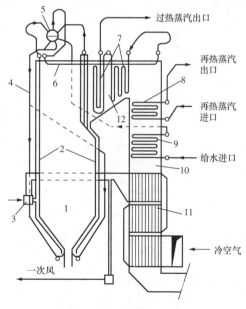

图1-1 锅炉简化原理图
1—炉膛；2—水冷壁；3—燃烧器；4—下降管；
5—汽包；6—辐射式过热器；7—对流过热器；
8—再热器；9—省煤器；10—对流尾部烟道；
11—空气预热器；12—水平烟道

流受热面。过热器和再热器布置在烟温较高的区域，称为高温受热面。而省煤器和空气预热器布置在烟温较低的尾部烟道内，故称为低温受热面或尾部受热面。烟气流经这些受热面时，不断放出热量而逐渐冷却下来，离开空气预热器的烟气（即锅炉排烟）温度已很低，通常在110～160℃之间。

以上与燃料燃烧有关的煤、风、烟系统称为锅炉的燃烧系统。锅炉的"炉"泛指燃烧系统。它的主要任务是使燃料在炉内进行良好的燃烧。它由炉膛、燃烧器、空气预热器、通风设备（风机）及烟道、风道等组成。

燃烧系统的工作流程如图1-2所示。

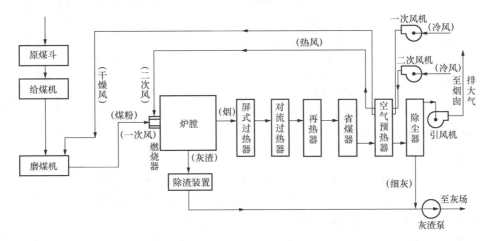

图1-2 燃烧系统流程

（二）汽水系统

在图1-1中，锅炉的给水首先进入省煤器9。省煤器是预热设备，它利用烟气的热量使未饱和的给水预热升温。从省煤器出来的水送进汽包5，进入由汽包、下降管4、水冷壁2组成的蒸发设备中。水在水冷壁中吸收高温火焰和烟气的辐射热，被加热成饱和水，并使部分水变成饱和蒸汽。汽水混合物又回到汽包，并通过汽水分离装置，将分离出来的水继续进入下降管循环，分离出来的饱和蒸汽进入过热器7。过热器是将饱和蒸汽继续加热的设备。从过热器出来的过热蒸汽，通过主蒸汽管道进入汽轮机高压缸做功。

为了提高蒸汽动力循环的热效率和安全性，在锅炉压力为13.7MPa以上时，大多采用再热循环，这样锅炉汽水系统中还设有再热器。再热器是将汽轮机高压缸做过功、温度和压力都降低了的蒸汽，进一步加热升温的装置。从再热器出来的蒸汽又送回汽轮机中、低压缸继续膨胀做功。

以上与汽水有关的受热面和管道系统称为锅炉的汽水系统。锅炉的"锅"即泛指汽水系统。它的主要任务是吸收烟气的热量，将水加热成规定压力和温度的过热蒸汽。对自然循环锅炉，它主要由省煤器、汽包、下降管、水冷壁、过热器、再热器、联箱等组成。汽水系统的工作流程如图1-3所示。

在超临界压力锅炉中，由于已不存在汽水密度差，自然循环无法建立，因此采用强制循环。此时汽水系统中就没有汽包了。

火电厂锅炉机组是由锅炉本体和辅助系统组成的。辅助系统包括：燃料供应系统、煤粉制备系统、通风系统、除尘除灰系统、给水系统、水处理系统、测量及控制系统等。

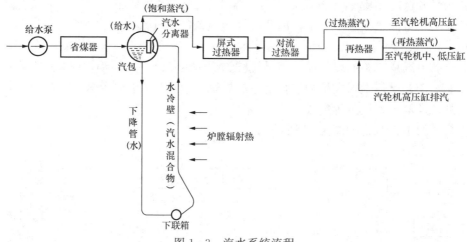

图 1-3 汽水系统流程

二、锅炉的主要特性参数

1. 锅炉容量

锅炉容量用蒸发量表示，是指锅炉在设计条件下每小时的最大连续蒸发量，简称 MCR，又称锅炉的额定容量或额定蒸发量，用符号 D_e 表示，单位为 t/h（或 kg/s）。习惯上，也用与之配套的汽轮发电机组的电功率表示，如 600MW 锅炉。

2. 锅炉蒸汽参数

锅炉蒸汽参数通常指按设计规定的锅炉出口处的蒸汽压力和温度。蒸汽压力用符号 p 表示，单位是 MPa，蒸汽温度用符号 t，单位是℃。当锅炉具有中间再热时，蒸汽参数还应包括再热蒸汽的压力和温度。

三、锅炉的分类及型号

1. 锅炉的分类

锅炉分类方法很多，常见的分类见表 1-1。我国电厂锅炉简况见表 1-2。

表 1-1　　　　　　　　　　锅 炉 的 分 类

分类方法	锅 炉 类 型
按锅炉容量分	小型锅炉（$D_e<200$t/h）；中型锅炉（$D_e=220\sim410$t/h）；大型锅炉（$D_e\geqslant670$t/h）
按蒸汽压力分	中压锅炉（$p=3.8$MPa）；高压锅炉（$p=9.8$MPa）；超高压锅炉（$p=13.7$MPa）；亚临界压力锅炉（$p=15.7\sim19.6$MPa）；超临界压力锅炉（$p\geqslant22.1$MPa）
按燃用燃料分	燃煤炉；燃气炉；燃油炉
按燃烧方式分	层燃炉；室燃炉；旋风炉；流化床炉
按工质流动特性分	自然循环锅炉；强制流动锅炉（直流锅炉、控制循环锅炉、复合循环锅炉）

表 1-2　　　　　　　　　我国主要电厂锅炉简况

锅炉分类	蒸汽压力（MPa）	过热/再热蒸汽温度（℃）	给水温度（℃）	锅炉容量（t/h）	配套机组功率（MW）
高压锅炉	9.8	540 540	215	220 410	50 100

续表

锅炉分类	蒸汽压力（MPa）	过热/再热蒸汽温度（℃）	给水温度（℃）	锅炉容量（t/h）	配套机组功率（MW）
超高压锅炉	13.7	555/555 540/540	240	400 670	125 200
亚临界压力锅炉	18.3	540/540	278	1025	300
超临界压力锅炉	25.4	541/566	286	1900	600

2. 锅炉型号

锅炉型号是指锅炉产品的容量、参数、性能和规格。我国电厂锅炉型号常用四组字码表示，表达形式如下：

△△—×××/×××—×××/×××—△×

第一组符号是制造厂名称，用汉语拼音缩写表示，如 DG 表示东方锅炉厂，HG 表示哈尔滨锅炉厂，SG 表示上海锅炉厂；第二组数字中，分子表示锅炉容量，单位是 t/h，分母表示锅炉出口蒸汽压力，单位是 MPa；第三组数字中，分子和分母分别表示过热蒸汽温度和再热蒸汽温度，单位是℃；最后一组中，符号表示燃料代号，数字表示锅炉设计序号，煤、油、气的燃料代号分别是 M、Y、Q，其他燃料的代号是 T。

例如：DG—1025/18.2—540/540—M2，表示东方锅炉厂制造，容量为 1025t/h，过热蒸汽压力为 18.2MPa，过热蒸汽温度为 540℃，再热蒸汽温度为 540℃，设计燃料为煤，第二次设计。

第二节 燃 料 特 性

通过燃烧可以产生热量的物质称为燃料。燃料的性质对锅炉工作的安全性和经济性有很大影响，是锅炉设计和运行的重要依据。因此，了解燃料的性质和特点是十分重要的。

燃料，按其状态可分为固体燃料、液体燃料和气体燃料。对于不同的燃料，要采用不同的燃烧方式和燃烧设备。从我国当前能源状况和能源政策看，电厂锅炉主要是烧煤。故本节着重介绍煤的特性。

一、煤的组成及其性质

煤的组成及各成分的性质，可按元素分析和工业分析两种方法进行研究。

1. 煤的元素分析成分

煤的元素分析成分，也称化学组成成分。它包括碳（C）、氢（H）、氧（O）、氮（N）、硫（S）、灰分（A）、水分（M）等。各种成分的特点如下。

碳（C）是煤中主要可燃元素，其含量为 40%～90%。1kg 碳完全燃烧约放出 32700kJ 的热量。煤中一部分碳与氢、氮、硫等结合成挥发性有机化合物，其燃点较低、易着火。其余部分呈单质状态，称为固定碳。固定碳不易着火，燃烧缓慢。因此，含碳量越高的煤，着火、燃烧就越困难。

氢（H）是煤中放热量最高的元素，其含量为 3%～6%。1kg 氢燃烧生成水蒸气时可放出约 120×10^3 kJ 的热量。氢极易着火，燃烧迅速，因此含氢量多的煤容易着火。

硫（S）是煤中的可燃成分之一。煤中的硫以有机硫（与碳、氢、氧等结合成化合物）、黄铁矿硫（与铁元素组成的硫化铁）和硫酸盐硫（与钙、镁等元素组成的盐类）三种形态存在。前两种硫可以燃烧，后一种硫不能燃烧，并入灰分。硫的含量为1%~8%，1kg硫燃烧放出9050kJ的热量。但燃烧生成的SO_2会对环境造成污染，并对锅炉产生腐蚀。因此硫是煤中的有害元素。

煤中的氧（O）和氮（N）是不可燃元素。一部分氧呈游离状态，能助燃；另一部分氧与碳、氢结合成化合状态，不能助燃。煤中含氧量多时，其可燃元素相对减少，煤的发热量将降低。煤中氧的含量变化较大，从1%~2%直至40%。氮的含量在煤中很少，为0.5%~2%。在氧气供应充分、高温和含氧量高的燃烧过程中，易生成氮氧化物（NO_x），造成大气污染。

水分（M）是煤中主要杂质，也是一种有害成分。煤中水分由表面水分（外在水分）和固有水分（内在水分）组成。表面水分可以通过自然干燥除掉。固有水分利用自然干燥法不能去掉，必须将煤加热到一定温度后才能除掉。煤中水分含量差别很大，少的仅2%左右，多的可达到50%~60%。煤中水分增加，使可燃成分含量相对减少，并且煤在燃烧时水分蒸发吸收热量，使煤的实际发热量降低。水分增多，会导致着火推迟，炉膛温度降低，燃烧不完全，增加排烟热损失和引风机电耗量，还可能减少磨煤机出力，造成制粉系统的堵塞。

灰分（A）是煤中完全燃烧后剩余的不可燃杂质，其含量一般为10%~35%，劣质煤的灰含量高达60%~70%。煤中灰分增加，可燃物质含量相对减少，使煤的发热量降低。在燃烧中灰分妨碍了可燃物质与氧的接触，增加煤着火和燃尽的困难，同时还使燃烧损失增大。多灰分的煤还会增加锅炉受热面积灰、结渣、磨损和腐蚀的可能性，并增大对环境的污染。显然，灰分是有害成分。

煤的元素分析方法比较复杂，电厂一般采用比较简单的工业分析。

2. 煤的工业分析成分

煤的工业分析是在规定条件下，对煤样进行干燥、加热和燃烧，在这一过程中分别测定煤相继失去的质量，即可得到水分（M）、挥发分（V）、固定碳（FC）和灰分（A）的含量。这些成分是煤在燃烧过程中分解的产物。因此，煤的工业分析成分更能表明煤的某些燃烧特性，它也是动力用煤的重要依据。

挥发分是煤在加热过程中，煤中有机质分解析出的气体物质，主要由CO、H_2、H_2S、C_nH_m等可燃气体组成，还含有少量O_2、CO_2、N_2等不可燃气体。因此挥发分的燃点低，使煤容易着火。挥发分析出后，燃料表面形成较多孔隙，增大了煤的燃烧面积，将加速煤的燃烧过程。挥发分多的煤较易于燃尽，能获得较高的燃烧效率；相反，挥发分较少的煤，着火困难，不易完全燃烧。因此，挥发分含量是对煤分类的重要依据。

需要指出的是，由于煤的分子结构极为复杂，光靠元素分析和工业分析，不能全面说明煤的基本燃烧特性。有时两种元素分析或工业分析成分相近的煤，其着火和燃烧特性可能存在较大差异。

3. 煤的成分分析基准

煤中的成分是以质量百分数表示的。测定煤的成分，往往取实际工作煤（即炉前煤）为分析样品，所测定出煤的成分含量一般用占样品的质量百分数表示，称为收到基，用下角标"ar"表示，即

$$\text{元素分析} \quad C_{ar} + H_{ar} + O_{ar} + N_{ar} + S_{ar} + A_{ar} + M_{ar} = 100\% \quad (1-1)$$

工业分析　　$FC_{ar} + V_{ar} + A_{ar} + M_{ar} = 100\%$ 　　　　　(1-2)

以假想无水无灰状态的煤为基准分析而得的成分，称为干燥无灰基，用下角标"daf"表示，即

元素分析　　$C_{daf} + H_{daf} + O_{daf} + N_{daf} + S_{adf} = 100\%$ 　　　　(1-3)

工业分析　　$FC_{daf} + V_{daf} = 100\%$ 　　　　　　　(1-4)

由于干燥无灰基成分不受水分、灰分含量的影响，比较稳定，因此，干燥无灰基更能准确地反映煤的特征。尤其是干燥无灰基挥发分的含量，能确切地反映煤燃烧的难易程度，是煤分类的一个重要指标。

图1-4示意出两种分析成分间的关系。

二、煤的主要特性指标

1. 发热量

发热量是煤的主要特性之一。通常采用每千克收到基燃料完全燃烧时所放出的热量 Q_{ar} 表示，单位为 kJ/kg。

煤的发热量有高位发热量和

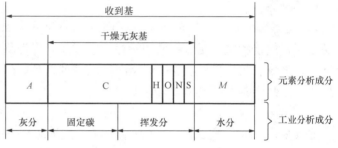

图1-4　煤的收到基、干燥无灰基成分之间的关系

低位发热量之分。高位发热量是指1kg煤完全燃烧所放出的热量，其中包括燃烧产物中的水蒸气凝结成水所放出的汽化潜热，用 $Q_{ar,gr}$ 表示。当发热量中不包括燃烧产物水蒸气的汽化潜热时，则称为低位发热量，用 $Q_{ar,net}$ 表示。锅炉运行中，排烟温度一般在110～160℃之间，排烟中的水蒸气不可能凝结成水并放出汽化潜热。因此，实际能被锅炉利用的只是煤的低位发热量。我国锅炉技术中通常采用低位发热量作为热力计算的依据。

各种不同种类的煤发热量差别很大。当锅炉负荷不变，燃用低发热量的煤时，煤消耗量就大；燃用高发热量的煤时煤耗量就小。为了便于比较各发电厂或锅炉的经济性，引入了标准煤的概念。

所谓标准煤是指收到基低位发热量为29308kJ/kg（7000kcal/kg）的煤。若实际煤的消耗量为 B，折合成标准煤的消耗量为 B_b，即

$$B_b = \frac{BQ_{ar,net}}{29308} \quad (t/h) \tag{1-5}$$

2. 灰的性质

灰的性质主要是指它的熔融性，表现为煤中灰分熔点的高低。当炉内温度达到或超过灰分熔点时，固态的灰分将逐渐变成熔融状态。当它与受热面接触时，将黏附在受热面上，形成结渣（结焦），导致传热恶化，对锅炉的经济性、安全性都将造成影响。

灰的熔融特性一般用实验测定，通常采用角锥法。如图1-5所示，对灰锥加热过程中，根据灰锥的状态变化确定以下几个温度。

变形温度 DT——灰锥顶端开始变圆或弯曲时的温度。

软化温度 ST——灰锥顶端弯曲至

图1-5　灰的熔融特性示意

锥底面或呈球状时的温度。

液化温度 FT——灰锥完全融化成液体并能流动时的温度。

DT、ST、FT 是灰的熔融性的三个主要特性温度。通常用软化温度 ST 代表灰分的熔点。各种煤的灰熔点一般在 1100～1600℃ 之间。实践表明，当煤的 ST＞1350℃ 时，炉膛内不易结渣。为避免炉膛出口处结渣，一般要求炉膛出口烟温至少比 ST 低 50～100℃。

三、煤的分类

我国电力用煤的分类，通常以煤的干燥无灰基挥发分 V_{daf} 为主要依据，大致分为无烟煤、贫煤、烟煤、褐煤等几类。

1. 无烟煤

无烟煤 $V_{daf}<10\%$，俗称白煤。表面呈现明亮的黑色光泽，密度较大，机械强度较高，不易碾磨，焦结性差，便于运输和储存。由于无烟煤埋藏地质年代长，炭化程度最高，碳的含量高，水分、灰分含量较少。燃烧时有较短的蓝色火焰，因挥发分低，所以着火困难，也不易燃尽，储存时不易风化和自燃。

2. 贫煤

贫煤 $V_{daf}=10\%\sim19\%$，它的性质介于无烟煤和烟煤之间。挥发分较低的贫煤，在燃烧性能方面与无烟煤相近。

3. 烟煤

烟煤 $V_{daf}=20\%\sim40\%$，表面呈灰黑色，有光泽，质地松软，其炭化程度较无烟煤浅一些。挥发分含量较多，容易着火，火焰长，发热量较大，但多数烟煤有一定的焦结性。劣质烟煤杂质含量较多，灰分可高达 50%，燃烧困难。对于挥发分较多的烟煤，要防止储存时发生自燃。

4. 褐煤

褐煤 $V_{daf}>40\%$，挥发分含量多，外表呈棕褐色，质软易碎，炭化程度低。水分和灰分含量较高，发热量低。着火和燃烧都比较容易，火焰长，无焦结性。褐煤容易自燃，不宜远途运输和长时间储存。

除以上几类煤种外，还有泥煤、洗中煤、煤矸石、油页岩等劣质燃料，其发热量很低，杂质多，燃烧很困难。加强对这些燃料的利用是我国的一项基本能源政策。

第三节　煤粉及制粉系统

一、煤粉的性质

1. 煤粉的物理性质

电厂锅炉燃用的煤粉是经磨制得到的，它由各种尺寸和形状不规则的颗粒组成。颗粒尺寸在 1～500μm 之间，其中 20～60μm 的颗粒居多。

刚磨制出来的煤粉是疏松的，干燥的煤粉能吸附空气，使其与空气混合，具有良好的流动性。发电厂正是利用这个特性，用管道对煤粉进行气力输送。因煤粉的流动性也容易引起制粉系统漏粉和煤粉自流，影响锅炉的安全工作及环境卫生，因此它要求制粉系统具有足够的严密性。

2. 煤粉的自燃和爆炸

当系统设备或管道中积存的煤粉与空气中的氧长期接触时，会缓慢氧化产生热量，温度逐渐升高。而温度升高又会加剧煤粉的进一步氧化，最后达到煤的着火点时，引起煤粉的自燃。

另外，煤粉和空气混合物在一定条件下与明火接触时，还会发生爆炸。制粉系统内煤粉的起火爆炸主要是由于系统内沉积煤粉的自燃引起的。

影响煤粉爆炸的主要因素有煤粉的挥发分、水分，煤粉细度，气粉混合物的温度，含粉浓度及含氧量等。煤粉爆炸将危及人身及设备安全，影响锅炉的正常工作。为此，制粉系统的煤粉管道应具有一定的倾角，且使管道内气粉混合物的流速保持在16～30m/s，以防止煤粉沉积，并在系统的各处装设一定数量的防爆门。

3. 煤粉细度与均匀性

煤粉的粗细程度用煤粉的细度表示，它是衡量煤粉品质的一个重要指标。煤粉细度一般用具有标准筛孔尺寸的筛子来测定。通常取一定数量的煤粉试样，用70号标准筛子（筛孔的内边长为90μm）筛分。煤粉经筛分后，剩余在筛子上的煤粉量占筛分前煤粉总质量的百分数，称为煤粉细度，用R_{90}表示。在筛子上面剩余的煤粉越多，R_{90}值越大，表明煤粉越粗。

煤粉细度关系到整个锅炉机组运行的经济性。煤粉越粗，磨煤机的出力越大，电力消耗越低，磨煤机部件的磨损相对越小，磨煤经济性越高。但煤粉过粗，则不利于其在炉膛内的燃烧，不完全燃烧损失增大。综合制粉和燃烧两个方面的经济性，应存在着一个最佳的煤粉细度范围，此范围对应制粉和燃烧总损耗最小时的煤粉细度，称为经济细度。

二、磨煤机

磨煤机是制粉系统的主要设备，其作用是将原煤干燥并磨制成煤粉。煤被磨制成煤粉，主要受到撞击、挤压、碾磨三种原理的作用。各种磨煤机的工作原理往往不是单独一种力的作用，而是几种力的综合作用。

根据磨煤部件的工作转速，电厂磨煤机大致可分为以下三种：

低速磨煤机：转速为16～25r/min，如筒式钢球磨煤机，简称球磨机。

中速磨煤机：转速为50～300r/min，如中速平盘式磨煤机、中速钢球式磨煤机（E型磨煤机）、中速碗式磨煤机、MPS磨煤机等。

高速磨煤机：转速为500～1500r/min，如风扇磨煤机。

我国燃煤电厂目前广泛采用筒式钢球磨煤机，其次是中速磨煤机（主要用于大容量机组）。

1. 低速磨煤机

（1）单进单出钢球磨煤机。单进单出钢球磨煤机简称球磨机，其结构如图1-6所示。它的磨煤部件是一个直径为2～4m、长为3～10m的圆筒。内装直径为30～60mm的钢球，内壁衬有波浪形锰钢护甲。筒体的两端是两个锥形端盖封头，封头装有空心轴颈，空心轴颈各连接着一个倾斜45°的短管，其中一个是原煤与热风的进口，另一个是气粉混合物的出口。

筒体由电动机通过减速装置传动以低速旋转，在离心力和摩擦力的作用下，钢球被护甲带到一定高度，然后下落将煤击碎。同时，煤还受到钢球之间、钢球与护甲之间的挤压和研磨作用。原煤与空气从一端进入磨煤机，磨好的煤粉被气流从另一端送出。热空气不仅是输送煤粉的介质，同时还起干燥原煤的作用。因此，进入球磨机的热空气被称为干燥剂。

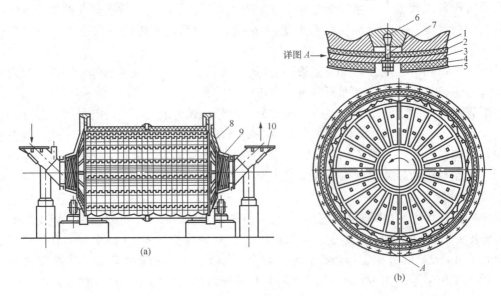

图 1-6 单进单出球磨机结构图
(a) 纵剖图；(b) 横剖图
1—波浪形护甲；2—石棉层；3—筒身；4—隔声毛毡；5—薄钢板外壳；6—压紧用楔形块；
7—螺栓；8—端盖；9—空心轴颈；10—短管

球磨机的优点是能磨制几乎所有的煤种，且能长时间连续安全可靠地运行。但其设备笨重，系统复杂，金属耗量大，初投资多，运行电耗高，噪声大，煤粉均匀性差，特别是它不适宜调节，低负荷运行不经济。

(2) 双进双出球磨机。双进双出球磨机是传统球磨机的改进形式。其本体结构和工作原理与单进单出球磨机基本相同，只是在通风和进煤上有所改进。磨煤机的两侧同时进煤和进热风，又同时送出煤粉。图 1-7 为双进双出球磨机的工作流程示意图。

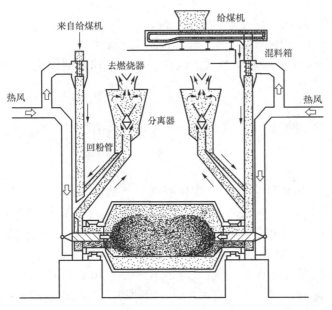

图 1-7 双进双出球磨机工作示意图

原煤通过两台给煤机从原煤斗内卸下，落入混料箱内，经过旁路热风预热干燥后，再经轴颈处的螺旋输送装置进入筒体，之后通过旋转筒体把钢球带到一定高度下落，将煤击碎制成煤粉。

热风通过轴颈内的中心管进入筒体，对煤进行干燥。两股方向相对的热风在球磨机筒体中部对冲反向，并携带煤粉从中心热风管与轴颈之间的环形通道出来，进入分离器。分离出来的粗粉经回粉管回落到混料箱，与原煤混合后一起进入磨煤机，合格的煤粉从分离器出来送往锅炉燃烧器。

双进双出球磨机相当于把两个平行的单进单出球磨机制粉系统组合在一起。两个磨煤回路可以同时使用，也可以单独使用，扩大了磨煤机的负荷调节范围。当一侧的给煤机运行，即变成单进煤、双出粉，仍可维持该台磨煤机满负荷运行。

双进双出球磨机除保持了普通球磨机适应煤种广、运行安全可靠的优点外，还具有单机容量大、运行调节灵活、煤粉细度稳定等优点。与单进单出球磨机相比，大大缩小了磨煤机的体积，降低了磨煤的能耗。与之相配的制粉系统布置灵活，既可配直吹式系统，也可配中间储仓式系统，还可配半直吹半储仓式系统；缺点是初投资大、系统及结构复杂、自动化水平要求高等。

2. 中速磨煤机

中速磨煤机是以碾磨和挤压作用将煤磨制成煤粉的。目前我国火电厂中应用较多的中速磨煤机有四种：辊—盘式，又称平盘磨煤机；辊—碗式，又称碗式磨煤机；球—环式，又称中速球式磨煤机或 E 型磨煤机；辊—环式，又称 MPS 磨煤机，结构如图 1-8 所示。

中速磨煤机的研磨部件各不相同，但它们具有相同的工作原理和基本类似的结构。中速磨煤机沿高度方向自上而下可分为驱动装置、研磨部件、干燥分离空间以及煤粉分离和分配装置四部分。

原煤从上部经中心管送入，落在两组相对运动的研磨部件表面之间，在弹簧力、液压力或其他外力的作用下受挤压和碾磨而破碎。通过所研磨部件的旋转运动，把磨碎的煤粉甩到周围的风环室。流经风环室的热风把这些煤粉带到上部的分离器。煤粉经过分离后，合格的煤粉被送往燃烧器，不合格的粗粉重新落回来再磨。在磨粉过程中，还伴随有热风对煤粉的干燥。混入原煤中难以磨碎的石块和铁块等杂物被甩至风环外，由于它们质量较大，热空气不能将它们吹起，而落入杂物箱内被排出。

平盘磨煤机和碗式磨煤机因各自的旋转磨盘为圆形平盘和碗形而得名，它们的碾磨部件均为磨盘和磨辊。磨盘做水平旋转，被压紧在磨盘上的磨辊，绕自己的固定轴在磨盘上滚动，煤在转盘与磨辊之间被磨碎。E 型磨煤机的碾磨件像一个大型的无保持架的推力轴承，其碾磨部件为上、下磨环和钢球。下磨环被驱动做水平旋转，上磨环压紧在钢球上，其剖面图形恰似英文字母"E"，故称为 E 型磨煤机。钢球在下磨环的带动下沿环形轨道自由滚动，煤在钢球与磨环间被碾碎。MPS 磨煤机是在 E 型磨煤机和平盘磨煤机的基础上发展起来的，它取消了 E 型磨煤机的上磨环。它的碾磨部件是三个凸形磨辊和一个具有凹形槽道的磨环，磨盘转动，磨辊靠摩擦力在固定位置绕自身的轴旋转。

中速磨煤机具有结构紧凑、占地面积小、质量轻、金属消耗量小、投资省、噪声小、磨煤电耗低、煤粉均匀性好、调节灵活等优点。因此，在煤料适宜的条件下应优先使用中速磨煤机。目前，我国大型机组采用中速磨煤机的较多。但是，中速磨煤机结构复杂，磨煤部件易磨损，不易磨硬质煤和灰分大的煤，对煤中的杂物敏感。同时由于热风温度不易过高，故只适用于磨制水分小并易磨的煤种。

3. 高速磨煤机

高速磨煤机一般指风扇磨煤机。风扇磨煤机与一般离心式风机相似，如图 1-9 所示，它由叶轮、机壳、轴等组成。叶轮上装有 8~12 片冲击板（相当于风机叶片），外壳内表面

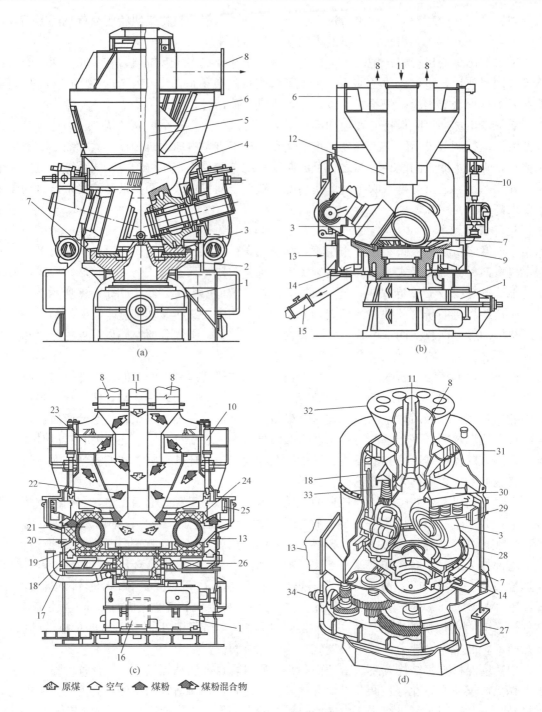

图 1-8 中速磨煤机
(a) 平盘磨煤机；(b) 碗式磨煤机；(c) E 型磨煤机；(d) MPS 磨煤机

1—减速箱；2—磨盘；3—磨辊；4—加压弹簧；5—落煤管；6—分离器；7—风环；8—气粉混合物出口；9—浅沿磨环；10—加压缸；11—原煤入口；12—粗粉回粉管；13—热风进口；14—杂物刮板；15—杂物排放管；16—废料室；17—密封气连接管；18—活门；19—下磨环；20—安全门；21—钢球；22—粗粉回粉斗；23—分离器可调叶片；24—上磨环；25—导杆；26—犁式刮刀；27—液压缸；28—风环毂；29—下压盘；30—上压盘；31—分离器导叶；32—煤粉分配器；33—加压弹簧；34—传动轴

装有一层护甲,均由耐磨的锰铜材料制成。原煤进入磨煤机,被高速转动的冲击板击碎,抛到护甲上再次被击碎。同时,由于风扇磨的鼓风作用,把用于干燥和输送煤粉的热空气或高温炉烟吸入磨煤机中,一边强烈地进行干燥,一边把合格的煤粉带出磨煤机,经燃烧器喷入炉膛内燃烧。风扇磨煤机集磨煤机与鼓风机于一体,并与粗粉分离器连在一起,使制粉系统结构十分紧凑。

风扇磨煤机工作时能产生一定的抽吸力,因此可省掉排粉风机。它工作时由于通风强烈,大部分煤处于悬浮状态,干燥作用较强,适宜磨制高水分的煤种;其缺点是碾磨部件磨损严重,检修工作量大,磨制的煤粉较粗,煤粉均匀性差。所以风扇磨煤机仅适用于磨制高水分褐煤及软质烟煤等易磨的煤种。

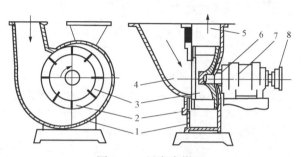

图 1-9 风扇磨煤机
1—外壳;2—冲击板;3—叶轮;4—风、煤进口;5—煤粉空气混合物出口(接粗粉分离器);6—轴;7—轴承箱;8—联轴节(接电动机)

三、制粉系统

制粉设备的连接方式不同,构成不同的制粉系统。常用的制粉系统有直吹式和中间储仓式两大类。直吹式系统是指把磨煤机制成的煤粉直接吹入炉膛燃烧;中间储仓式系统是将磨好的煤粉先储存在煤粉仓中,然后再根据锅炉负荷的需要,将煤粉仓的煤粉经给粉机送入炉膛燃烧。

制粉系统的主要任务是对原煤进行磨制、干燥与输送。对于储仓式系统,还有煤粉的储存与调剂任务。

在制粉系统中,把输送煤粉经燃烧器进入炉膛并满足挥发分燃烧需要的空气,称为一次风;把从热风道直接引来经燃烧器二次风口进入炉膛起助燃作用的空气,称为二次风。

(一)直吹式制粉系统

直吹式制粉系统中,磨煤机磨制的煤粉全部直接送入炉膛燃烧。其特点是磨煤机的磨煤量在任何时候都与锅炉的燃料消耗量相等,即制粉量随锅炉负荷变化而变化。因此,直吹式制粉系统宜采用变负荷运行特性较好的磨煤机,如中速磨煤机、高速磨煤机、双进双出钢球磨煤机。

1. 中速磨煤机直吹式制粉系统

中速磨煤机直吹式制粉系统按照风机对磨煤机所造成的压力不同,分为正压直吹式和负压直吹式两种系统,如图 1-10 所示。

在图 1-10(a)所示的正压直吹式系统中,由送风机 8 和冷一次风机 13 送入的二次风、一次风,经过三分仓回转式空气预热器 14 后分别加热到不同温度,再送往燃烧器 5 和磨煤机 2。此冷一次风机造成磨煤机在正压下工作,故此系统称为冷一次风机正压直吹式制粉系统。进入磨煤机的一次风除了干燥煤粉外,还输送煤粉,将磨制出的合格煤粉经燃烧器送入炉膛燃烧。

在图 1-10(b)所示的负压直吹式系统中,进入磨煤机的一次风和进入炉膛的二次风均来自送风机 8。一次风在排粉风机 12 的作用下,将磨制出的合格煤粉经燃烧器 5 送入炉膛。排粉风机位于磨煤机的出口端,造成磨煤机在负压下工作,故此系统称为负压直吹式制粉系统。如果将排粉风机置于磨煤机入口端 A 处,磨煤机内呈现正压工作状态,则该系统称为热一次风机正压直吹式制粉系统。

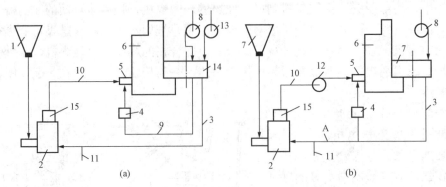

图 1-10 中速磨煤机直吹式制粉系统
(a) 正压系统；(b) 负压系统

1—原煤仓；2—中速磨煤机；3—热风道；4—二次风箱；5—燃烧器；6—锅炉；7—二分仓回转式空气预热器；
8—送风机；9—二次风道；10—一次风道；11—冷风道；12—排粉风机（热一次风机）；
13—冷一次风机；14—三分仓回转式空气预热器；15—分离器

两种系统比较，在负压系统中煤粉不会向外冒出，周围环境比较干净，但是煤粉要经过排粉机，使排粉机磨损严重；在正压系统中，热一次风机正压系统鼓风机介质温度高、安全性不好，一般较少采用。目前应用较多的是冷一次风机正压系统。

2. 风扇磨煤机直吹式制粉系统

在风扇磨煤机直吹式制粉系统中，由于风扇磨能产生压力，因而省略了排粉机，简化了系统。磨制烟煤的风扇磨大多采用热风作为干燥剂，如图 1-11 (a) 所示。磨制高水分褐煤的风扇磨煤机，考虑到原煤水分高且挥发分也很高，容易发生爆炸，故采用部分炉烟与热风一起作为干燥剂，如图 1-11 (b) 所示。

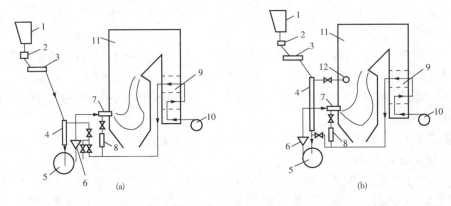

图 1-11 风扇磨煤机直吹式制粉系统
(a) 热风干燥；(b) 热风—炉烟干燥

1—原煤仓；2—自动磅秤；3—给煤机；4—下行干燥管；5—磨煤机；6—粗粉分离器；7—燃烧器；
8—二次风箱；9—空气预热器；10—送风机；11—锅炉；12—抽烟口

原煤从原煤仓落下后，经过给煤机均匀地送入风扇磨煤机，被磨制成煤粉。干燥剂通过热风道（或烟道）送入磨煤机，用以干燥和输送煤粉。风粉混合物离开磨煤机后进入粗粉分离器进行分离。粗粉送回磨煤机重新磨制，携带合格煤粉的干燥剂作为一次风，通过燃烧器进入炉膛。

3. 双进双出钢球磨煤机直吹式制粉系统

双进双出钢球磨煤机一般也采用正压直吹式制粉系统，分离器和磨煤机组成一体的系统见图 1-12。这种系统与中速度磨煤机直吹式系统相比具有磨煤设备可靠性高、维修费用低、煤种适应性强等优点。

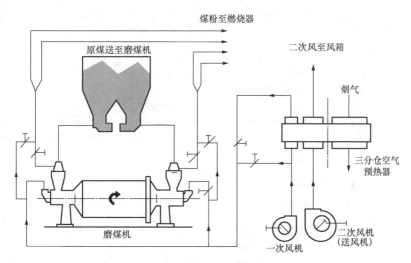

图 1-12 双进双出磨煤机直吹式制粉系统

（二）中间储仓式制粉系统

在中间储仓式制粉系统中，磨煤机的制粉量不需要与锅炉燃料消耗量一致，磨煤出力不受锅炉负荷的限制，这种制粉系统最适宜配单进单出球磨机负压运行。

与直吹式制粉系统相比，中间储仓式制粉系统增加了独立的细粉分离器、煤粉仓、给粉机等设备。

中间储仓式制粉系统如图 1-13 所示。原煤和干燥用热风一同进入球磨机，磨制好的煤粉由干燥剂从磨煤机内带出，进入粗粉分离器。分离出来不合格的煤粉返回磨煤机重新磨制；合格的煤粉由干燥剂送至细粉分离器进行气粉分离。其中约有 90% 的煤粉被分离出来，储存在煤粉仓内或由螺旋输粉机转送到其他煤粉仓。根据锅炉负荷的需要，给粉机将煤粉仓中的煤粉送入一次风管，再经燃烧器喷入炉内燃烧。

细粉分离器上部出来的干燥剂（也称为乏气）中，还含有 10% 的煤粉。用此干燥剂作为一次风输送煤粉进入炉膛的中间储仓式制粉系统，称为干燥剂送粉系统，如图 1-13（a）所示。它适用于原煤水分较小、挥发分较高的煤种。

另一种是从细粉分离器出来的干燥剂不作一次风，经排粉机升压后作为三次风送入炉内。此时用热空气作为一次风把煤粉送入炉内燃烧。这种系统称为热风送粉系统，如图 1-13（b）所示。它对于燃用难以着火和燃尽的无烟煤、贫煤及劣质煤的稳定着火和燃烧是非常有利的。

（三）直吹式与中间储仓式制粉系统比较

直吹式制粉系统结构简单、布置紧凑、占地少、初投资小和运行电耗低，但对磨煤机的可靠性要求较高，因而在系统中需要设置备用磨煤机。配中速磨的直吹式系统，只适宜磨制烟煤、褐煤等易磨煤种。

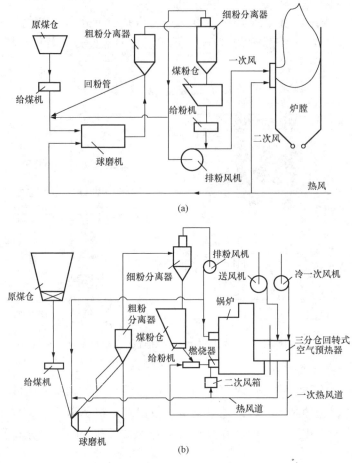

图 1-13 中间储仓式制粉系统
(a) 干燥剂送粉；(b) 热风送粉

中间储仓式制粉系统结构庞大、复杂，占地面积大，初投资高，一般配电耗高、噪声大的低速钢球磨煤机。钢球磨煤机对煤种适应性广。热风送粉的中间储仓式制粉系统，有助于锅炉稳定燃烧，且由于有煤粉的储备作用，不但保证了锅炉运行的可靠性，还提高了制粉系统的经济性。

四、制粉系统主要辅助设备

1. 给煤机

给煤机在原煤仓下面，其任务是根据磨煤机的需要调节给煤量，并把原煤均匀地送入磨煤机中。目前国内大型锅炉机组中应用较多的是刮板式给煤机和电子称重式皮带给煤机。

(1) 刮板式给煤机。刮板式给煤机结构如图 1-14 所示，主要由前后链轮和挂在两个链轮上的一根传送链条组成。煤由进煤管落在上台板上，利用装在链条上的刮板移动将煤带到右边，经出煤管送往磨煤机。改变调节板的上下位置，可改变煤层厚度，达到调节给煤量的目的。另外，也可以用改变转速的方法来调节给煤量。

刮板式给煤机的特点是不易堵煤，较严密，煤种适应性广，水平输送距离大，在电厂得到广泛应用；但当煤块过大或煤中有杂物时易卡住。

(2) 电子称重式皮带给煤机。电子称重式皮带给煤机的结构如图 1-15 所示。它由机体、给煤皮带机构、称重机构、清扫装置、堵煤及断煤信号装置、润滑及电气线路等组成。

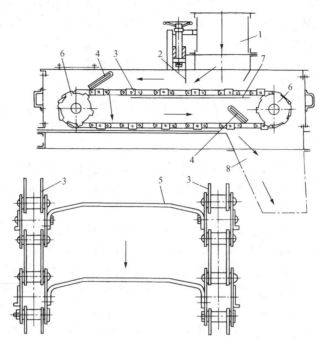

图 1-14　刮板式给煤机
1—原煤进口管；2—煤层厚度调节板；3—链条；4—挡板；
5—刮板；6—链轮；7—平板；8—出煤管

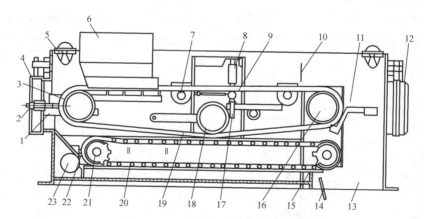

图 1-15　电子称重式皮带给煤机
1—张紧滚筒座导轨；2—皮带张紧螺杆；3—张紧滚筒；4—进料端门；5—机内照明灯；6—进料口；
7—支承跨托辊；8—负荷传感器；9—称重托辊；10—断煤信号装置挡板；11—皮带清洁刮板；
12—排出端；13—出料口；14—堵煤信号装置挡板；15—驱动链轮；16—驱动滚筒；
17—承重校重量块；18—张力滚筒；19—给料皮带；20—清洁刮板链；
21—张紧链轮；22—刮板链张紧螺丝；23—密封空气进口

机体为密封焊接壳体，进煤装有导流板，使煤在皮带上形成一定厚度的煤流。称重机构位于给煤机进、出口之间，由三个称重托辊与一对负荷传感器及电子装置组成。其中两个称重托辊固定在机壳上，形成一个确定的称重跨距，另一个称重托辊悬挂于一对负荷传感器上，皮带上的重量由负荷传感器发出信号。给煤机控制系统在机组的协调控制系统指挥下，根据锅炉所需给煤率信号，控制驱动电动机转速进行调节，使实际给煤率与所需要的给煤率一致。

在称重机构的下部装有链式清理刮板机构，以清除称重机构下部积煤，将煤刮至出口排出。在皮带上方装有断煤信号，当皮带上无煤时，可启动原煤仓的振动器。在给煤机出口处还设有堵煤信号，如煤流堵塞，则停止给煤机。该机还配有密封空气系统，可防止磨煤机前的热风从出煤口进入给煤机。

这种给煤机的最大优点是能自动称重，精确地控制给煤量，堵煤、断煤自动报警，但有检修周期长的缺点。

2. 粗粉分离器

粗粉分离器的作用是将过粗的煤粉分离出来，送回磨煤机重新磨制。国内大型机组上普遍使用的离心式粗粉分离器，如图 1-16 所示，它由锥体、调节套筒、可调折向挡板和回粉管等组成。

在图 1-16（b）中，由磨煤机出来的气粉混合物，自下而上经由进口管进入分离器锥体。在内外锥体之间的环形空间内，由于通过截面扩大，其速度下降。粗煤粉在重力作用下，从气流中分离出来，经外锥体回粉管返回磨煤机重磨。带粉气流则进入分离器的上部，经安装在内外圆柱壳体间环形通道内的折向叶片，产生旋转动力，在撞击力和离心力作用下，较粗的煤粉进一步分离落下，合格的细煤粉被气流从出口管带走。由内锥体分离出来的回粉达到一定量时，锁气器打开，使回粉落到外锥体中，从而使其中的粗粉又被吹起，这样可以减少回粉中的合格细粉，提高粗粉分离器的效率。在内锥体上面装有可上下移动的调节帽，可以粗调煤粉的细度。

3. 细粉分离器

细粉分离器也叫旋风分离器，它是中间储仓式制粉系统不可缺少的辅助设备。其作用是将粗粉分离器送来的风粉混合物中的煤粉分离出来，储存于煤粉仓中。常用的细粉分离器如图 1-17 所示。

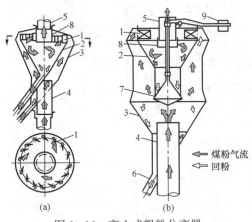

图 1-16 离心式粗粉分离器
(a) 普通型；(b) 改进型
1—折向挡板；2—内圆锥体；3—外圆锥体；4—进口管；
5—出口管；6—回粉管；7—锁气器；
8—出口调节筒；9—平衡重锤

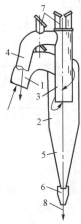

图 1-17 细粉分离器
1—气粉混合物入口管；2—分离器筒体；3—内筒；
4—干燥剂引出管；5—分离器圆锥部分；
6—煤粉斗；7—防爆门；
8—煤粉出口

它的工作原理是利用气流旋转所产生的离心力，使气粉混合物中的煤粉与空气分离开来。来自粗粉分离器的气粉混合物从切向进入细粉分离器，在筒内形成高速的旋转运动。煤粉在离心力的作用下被甩向四周，沿筒壁下落。气流折转向上进入内套筒，借惯性力作用再次将煤粉分离出来。气流（乏气）从内套筒上部引出至排粉机，分离出来的煤粉进入煤粉仓。这种细粉分离器的分离效率约 90%。

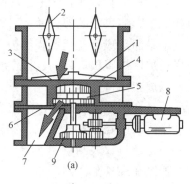

4. 给粉机

给粉机的作用是连续、均匀地向一次风管给粉，并根据锅炉的燃烧需要调节给粉量。常用的叶轮式给粉机，如图 1-18 所示。

叶轮式给粉机有两个带拨齿的叶轮，叶轮和搅拌器由电动机经减速装置带动。煤粉仓下来的煤粉首先由转板叶片拨至左侧，通过固定盘上的上板孔落入上叶轮，然后由上叶轮从左侧出口落入一次风管中，由一次风送入炉膛。改变给粉机叶轮转速即调节给粉量。

图 1-18 叶轮式给粉机
（a）给粉机工作过程；（b）叶轮
1—转板；2—隔断挡板；3—上落粉孔；
4—上叶轮；5—中落粉孔；6—下叶轮；7—煤粉出口；8—调速电动机；9—减速装置

叶轮式给粉机给粉均匀，严密性好，不易发生煤粉自流，又能防止一次风倒冲入煤粉仓；其缺点是结构较为复杂，且易被木屑等杂物所堵塞，甚至损坏机件。

第四节 煤的燃烧及燃烧设备

一、燃料燃烧所需要空气量及烟气成分

燃料的燃烧是指燃料中可燃的成分与空气中的氧在高温条件下所发生的强烈化学反应过程。当燃烧产生物（烟气和灰渣）中不再含有可燃物质时，称完全燃烧，否则称为不完全燃烧。

1. 理论空气量

1kg 收到基燃料完全燃烧而又无剩余氧存在时，所需要的空气量称为理论空气量，用符号 V^0 表示，单位为 m^3/kg（标准状态）。理论空气量可根据燃烧中的可燃元素（C、H、S）的化学反应方程式进行计算，并以 1kg 燃料为计算基础，其计算式为

$$V^0 = 0.0889 C_{ar} + 0.265 H_{ar} + 0.0333 S_{ar} - 0.0333 O_{ar} \quad (m^3/kg，标准状态) \quad (1-6)$$

式（1-6）所计算的空气量是指不含水蒸气的理论干空气量。

2. 实际空气量及过量空气系数

在实际的燃烧过程中，空气和燃料不可能混合得很均匀。若按理论空气量提供氧气，必然会有一部分燃料无法与氧气接触，而不能达到完全燃烧。为此，实际送入炉膛的空气量要大于其理论空气量，使反应在有多余氧的情况下进行。实际空气量 V_k（m^3/kg，标准状态）与理论空气量 V^0（m^3/kg，标准状态）的比值称为过量空气系数 α，即 $\alpha = V_k/V^0$。当 α 值确定后，可通过此式确定实际空气量 V_k。

α 值的大小反映了空气与燃料的配比情况。α 过大时，会因送入的空气量过多而造成炉温降低，影响煤粉的着火燃烧，并造成烟气容积增大，排烟热损失增大；α 过小时，又会因空气不足而造成不完全燃烧热损失。使锅炉总损失最小时的 α 值称为最佳过量空气系数。对于煤粉炉，炉膛出口处的过量空气系数一般控制在 1.15～1.25 范围为宜。

以炉膛出口处的过量空气系数作为锅炉运行的控制参量，是因为燃料的燃烧过程在正常情况下是在炉膛出口处结束的。满足燃料燃烧所需氧气量之外的剩余氧气量，必然存在于烟气之中。因而随着 α 的变化，燃烧产物烟气中的容积含氧量 V_{O_2} 也会发生变化，故目前电厂一般是通过仪表测量烟气中含氧量的大小，以监督运行中的炉膛出口处的过量空气系数，使其控制在最佳范围内。

3. 烟气成分

燃料燃烧后生成的产物是烟气，此外，燃烧产物中还有灰粒和未燃尽的炭粒，但它们在烟气中所占的容积百分比极小，一般都略去不计。

烟气是由多种气体成分组成的混合气体。用 V_y 表示 1kg 燃料燃烧生成的烟气总容积，用 V_{CO_2}、V_{SO_2}、V_{H_2O}、V_{N_2}、V_{O_2}、V_{CO} 分别表示 CO_2、SO_2、H_2O、N_2、O_2、CO 的分容积。

(1) 当 $\alpha=1$，且完全燃烧时，烟气是由 CO_2、SO_2、N_2 和 H_2O 四种气体组成，烟气容积为

$$V_y = V_{CO_2} + V_{SO_2} + V_{N_2} + V_{H_2O} \quad (m^3/kg，标准状态) \qquad (1-7)$$

(2) 当 $\alpha>1$，且完全燃烧时，烟气是由 CO_2、SO_2、N_2、O_2 和 H_2O 五种气体组成，烟气容积为

$$V_y = V_{CO_2} + V_{SO_2} + V_{N_2} + V_{O_2} + V_{H_2O} \quad (m^3/kg，标准状态) \qquad (1-8)$$

(3) 当 $\alpha \geq 1$，且不完全燃烧时，烟气中除上述五种气体外，还有 CO、H_2 及 CH_4 等可燃气体。一般烟气中的 H_2、CH_4 等可燃气体含量极少，可忽略不计。可认为烟气是由 CO_2、CO、SO_2、N_2、O_2 和 H_2O 六种气体组成，烟气容积为

$$V_y = V_{CO_2} + V_{CO} + V_{SO_2} + V_{N_2} + V_{O_2} + V_{H_2O} \quad (m^3/kg，标准状态) \qquad (1-9)$$

二、煤粉气流的燃烧过程

煤粉的燃烧，就是把用空气输送的煤粉以射流形式喷入炉膛，在悬浮状态下燃烧。煤粉气流在炉内的燃烧过程大致可以分为以下三个阶段。

1. 预热阶段

煤粉气流在喷入炉内 200～300mm 的行程内并不着火燃烧，这是煤粉进入炉内着火前的准备阶段。在此阶段内，煤粉主要吸收烟气的对流热和火焰的辐射热。首先是其中水分蒸发，接着进行热分解，析出挥发分。挥发分与空气混合成可燃混合物，随着加热过程的进行，可燃混合物和煤粉温度继续升高，挥发分继续析出，达到某一温度时，可燃混合物开始着火燃烧，通常把挥发分开始着火燃烧的温度，称为煤粉的着火温度或着火点。不同煤种着火点是不同的。一般含挥发分较多的煤，着火点低，容易着火；反之，着火点较高。要使煤粉着火快，一方面应尽量减少煤粉气流加热到着火温度所需的热量，这可以通过对燃料预先干燥、减少输送煤粉的一次风量和提高一次风温等方法来达到；另一方面应尽快给煤粉气流提供着火所需的热量，这可以通过提高炉温和使煤粉气流与高温烟气充分混合等方法来实现。

2. 燃烧阶段

当煤粉气流温度升高至着火点时，首先是挥发分着火燃烧，所放出的热量直接加热焦炭，使焦炭也迅速着火燃烧。燃烧阶段是一个强烈的放热阶段。焦炭的燃烧不仅时间长，且不易燃烧完全，所以要使煤粉燃烧又快又好，关键在于对焦炭的燃烧组织得好。因此使炉内保持足够高的温度，保证空气充分供应并使之强烈混合，对于组织好焦炭的燃烧是十分重要的。

3. 燃尽阶段

燃尽阶段是燃烧阶段的继续。煤粉经过燃烧后，炭粒变小，表面形成灰壳，大部分可燃物已经燃尽，只剩少量残炭继续燃烧。这一阶段氧气供应不足，风、粉混合较差，烟气温度下降，以致这一阶段需要的时间较长。为了使煤粉在炉内尽可能燃尽，应保证燃尽阶段所需的时间，并设法加强扰动，改善风、粉混合条件，使灰渣中的可燃物燃透烧尽。

对应于煤粉燃烧的三个阶段，可以在炉膛中划分出着火区、燃烧区与燃尽区三个区域。由于燃烧的三个阶段不是截然分开的，因而对应的三个区域也就没有明确的分界线，但是大致可以认为：燃烧器出口附近的区域是着火区，与燃烧器处于同一水平的炉膛中部以及稍高的区域是燃烧区，高于燃烧区直至炉膛出口的区域都是燃尽区。其中着火区很短，燃烧区也不长，而燃尽区比较长。据有关资料表明，97%的可燃质是在1/4的燃烧时间内燃尽的，而3%的可燃质的燃尽却用了3/4的燃烧时间。

三、煤粉燃烧器及点火装置

煤粉燃烧器是燃煤锅炉燃烧设备的主要部件。其作用是：向炉内输送燃料和空气；组织燃料和空气及时、充分地混合；保证燃料进入炉膛后尽快、稳定地着火，迅速完全地燃尽。

在煤粉燃烧时，为了减少着火所需的热量，迅速加热煤粉，使煤粉尽快达到着火温度，以实现尽快着火，故将煤粉燃烧所需的空气量分为一次风和二次风。一次风的作用是将煤粉送进炉膛，并供给煤粉初始着火阶段中挥发分燃烧所需的氧量。二次风的作用是在煤粉气流着火后混入，供给煤中焦炭和残留挥发分燃尽所需的氧量，以保证煤粉完全燃烧。

燃烧器按其出口气流特征可分为直流燃烧器和旋流燃烧器两大类。出口气流为直流射流的燃烧器，称为直流燃烧器；出口气流包含有旋转射流的燃烧器，称为旋流燃烧器。

1. 直流燃烧器

直流燃烧器的出口是由一组圆形、矩形或多边形喷口组成。一次风煤粉气流、二次风、中间储仓式热风送粉制粉系统的乏气三次风分别由不同的喷口以直流射流形式喷入炉膛。

直流式燃烧器一般布置在炉膛的四角，可使四股气流中心线相切于炉膛中心的一个（或两个）某一直径的假想切圆，其燃烧的炉内空气动力工况见图1-19。炉膛中心切圆火炬强烈旋转，并呈螺旋形上升。随着气流的螺旋上升，改善了炉内的火焰充满程度，并延长了煤粉的燃烧时间，对煤粉的燃尽十分有利。螺旋中心是低压无风区，起吸引作用，使部分高温烟气回流，有利于新进入炉内的煤粉稳定着火和燃烧。

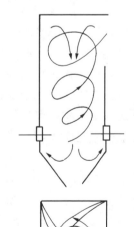

图1-19 切圆燃烧的炉内空气动力工况

Ⅰ—低压无风区；Ⅱ—强风区；
Ⅲ—弱风区

根据煤种的着火特性不同，直流燃烧器的一、二次风口有不同的排列方式，分为均等配风直流煤粉燃烧器和分级配风直流煤粉燃烧器。

（1）均等配风直流燃烧器。适用于燃烧容易着火的煤，如烟煤、挥发分较高的贫煤及褐煤，这类燃烧器的一、二次风喷口通常交替间隔排列，相邻两个喷口的中心间距较小。因一次风携带的煤粉比较容易着火，故希望在一次风中煤粉着火后，及时、迅速地和相邻二次风喷口射出的热空气混合。这样，在火焰根部不会因为缺乏空气而燃烧不完全，或导致燃烧速度降低。因此，沿高度相同排列的二次风喷口的风量分配就接近均匀。典型的均等配风直流燃烧器喷口布置方式如图 1-20 所示。

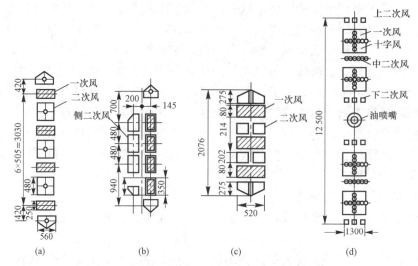

图 1-20 均等配风直流燃烧器喷口布置
(a) 适用烟煤；(b) 适用贫煤和烟煤；(c)、(d) 适用褐煤

（2）分级配风直流燃烧器。适用于燃烧着火比较困难的煤，如贫煤、无烟煤或劣质烟煤。这类燃烧器一次风喷口集中布置在一起，一、二次风喷口中心间距较大。由于一次风中携带的煤粉着火比较困难，一、二次风的混合过早，会使火焰温度降低，引起着火不稳定。为了维持煤粉火焰的稳定着火，希望推迟煤粉气流与二次风的混合。所以将二次风分为先后两批送入着火后的煤粉气流中，目的是在燃烧过程的不同时期，按需要送入适量空气，保证煤粉既能稳定着火，又能完全燃烧。三次风喷口在燃烧器最上方，并与二次风喷口保持一定间距，且有一定的下倾角，既不会对主煤粉气流的燃烧造成明显的影响，又可起压火的作用，增加了二次风煤粉的燃尽，减少飞灰可燃物。三次风风速较高，有较强的穿透力，能加强炉内气流的扰动和混合，加速煤粉的燃尽。图 1-21 为分级配风直流燃烧器的喷口布置方式示例。

直流煤粉燃烧器中所送入的风除供煤粉燃烧所需氧外，还起一些特殊作用。下面将其作用简述如下：

1) 中二次风：是煤粉燃烧和扰动的主要风源。在均等配风方式中，它的比例较大。

2) 下二次风：除供给下部煤粉燃烧所需要氧外，它主要用来防止煤粉下落，并托住火炬，使其不过分下冲，以避免冷灰斗结渣。此射流方向一般是水平的。

3) 周界风：它是包在一次风口周围的一层二次风。其作用是：①向一次风煤粉气流少量供氧；②夹引一次风气流，增强其刚性，防止气流偏斜和煤粉从气流中离析；③保护一次

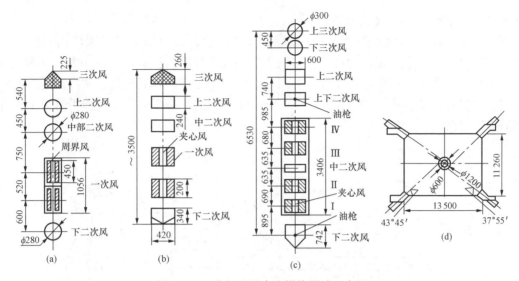

图 1-21 分级配风直流燃烧器喷口布置
(a) 适用无烟煤（采用周界风）；(b)、(c) 适用无烟煤（采用夹心风）；(d) 燃烧器四角布置

风口不被烧坏。

4) 夹心风：它是夹在一次风气流中间的二次风。作用是：①增强一次风的刚性；②及时补氧。

5) 中心十字风：它是夹在一次风口中，由一些二次风小管排列成十字形缝隙的二次风口，故称十字风。作用是：①一次风喷口面积较大时，用十字风管将一次风分隔成四小股气流，有利于煤粉浓度和风速的分布及风、粉混合均匀；②保护喷口，在一次风喷口停用时起冷却作用；③对一次风起引导作用，增强其刚性。十字风常用在燃烧褐煤的燃烧器上。

由于直流燃烧器切圆燃烧方式着火条件较好，后期混合强烈，还能根据不同煤种的燃烧要求，控制一、二次风混合时间，改善混合与燃尽程度，对煤种适应性广。因此，在我国大型煤粉锅炉中，得到普遍应用。

2. 旋流燃烧器

旋流煤粉燃烧器由圆形喷口组成。这种燃烧器的二次风是旋转射流，而一次风射流为直流射流或旋转射流。

图 1-22 是旋流式燃烧器工作原理示意图。图中表示煤粉气流经过蜗壳式旋流器后形成旋转气流，射出喷口后在气流中心形成回流区，这个回流区叫内回流区。内回流区卷吸炉内高温烟气来加热煤粉气流，当煤粉气流拥有了一定热量并达到着火温度后，开始着火，火焰从内回流区的内边缘向外传播。与此同时，在旋流气流的外围也形成回流区，叫外回流区。外回流区也卷吸高温烟气来加热空气和煤粉气流。由于二次风也形成旋转气流，二次风与一次风的混合比较强烈，使燃烧过

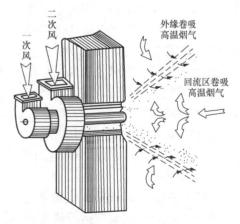

图 1-22 旋流式燃烧器工作原理

程连续进行，不断发展，直至燃尽。

图 1-23 为采用较多的轴向可调叶片旋流式燃烧器，其一次风经一次风挡板后喷入炉膛。一次风管内装有点火用的中心管，借助于中心管出口端的扩流锥，使一次风煤粉气流扩散。二次风经二次风叶轮后，由于叶片的引导作用而产生旋转，其旋转强度可通过调整叶轮的轴向位置进行调节。不同的旋流强度下，一、二次风的混合不一样，从而可适应不同煤种迅速着火燃烧的需要。

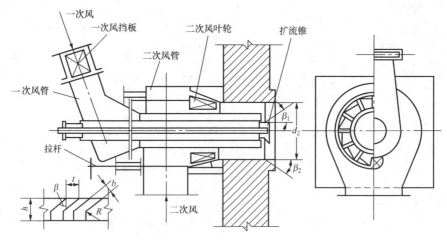

图 1-23 轴向可调叶片旋流式燃烧器

旋流式燃烧器在炉膛的布置多采用前墙布置或两面墙对冲式布置。燃烧器前墙布置，煤粉管道最短，各燃烧器阻力相当，煤粉气流分配较均匀，沿炉膛宽度方向热偏差较小，但火焰后期扰动混合较差，气流死滞区大，炉膛火焰充满程度往往不佳。燃烧器对冲布置，两火炬在炉膛中央撞击后，大部分气流扰动增大，火焰充满程度相对较高，若两燃烧器负荷不对称，易使火焰偏向一侧，引起局部结渣和烟气温度分布不均。两面墙交错布置时，炽热的火炬相互穿插，改善了火焰的混合和充满程度。

为了改善燃烧器的着火稳燃性能和扩大锅炉的负荷调节范围，降低煤粉燃烧时 NO_x 生成量，满足日益严格的环保要求，近些年，国内外又研制了许多新型的煤粉燃烧器及燃烧新技术。如图 1-24 所示双调风燃烧器，可保证不同燃烧阶段供风及时，使送风量减少，具有分级燃烧的效果，可以减少 NO 的生成。图 1-25 是 FW 旋风分离器型燃烧器，该燃烧器前有分离器，能将一次风分成煤粉浓度不同的浓煤粉气流和淡煤粉气流，以减小浓煤粉气流的着火热，有利于提高着火速度。图 1-26 是 IHI—WR 型低 NO_x 燃烧器，它能增大锅炉对负荷变化的适应能力。

这些新技术的主要特点是：在结构设计中采用了某些稳燃措施或是采用一些低 NO_x 燃烧技术，控制燃烧过程中 NO_x 的生成量。

3. 点火装置

煤粉锅炉点火装置是燃烧设备之一。它的作用是在锅炉启动时点燃主燃烧器的煤粉气流。另外，当锅炉低负荷运行或煤质变差时，由于炉温降低影响着火稳定性，甚至有灭火的危险时，也用点火装置来稳定燃烧或作为辅助燃烧设备。

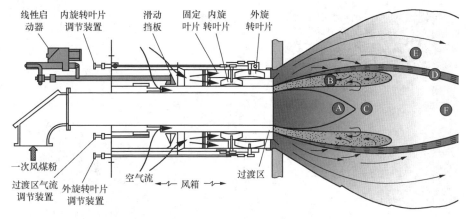

图 1-24 双调风燃烧器
A—贫氧挥发分释放区；B—烟气回流区；C—NO_x还原区；D—高温火焰区；
E—二次风混合控制区；F—燃尽区

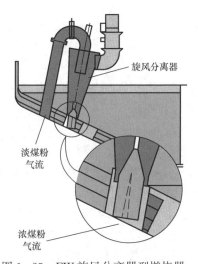

图 1-25 FW 旋风分离器型燃烧器

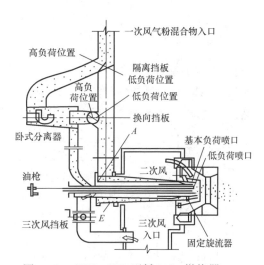

图 1-26 IHI—WR 型低 NO_x 燃烧器

现在，大容量锅炉都实现了点火自动化。煤粉炉的点火装置长期以来普遍采用过渡燃料的点火装置，一般先由点火器点燃油燃烧器的火焰，待炉膛温度水平达到煤粉气流的着火温度时，再投入煤粉，并用油燃烧器的火焰将煤粉气流点燃。煤粉气流着火后，油燃烧器和点火器自动退出。图 1-27 给出了一种近年来使用的高能点火器结构。由点火变压器产生的能量通过高压电缆输入半导体电嘴的火花棒，在电嘴火花棒的端头与套管端头之间的表面产生强烈电火花点燃油雾，再点燃主燃烧器喷出的煤粉气流。煤粉锅炉的点火装置一般放在主燃烧器内（直流燃烧器在二次风口内或旋流燃烧器在中心管内）。点火时，半导体电嘴和油枪分别由电动或气动推进和退出。当伸进炉膛点火时，通电通油点火。若主煤粉气流点火成功，电嘴和油枪自动退出，以免被烧坏。

近年来，为实现少油或无油点火，新研制开发了无油点火或少油点火装置。如等离子点火装置，它是利用等离子喷枪，将空气加热至几千度，使氧气部分电离，形成一个高能电弧，用它点燃预燃室内的煤粉气流，再由预燃室喷出的煤粉火炬点燃主燃烧器喷出的煤粉

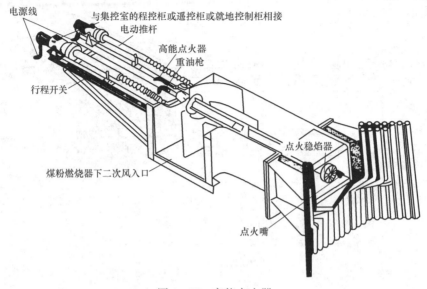

图 1-27 高能点火器

气流。

四、煤粉锅炉炉膛

炉膛是锅炉的主要燃烧设备。它是供煤粉燃烧的空间,也称燃烧室,其结构形式主要取决于燃料的性质和燃烧方式。现以应用较多的固态排渣煤粉锅炉为例做介绍。

1. 固态排渣煤粉锅炉炉膛概述

炉膛既是燃烧空间,又是锅炉的换热部件。因此,它的结构既要保证燃料完全燃烧,又要使炉膛出口烟温降低到灰熔点以下,以便后面的对流受热面不结渣。

常见的固态排渣煤粉锅炉的炉膛形状及温度分布如图 1-28 所示。炉膛是一个由炉墙围成的长方体空间。在其四周布满水冷壁等受热面,炉膛底部是前后墙的水冷壁弯曲而构成的冷灰斗,炉顶一般是平炉顶结构。高压以上锅炉一般在平炉顶布置顶棚管过热器,炉膛上部是悬挂有屏式过热器,在后墙上方为烟气流出炉膛的通道,即炉膛出口。为了改善烟气对屏式过热器的冲刷,充分利用炉膛容积并加强炉膛上部气流的扰动,炉膛出口处下面有后墙水冷壁弯曲而成的折焰角。

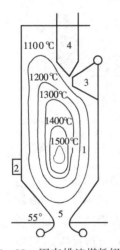

图 1-28 固态排渣煤粉锅炉的炉膛形状及温度分布
1—等温线;2—燃烧器;3—折焰角;4—屏式过热器;5—冷灰斗

炉膛的形状、尺寸与燃料种类、燃烧方式、燃烧器布置等一系列因素有关。图 1-29 为直流燃烧器四角布置方式,四个角上燃烧器的几何轴线与炉膛中央的一个假想圆相切,形成切圆燃烧方式,即燃烧器中燃料和空气按假想切圆的切线方向喷入炉膛后产生旋转上升气流进行燃烧。

现代化大容量锅炉的炉膛高度远大于其宽度和深度。炉膛的水平截面形状与燃烧器的布置方式有关。采用直流燃烧器四角切圆布置的锅炉,要求炉膛横截面采用正方形或宽深比

≤1.2 的近似正方形。当锅炉采用旋流燃烧器时，炉膛横截面是长方形，其宽深比可按燃烧器的需要选定。

煤粉锅炉的炉膛结构有多种形式，图 1-30 所示为 300MW 锅炉 W 形火焰的炉膛结构。炉膛由下部和上部两部分组成，一次风煤粉气流从炉膛腰部前后拱上的燃烧器向下喷出，到达炉膛下部后向上转弯，形成 W 形火焰。这样增大了煤粉气流与高温烟气的接触，对煤粉气流的着火过程十分有利。图 1-31 为引进 900MW 塔式布置超临界压力锅炉炉膛结构。

2. 煤粉的结渣

在固态排渣煤粉炉中，火焰中心温度高达 1600℃ 左右，燃料燃烧的灰分呈熔化状态。一般情况下，由于水冷壁吸热，随烟气流动的液态灰渣在遇到受热面之前，就因冷却而凝固下来，沉积在

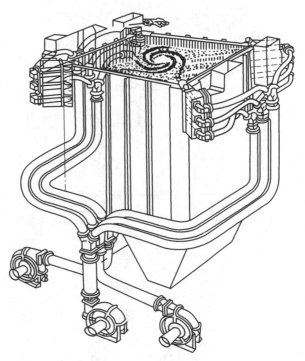

图 1-29 直流燃烧器四角布置方式

受热面上时只形成疏松的灰层，运行中可通过吹灰器很容易地将其清除掉。如果由于某种原因，烟气中的渣粒以液态或半软化状态黏附在受热面上，并形成紧密的灰渣层，则称为结渣或结焦。结渣通常发生在炉膛内或炉膛出口附近的受热面上。由于渣层表面较管壁粗糙并呈融化状态，烟气中的渣粒更易黏附上去，所以结渣具有自动加剧的特点。

受热面结渣后，灰渣层因导热热阻极大，其吸热量下降，影响锅炉的出力。对于某些煤种，结渣还会引起受热面的高温腐蚀，造成受热面损害。另外，炉膛上部的大渣块一旦落下，可能砸坏冷灰斗等。

影响结渣的因素很多，如燃煤的灰分特性、炉膛结构、燃烧器的类型和锅炉运行情况等。

防止结渣主要从防止炉温和局部温度过高、避免灰熔点降低着手。主要措施有：防止受热面附近炉温过高；防止炉内生成过多还原性气体；做好燃料管理和设备检修工作；加强运行监视，及时吹灰打渣等。

五、循环流化床锅炉的燃烧及工作过程

1. 流化床燃烧技术

众所周知，煤的两种常见燃烧方式是层燃和悬浮燃烧。层燃是将煤均匀布在金属栅格即炉排上，形成一均匀的燃料层，空气以较低的速度自下而上通过煤层使其燃烧。悬浮燃烧则是用空气将煤粉喷入炉膛，并在炉膛空间内进行燃烧。层燃时虽然空气流与燃烧颗粒间的相对速度较大，但燃料颗粒组成不均，且燃烧反应面积有限，因而燃烧强度不高，燃烧效率较低。悬浮燃烧虽然气流与燃料颗粒间的相对速度最小，但由于燃烧反应面积很大，使得反应速度极快，燃烧强度和燃烧效率都很高。流化床燃烧则介于这两者之间。

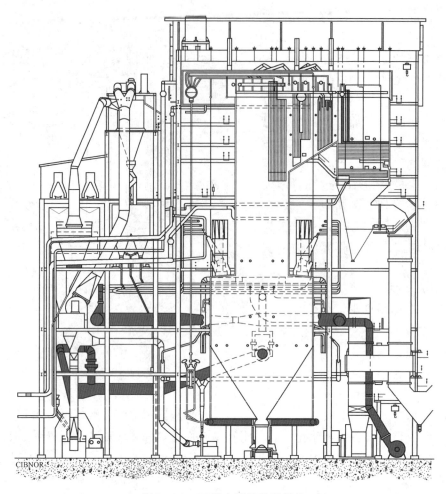

图 1-30　W 形火焰的炉膛结构

如图 1-32 所示，空气经过底部的布风板送入床底。当风速较低时，颗粒层固定不动，表现出层燃的特点，称固定床。当风速增加到一定值（最小流化速度）时，布风板上煤粒被气流"托起"，使整个煤层具有类似于流体的特征，形成流化床燃烧，此时称为鼓泡床。继续增加风速，超过一定值后，大量灰粒子和未燃尽的煤粒子将被气流带出流化床层和炉膛。为了将这些煤粒子燃尽，可将它们从气流中分离出来，送回到流化床继续燃烧，进而建立起大量灰粒子的稳定循环，这就形成了循环流化床燃烧。如果空气流速继续增加，将有更多的煤粒子被带出，气流与燃料颗粒之间的相对速度越来越小。当气流速度超过一定值时，就成了煤的气力输送。这种燃烧状态就是煤粉炉的悬浮燃烧。

2. 循环流化床锅炉结构及工作过程

如图 1-33 所示，循环流化床锅炉的构成可分为两部分。第一部分由炉膛（流化床燃烧室）、气固分离设备（旋风分离器）、固体物料再循环设备（返料装置、返料器）和外置热交换器（有些循环流化床锅炉无该设备）等组成，上述部件形成了一个固体物料循环回路。第二部分为尾部受热面，布置有过热器、再热器、省煤器和空气预热器等，与常规煤粉锅炉相近。

从图 1-33 中可以看出，燃料和石灰石脱硫剂由炉膛下部进入锅炉，燃烧所需的一次风

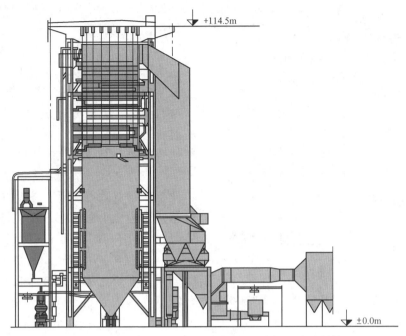

图 1-31 900MW 塔式布置超临界压力锅炉炉膛结构

和二次风分别从炉膛的底部和侧墙送入。经过破碎的燃料和石灰石脱硫剂被送入炉膛后,迅速被炉膛内大量惰性高温物料包围,被加热并着火燃烧。石灰石则与燃料燃烧所生成的 SO_2 发生反应,形成 $CaSO_4$,从而起到脱硫作用。燃烧室温度控制在 850℃ 左右,在较高气流速度作用下,燃烧充满整个炉膛。炉内颗粒在上升烟气流作用下向炉膛上部运动,对水冷壁和炉内布置的其他受热面放热。粗大粒子在被气流带入上部悬浮区后,在重力及其他外力作用下不断减速偏离主气流,并最终形成附壁下

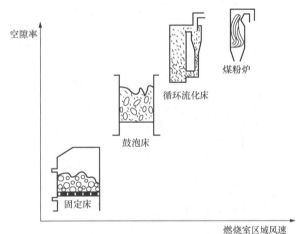

图 1-32 燃烧方式与速度的关系

降粒子流。被夹带出炉膛的气固混合物进入高温旋风分离器,大量固体物料被分离出来,从分离器下部送回炉膛,进行循环燃烧和脱硫。未被分离的极细粒子随烟气进入尾部烟道,进一步对受热面放热冷却,经除尘器后,由引风机送入烟囱排向大气。

3. 循环流化床锅炉的燃烧

如图 1-34 所示,煤粒在循环流化床锅炉中的燃烧,依次经历加热干燥析出水分、挥发分析出和着火燃烧、膨胀和一级破碎、焦炭燃烧和二级破碎、炭粒磨损等过程。

循环流化床锅炉炉内燃烧区域如图 1-35 所示,有下面三部分:

(1) 燃烧室下部燃烧区域(二次风口以下)。新鲜的煤粒以及从高温旋风分离器收集的未燃尽的焦炭粒被送入燃烧室下部区域,该区域的风量占总风量的 40%~60%,一般处于

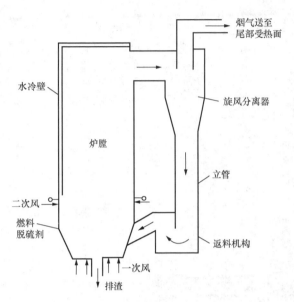

图 1-33 典型循环流化床锅炉燃烧系统示意图

还原性气氛。为防止金属管壁磨损,受热面用耐火泥覆盖。

(2) 燃烧室上部燃烧区域(二次风以上)。燃烧室上部区域由于二次风加入而处于富氧燃烧状态。床料颗粒在此循环(内循环),大部分燃烧发生在该区域。通过合理调节一、二次风比,可维持理想的燃烧效率并有效地控制 NO_x 生成量。

(3) 高温气固分离器。在高温旋风分离器中,氧浓度很低,焦炭粒子停留时间很短,燃烧份额很小。但可燃气体(挥发分、CO 等)却常常在此区域内燃烧。

4. 循环流化床锅炉的主要特点

循环流化床锅炉技术在较短的时间内能够在国内外得到迅速发展和广泛应用,是因为它具有一般常规锅炉所不具备的优点。

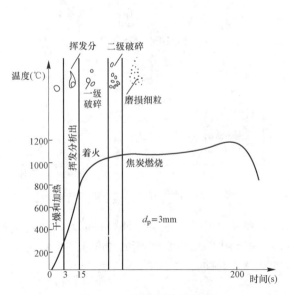

图 1-34 煤粒燃烧的过程

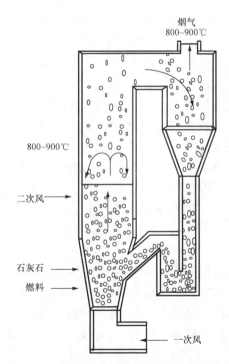

图 1-35 循环流化床锅炉燃烧系统示意图

(1) 燃料适应性特别好。在循环流化床锅炉中按质量百分比计,燃料仅占床料的 1%～3%,其余为灼热的床料。循环流化床的特殊流动特性,使得炉内气、固成分混合得非常好。因此,即使是很难着火燃烧的燃料,进入炉膛后也能很快地与灼热的床料混合,被迅速加热至高于着火温度。实际上,许多循环流化床锅炉燃用的是灰分为 40%～60% 的煤。

(2) 燃烧效率高。在循环流化床锅炉中，燃烧区域扩展到整个炉膛乃至高温旋风分离器，携带出炉膛的粒子被高温旋风分离器捕集，并直接送回燃烧室下部循环再燃烧。有的锅炉中，从分离器逃逸的细颗粒在尾部烟道被收集，并回送燃烧室以进一步降低燃烧损失。在烧优质煤时，燃烧效率与煤粉锅炉持平；烧劣质煤时，燃烧效率约比煤粉锅炉高5%。

(3) 燃烧强度大。循环流化床锅炉可以减少炉膛体积，降低金属消耗。

(4) 负荷调节性能好。循环流化床锅炉由于截面风速高和吸热易控制，负荷调节很快。煤粉炉负荷调节范围通常在70%~110%，而循环流化床锅炉负荷调节幅度比煤粉炉大得多，一般在30%~110%，甚至可以压火备用。对于调峰电厂或热负荷变化大的电厂来说，选用循环流化床锅炉是非常有利的。

(5) 有利于环境保护。在循环流化床锅炉的燃烧中可以加入石灰石等脱硫剂，能脱去燃料在燃烧过程中产生的 SO_2。且循环流化床锅炉燃烧温度一般控制在850~950℃范围内，这不仅有利于脱硫，而且可以抑制氮氧化物的形成。

(6) 灰渣综合利用性能好。循环流化床锅炉灰渣可以用于制造水泥的掺和料或其他建筑材料的原料，有利于灰渣的综合利用。

但与常规煤粉炉相比还存在一些问题，主要有：

(1) 磨损问题。循环流化床锅炉的燃料粒径较大，并且炉膛内物料浓度是煤粉炉的十倍至几十倍。虽然采取了许多防磨措施，但受热面的磨损仍比常规锅炉大得多。

(2) 烟、风系统阻力较高，风机用电量大。这是由于送风系统的布风板及床层远大于煤粉炉及链条炉的送风阻力，而烟气系统中又增加了气固分离器的阻力。

(3) 理论和技术问题。对循环流化床锅炉技术的开发虽然时间不长就取得了很大成绩，但目前国内仍处于研制阶段，还有许多基础理论和设计制造技术问题有待于解决。运行方面还没有成熟的经验，更缺少统一的标准。

(4) 自动化水平要求高，对辅助设备也有较高的要求。

第五节 锅 炉 热 平 衡

一、锅炉热平衡的概念

锅炉热平衡是指：在稳定工况下，输入锅炉的热量与输出锅炉的热量相平衡。输入锅炉的热量是指伴随燃料送入锅炉的热量；输出锅炉的热量可以分成有效利用热量和各项热损失两部分。

对于燃煤锅炉，通常是以1kg燃料为基础来建立热平衡方程。在稳定工况下，锅炉热平衡方程式可写为

$$Q_r = Q_1 + Q_2 + Q_3 + Q_4 + Q_5 + Q_6 \tag{1-10}$$

式中 Q_r——1kg燃料的锅炉输入热量，在无外热源加热空气时，可认为近似等于燃料收到基低位发热量 $Q_{ar,net}$，kJ/kg；

Q_1——锅炉的有效利用热量，kJ/kg；

Q_2——排烟损失的热量，kJ/kg；

Q_3——化学不完全燃烧损失的热量，kJ/kg；

Q_4——机械不完全燃烧损失的热量，kJ/kg；

Q_5——散热损失的热量，kJ/kg；

Q_6——灰渣物理热损失的热量，kJ/kg。

将上式两侧同除 Q_r，则得各项热量占输入热量百分数的表达式

$$100 = q_1 + q_2 + q_3 + q_4 + q_5 + q_6 \quad (\%) \tag{1-11}$$

研究锅炉热平衡的目的和意义，在于了解燃料中的热量，有多少被有效利用，有多少变成热损失，以及热损失分别表现在哪些方面，大小如何，以便判断锅炉设计和运行水平，进而寻求提高锅炉经济性的有效途径。锅炉设备在运行中应定期进行平衡试验（通常称为热效率试验），以查明影响锅炉热效率的主要因素，作为改进锅炉工作的依据。

确定锅炉效率有两种方法。一种方法是通过热平衡试验，测定输入热量 Q_r 和有效利用热量 Q_1，来计算锅炉热效率，这种方法称为正平衡法。用正平衡法求锅炉效率就是求出锅炉有效利用热量占输入热量的百分数，即

$$\eta = q_1 = \frac{Q_1}{Q_r} = \frac{Q_1}{Q_{ar.net}} = \frac{Q}{BQ_{ar.net}} \times 100\% \tag{1-12}$$

式中　Q——工质每小时在锅炉中的吸热量，kJ/kg；

　　　B——锅炉每小时的燃料消耗量，kJ/kg；

　　　$Q_{ar,net}$——燃料收到基低位发热量，kJ/kg。

另一种方法是测定锅炉的各项热损失来计算锅炉效率，称为反平衡法。由式（1-11）得

$$\eta = q_1 = 100 - (q_2 + q_3 + q_4 + q_5 + q_6) \quad (\%) \tag{1-13}$$

实际运行中，由于锅炉燃料消耗量的测定很困难，故除了很小的电厂锅炉之外，大多采用反平衡法。该方法不仅仅是确定锅炉效率，主要还在于通过测取各项损失的大小，找出影响的各种因素，从而找到提高锅炉效率的有效途径。

二、锅炉的热损失

1. 机械不完全燃烧热损失

机械不完全燃烧热损失 q_4 是煤粉锅炉的主要热损失之一，通常仅次于排烟热损失，其值为 0.5%～5%。

机械不完全燃烧热损失的影响因素很多，但主要受燃料性质和过量空气系数的影响。燃煤中灰分和水分越多，挥发分越少，煤粉越粗，q_4 则越大；炉膛容积小或高度不够，燃烧器结构性能不好或布置不合理，都会减少煤粉在炉内燃烧停留的时间并降低风粉混合质量，使 q_4 增大；炉内过量空气系数适当，炉膛温度较高时，q_4 较小；锅炉负荷过高，造成煤粉在炉内来不及烧透，锅炉负荷过低，则炉温下降，都会使 q_4 增大。

2. 化学不完全燃烧热损失

化学不完全燃烧热损失 q_3 是由于烟气中含有可燃气体造成的热损失。锅炉尾部排放的烟气中，还含有 CO、H_2、CH_4 等可燃气体，这些可燃气体未能燃烧释放出热量就随烟气排出锅炉，从而造成热量损失。煤粉炉的 q_3 一般不超过 0.5%。

烟气中可燃气体的含量，主要取决于炉膛过量空气系统以及空气与煤粉的混合情况等。过量空气系数过小，风粉混合不良，导致局部缺氧时，易产生 CO 等气体，使 q_3 增大；过量空气系数过大，炉温下降，会使 CO 不易燃烧。因此应选择合理的过量空气系数。

3. 排烟热损失

排烟热损失 q_2 是由于锅炉尾部排烟温度高于外界空气温度造成的热损失。它是锅炉热损失中最大的一项，一般为 4%～8%。

排烟热损失的大小取决于排烟温度和排烟量。降低排烟温度，可以减少 q_2。但排烟温度的降低是有限度的，因为排烟温度过低，会造成锅炉尾部受热面传热温差减小，进而使传热面积增大，金属消耗量增加。而传热面积增大还会造成通风阻力增大，导致引风机电耗增加。在燃用硫分较多的燃料时，排烟温度还应适当保持得高一些，否则会加重尾部受热面的低温腐蚀和堵灰。综合考虑各方面因素，目前大型电厂锅炉的排烟温度为 120～160℃。

排烟容积的大小取决于炉内过量空气系数和锅炉漏风量。降低炉膛过量空气系数及各处漏风，可使排烟量降低，q_2 减小。但过量空气系数过低，常会引起 q_3、q_4 的增大。所以最佳过量空气系数应以 q_2、q_3、q_4 三项总和最小为原则选取。

锅炉运行中，受热面积灰、结渣等都会使传热减弱，促使排烟温度升高。因此，锅炉运行时应注意及时地吹灰打渣，经常保持受热面的清洁。

4. 散热损失

散热损失 q_5 是指锅炉在运行中，由于炉墙、汽包、联箱、管道等设备的外壁温度高于环境温度而向环境散热所造成的热量损失。

影响散热损失的主要因素有锅炉容量、锅炉负荷、外表面积、水冷壁及炉墙结构、管道保温及周围环境等。

一般来说，锅炉容量增大时，散热损失 q_5 减小。因为锅炉容量增大时，燃料消耗量大致成正比地增加，而外表面积却增加较慢。对同一台锅炉，负荷越低，散热损失 q_5 越大，这是由于锅炉外表面积并不随负荷的降低而减少，同时散热表面的温度变化不大，所以可以近似地认为 q_5 与锅炉负荷成反比关系。当锅炉容量大于 900t/h 时，q_5 约为 0.2%。

若锅炉水冷壁和炉墙结构严密紧凑，保温良好，外界空气温度高且流动缓慢，则散热损失小。

5. 灰渣物理热损失

灰渣物理热损失 q_6 是指高温炉渣排出炉外所造成的热量损失。

影响灰渣物理热损失的主要因素是煤的含灰量及排渣方式。含灰量越大，q_6 越大。液态排渣炉的排渣温度高、排渣量较多，故液态排渣炉的 q_6 远远高于固态排渣炉。而对于固态排渣煤粉炉，当燃料灰分很高时，才考虑计算此项损失。

思 考 题

1-1 试述电厂锅炉的工作过程。

1-2 锅炉本体由哪些主要设备组成？

1-3 锅炉的主要特性参数有哪些？

1-4 我国锅炉型号中的各组字码各代表什么意思？

1-5 煤的元素分析成分有哪些？各成分对煤的特性有何影响？

1-6 何谓挥发分、发热量和标准煤？

1-7 动力煤分为哪几类？分类的依据是什么？

1-8 煤粉有哪些特性？
1-9 制粉系统分为哪些类型？一般配备哪种磨煤机？
1-10 制粉系统有哪些主要辅助设备？各设备的作用？
1-11 煤粉的燃烧过程分为哪几个阶段？各阶段的主要影响因素是什么？
1-12 煤粉燃烧器一般有哪些类型？布置方式各有何特点？
1-13 锅炉的热平衡意义是什么？锅炉存在哪些热损失？
1-14 试述循环流化床锅炉的工作过程。
1-15 循环流化床锅炉有哪些主要优点？

第二章 锅炉受热面

燃料在炉膛内燃烧,其火焰和烟气的热量不断通过中间界面来吸收并传给水、蒸汽和空气。这些中间界面称为锅炉的受热面。

在锅炉受热面中,吸收高温烟气的热量加热水并产生饱和蒸汽的受热面,称为蒸发受热面。蒸发受热面和与它直接相配合工作的设备称为蒸发设备,蒸发设备组成了锅炉的蒸发系统。

在锅炉受热面中,通过吸收高温烟气的热量,加热饱和蒸汽或使蒸汽再热的受热面,称为过热器受热面或再热器受热面。

通常又将布置在尾部烟道中的受热面,称为尾部受热面。它包括省煤器和空气预热器。省煤器是加热给水的受热面,空气预热器则是加热空气的受热面。通过加热给水和提高参与燃烧的空气温度,可以进一步降低排烟温度,提高锅炉热效率。

锅炉受热面的布置,是与煤的燃烧过程、水和蒸汽的吸热特点及锅炉负荷调节特性相联系的。

第一节 蒸 发 设 备

一、蒸发受热面内工质流动方式

锅炉蒸发受热面(水冷壁)中工质的流动方式与其他受热面是不同的。锅炉省煤器中的水和过热器中的过热蒸汽都是一次流过受热面,工质的流动阻力都是靠受热面进、出口之间的压力降来克服的,即这些受热面内的工质流动都是强制流动,一次通过,并不往返循环。

流经蒸发受热面的工质是水和汽的混合物,它们在蒸发受热面中的流动可以是一次通过,也可以是循环多次。按工质在蒸发受热面中流动的主要推动力来源不同,可以将锅炉分为自然循环锅炉、控制循环锅炉、直流锅炉、复合循环锅炉,如图2-1所示。

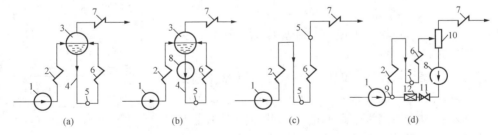

图2-1 蒸发受热面内工质流动方式
(a) 自然循环锅炉;(b) 控制循环锅炉;(c) 直流锅炉;(d) 复合循环锅炉
1—给水泵;2—省煤器;3—锅炉汽包;4—下降管;5—联箱;6—水冷壁;
7—过热器;8—锅水循环泵;9—混合器;10—汽水分离器;
11—止回阀;12—调节阀

1. 自然循环锅炉

自然循环锅炉的水循环回路如图 2-2 所示。它是由布置在炉顶的汽包、炉外不受热的下降管和炉内受热的上升管（即水冷壁管）共同组成的汽水流动封闭通道，用以完成锅水的蒸发任务。

在水循环回路中，由于进入水冷壁的水受热变为汽水混合物，其密度小于下降管内饱和水的密度，因而在下联箱两侧产生压力差。在此压力差（即密度差）的作用下，上升管的汽水混合物向上流动，并进入汽包。在汽包内，通过汽水分离装置分离出来的饱和蒸汽引出到过热器，而分离出来的水与省煤器来的给水混合后，又经下降管进入水冷壁重复上述循环。这种利用工质密度差所产生的推动力，使水及汽水混合物在水循环回路中不断流动，称为自然水循环，这种锅炉称为自然循环锅炉。

在实际锅炉中，一般并联有多个水循环回路，每一回路均由多根并列布置的上升水冷壁管和一根大直径下降管组成。图 2-3 所示为 DG-1025/18.2-Ⅱ4 型亚临界压力自然循环锅炉的循环回路布置图。锅炉共分为 24 个循环回路，前、后、侧墙各 6 个回路。

自然水循环的推动力又称运动压头，由于其是由下降管和上升管内的工质密度差产生的，故数值上应等于两者的密度差与循环回路高度的乘积。运动压头用于克服循环回路中的流动阻力，维持水循环的安全进行。显然，当工质的密度差和回路高度 H 越大时，循环的运动压头就越大，循环的安全性就越好。工质的密度差在锅炉压力一定时，取决于上升管内的含汽率。当上升管受热强，产生的气泡越多时，含汽率越高，其密度差越大，运动压头也越大，循环就越安全可靠。随着锅炉压力的提高，饱和水与饱和蒸汽的密度差减小，达到临界压力时，密度差为零。因此只有在临界压力以下一定数值（约 17MPa 以下）的锅炉可以采用自然循环，对于接近于临界压力或超过临界压力的锅炉，只能采用控制循环锅炉或直流锅炉。

水循环回路是否安全可靠的评价指标是循环流速和循环倍率。循环流速是指上升管入口处水的流速，它反映了管内流动的水将生成的气泡带走的能力。循环倍率则是上升管进口处水的总流量与上升管的产汽量之比值，它反映了产生 1kg 蒸汽需要有多少千克水进入水循环系统进行循环。在炉内热负荷一定时，上升管外壁温度的高低，主要取决于管内工质的对流换热表面传热系数。当循环流速越大，工质的对流换热表面传热系数就越大，对管壁的冷却

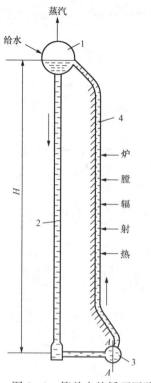

图 2-2 简单自然循环回路
1—汽包；2—下降管；3—下联箱；4—上升管

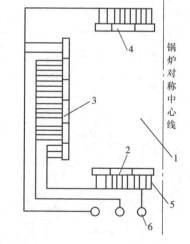

图 2-3 DG-1025/18.2-Ⅱ4 型自然循环锅炉的水循环回路布置
1—炉膛；2—前墙水冷壁；3—侧墙水冷壁；4—后墙水冷壁；5—下降管支管；6—下降管

效果就越好。在循环倍率合适的情况下，管壁温度仅比工质的饱和温度稍高，管子不会过热超温，水循环安全可靠。

但是，回路中仅有足够的流速不足以说明水循环安全可靠。因为当上升管内的含汽量过多，即循环倍率过小时，管内壁上可能没有连续的水膜覆盖，这时蒸汽对管壁的表面传热系数远比水的小，故对管壁的冷却效果差，从而可能导致超温爆管。为此，在水循环回路中，除了维持足够大的循环流速外，还要保持一定的循环倍率，使水冷壁管始终受到连续水膜的冷却，这样才能保证水冷壁长期安全可靠地运行。对于超高压（13.7MPa）以上的自然循环锅炉，规定最小循环流速大于 1m/s，一般超高压锅炉为 1~1.5m/s，亚临界压力（17MPa）锅炉为 1.5~2.5m/s。规定循环倍率不小于 2.5，一般超高压锅炉为 5~8，亚临界压力锅炉为 4~6。

2. 控制循环锅炉

控制循环锅炉又称为多次强制循环锅炉。它是在自然循环锅炉的基础上发展起来的。它在结构、水循环系统及运行特性等方面与自然循环锅炉相似，其主要差别只是在水循环回路的下降管中加装了锅水循环泵，如图 2-1（b）所示。

随着锅炉工作压力的提高，汽、水的密度差减小，自然循环锅炉的可靠性降低。但控制循环锅炉因为有锅水循环泵，可以依靠泵所提供的压头，使工质在蒸发受热面内强制流动，维持水及汽水混合物的循环流动。这样就可以克服锅炉压力接近临界压力时，饱和水与饱和蒸汽的密度差减小、自然水循环难以维持的不足，使水循环的可靠性大大增加。控制循环锅炉的循环倍率在 1.5~8 之间，一般为 4 左右。控制循环锅炉用于亚临界压力锅炉较多，是 300MW 以上机组中所配锅炉的主要形式。

3. 直流锅炉

直流锅炉的给水靠给水泵提供的压头，顺序地通过锅炉的省煤器、水冷壁、过热器，一次就将给水全部变为过热蒸汽，如图 2-1（c）所示。

直流锅炉的特点是没有汽包，整台锅炉由许多管子并联，然后用联箱连接串联组成。由于所有受热面内工质流动是靠给水泵的压头来推动的，所以直流锅炉受热面中工质都是强制流动。直流锅炉的循环倍率等于 1。直流锅炉既可用于临界压力以下，也可设计为超临界压力。

与汽包锅炉相比，直流锅炉由于无汽包、不用或少用下降管，故汽水系统简化，金属消耗量小、造价低，并且由于不存在厚壁容器汽包的温差限制，锅炉的启动、停运及变负荷的速度加快。但直流锅炉也正是由于无汽包而不能进行炉水排污和蒸汽净化等，因而对给水品质要求更高；给水一次流过各受热面，给水泵消耗功率大；运行中需要更高的操作技术和自动控制水平。

4. 复合循环锅炉

随着超临界压力锅炉的发展及炉膛热强度的提高，由直流锅炉和控制循环锅炉联合发展起来的一种新的锅炉形式，称为复合循环锅炉，如图 2-1（d）所示。它是依靠锅水循环泵，将蒸发受热面出口的部分或全部工质进行再循环的锅炉。

复合循环锅炉的特点是无汽包，蒸发受热面中的工质流动采用强制循环。从炉膛蒸发受热面出来的汽水混合物进入汽水分离器，分离出来的蒸汽送到过热器；分离出来的水经再循环泵加压，送入省煤器入口的混合器，同给水混合后进入蒸发受热面。因而蒸发受热面中的流量大于蒸发量，但其循环倍率较低，在额定负荷下只有 1.2~2.0，故又称为低循环倍率锅炉。

二、蒸发设备

蒸发设备是锅炉的重要组成部分，其作用是吸收燃料燃烧放出的热量，使水受热汽化变成饱和蒸汽。自然循环锅炉的蒸发设备由汽包、下降管、水冷壁、联箱及连接管道等组成，如图 2-2 所示，由其组成的系统称为蒸发系统。

（一）汽包

汽包是锅炉蒸发设备中的主要部件，是一个汇集炉水和饱和蒸汽的圆筒形容器。

现代锅炉都只用一个汽包，横置于炉外的顶部，不受火焰和烟气的直接加热，并有良好的保温性能。

1. 汽包的作用

汽包的作用主要有以下几点：

（1）汽包与下降管、联箱、水冷壁管等共同组成锅炉的水循环回路。它接受省煤器来的给水，并向过热器输送饱和蒸汽。所以，汽包是锅炉中加热、蒸发、过热这三个阶段的连接枢纽或大致分界点。

（2）汽包中储存有一定量的汽和水，因而汽包具有一定的储热能力。在运行工况变化时，可以减缓汽压变化的速度，对锅炉运行调节有利。如当外界负荷增加而尚未进行燃烧调节时，汽压要下降，则汽包中的水温就要从原来较高汽压下的饱和温度降低至相应于较低压力下的饱和温度。随着水温下降，水冷壁、下降管、汽包的金属壁温也降低。水和金属的温度降低，就要放出热量。这些热量用来使部分炉水汽化，就会多产生一些蒸汽（称为附加蒸发量），这样就部分地弥补了蒸汽量的不足，使汽压下降的速度减缓。相反，当外界负荷降低时，水和金属会吸收热量，使汽压上升的速度减缓。

（3）汽包中装有各种装置，能进行汽水分离，清洗蒸汽中的溶盐、排污以及进行锅内水处理等，从而改善蒸汽品质。

2. 汽包的结构

汽包本体是一个圆筒形的钢质受压容器，由筒身（圆筒部分）和两端的封头组成。筒身由钢板卷制焊接而成。封头上开有人孔，以便进行安装和检修。封头为了保证其强度，常制成椭球形或半球形的结构。

汽包外面有许多管座，用以连接各种管道，如给水管、下降管、汽水混合物引入管、蒸汽引出管、连续排污管、事故放水管、加药管、连接仪表和自动装置的管道等。对于给水引入管等工质温度可能波动并低于筒壁温度的管道，在与汽包连接时还带有保护套管，以避免汽包壁产生局部应力。为了使汽包便于与大量的管子连接，故现代锅炉的汽包一般都在炉前顶部做横向布置，即平行于前墙布置。

汽包内部有汽水分离装置和排污装置，其结构将在下一节介绍，这些装置用来保证蒸汽品质；同时利用汽包水空间对炉水加药、排污，进行炉内水处理。

3. 汽包的尺寸和材料

汽包的尺寸和材料是由锅炉的参数、容量、钢材性能以及汽包内部装置等因素决定的。一般锅炉容量较小、压力较低及汽包内部装置较简单时，采用的汽包内径和壁厚较小；锅炉压力较高时，汽包壁厚也较大。当采用合金钢材时，则汽包壁厚可以减小。汽包壁太厚将增加制造上的困难，同时在运行中容易由于温差的变化而产生过大的局部热应力。汽包壁厚还与汽包直径有关，为限制壁厚，汽包内径不宜过大。

（二）下降管和联箱

下降管的作用是把汽包中的水连续不断地送往下联箱，供给水冷壁，以维持正常水循环。下降管的一端与汽包连接，另一端直接或通过分配支管与下联箱连接。为了保证水循环的可靠性，下降管自汽包引出后都布置在炉外，不受热，并加以保温，减少散热损失。

下降管有小直径分散下降管和大直径集中下降管两种。小直径分散下降管的直径一般为 108～159mm。这种下降管的特点是管径小、数量多（一般在 40 根以上），故下降管阻力大，对水循环不利，用于小型锅炉。现代大型锅炉多采用 4～6 根大直径集中下降管，其下部通过分配支管与水冷壁下联箱连接，以达到配水均匀的目的。

联箱的作用是汇集、混合、分配工质。通过联箱可连接管径和管数不同的管子。它一般不受热，通常由轧制的无缝钢管两端焊上弧形封头或平封头构成。

（三）水冷壁

水冷壁是锅炉蒸发设备中的受热面。它由许多并列的上升管组成，一般垂直地布置在炉膛内壁四周或部分布置在炉膛中间。

1. 水冷壁的作用

（1）现代锅炉的蒸发受热面，即依靠炉膛高温烟气对水冷壁的辐射传热，使水受热产生饱和蒸汽。与对流受热面相比，辐射受热面的热负荷要大得多。热负荷大，则传递同样的热量可以用较少的受热面积。所以，采用水冷壁作为蒸发受热面可以节省金属。

（2）保护炉墙。炉膛敷设水冷壁，由于炉墙内表面被水冷壁管遮盖，因而炉墙温度大为降低，同时可使炉膛出口烟气被冷却到灰的软化温度以下，有利于防止炉墙和受热面结渣以及熔渣对炉墙的侵蚀。

（3）可以简化炉墙结构，减轻炉墙重量（便于采用轻型炉墙）。当采用膜式水冷壁时，水冷壁还起着悬吊炉墙的作用。

2. 水冷壁的主要型式

现代自然循环锅炉的水冷壁，一般都是将水冷壁管两端与联箱一起制成组合件，以便于安装，垂直布置在炉膛四壁。水冷壁主要有光管式、膜式、销钉式和内螺纹管式四种类型。

（1）光管式水冷壁。它是用外形光滑的管子连续排列成平面形成水冷壁。它在炉墙上的布置如图 2-4 所示。水冷壁管排列的疏密程度用管子相对节距 s/d 表示，它的大小将影响管子的利用率和对炉墙的保护。

现代锅炉水冷壁管的一半被埋在炉墙里，使水冷壁与炉墙浇成一体，形成敷管式炉墙，如图 2-4（b）所示。由于炉壁温度较低，炉墙可以做得薄些，既节省耐火保温材料，又减轻锅炉重量，并能简化水冷壁炉墙的悬吊结构。

（2）膜式水冷壁。膜式水冷壁由鳍片管连接而成，构成整体的受热面，使炉膛内壁四周被一层整块的水冷壁严密地包围起来，其结构如图 2-5 所示。图 2-5（a）是国产超高压锅炉常用的轧制鳍片管膜式水冷壁。图 2-5（b）是国产亚临

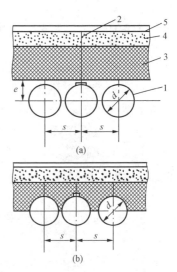

图 2-4 光管水冷壁在炉墙上布置
(a) 轻型炉墙；(b) 敷管式炉墙
1—管子；2—拉杆；3—耐火材料；
4—绝热材料；5—外壳

界压力自然循环锅炉采用的焊接鳍片管膜式水冷壁。

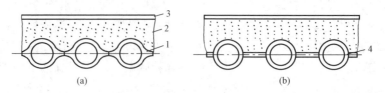

图 2-5 膜式水冷壁
(a) 扎制鳍片管；(b) 光管扁钢焊接鳍片管
1—扎制鳍片管；2—绝热材料；3—外壳；4—扁钢

现代大型锅炉广泛采用膜式水冷壁，其优点是：①保护炉墙好，它把炉墙与炉膛完全隔离开来，只需采用保温材料，而不用耐火材料，使炉墙的厚度和重量大大减轻；②使炉膛具有良好的气密性，改善了炉膛燃烧工况；③在制造厂内焊成组件出厂，使现场安装快速方便。但膜式水冷壁制造、检修工艺较复杂。

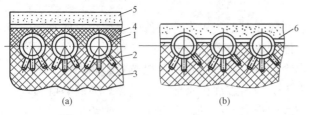

图 2-6 销钉水冷壁
(a) 带销钉的光管水冷壁；(b) 带销钉的膜式水冷壁
1—水冷壁管；2—销钉；3—耐火塑料层；4—铬矿砂材料；
5—绝热材料；6—扁钢

(3) 销钉式水冷壁。在水冷壁管的外侧密焊若干销钉，便形成了销钉式水冷壁，如图 2-6 所示。用销钉可以敷设和固牢耐火塑料层，同时利用销钉传热，以冷却耐火材料。在煤粉炉中，销钉式水冷壁是用来敷设卫燃带；在循环流化床锅炉中，销钉式水冷壁用于炉膛下部敷设耐火层，还用于汽、水旋风分离器内壁。

(4) 内螺纹管式水冷壁。内螺纹管式水冷壁是在管子内壁开有单头或多头螺旋形槽道的管子，如图 2-7 所示。采用内螺纹管水冷壁，可使工质在内螺纹管中流动时发生强烈的扰动，将水挤向管壁，迫使气泡脱离管壁，并被水带走。这样破坏了贴壁膜态汽层，管子得到较好的冷却，壁温得以降低。但内螺纹管水冷壁加工比较复杂，一般只在亚临界压力锅炉的高热负荷区域使用。

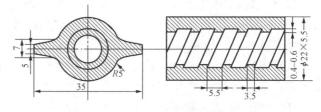

图 2-7 内螺纹管水冷壁

第二节 蒸汽净化设备

锅炉的任务是生产一定数量和质量的蒸汽。蒸汽的质量包括压力、温度以及蒸汽的品质。蒸汽的品质通常指的是蒸汽清洁度，常用单位质量的蒸汽中含有的杂质来衡量；而蒸汽中所含的杂质绝大部分为各种盐类，所以蒸汽的杂质含量多用蒸汽中的盐量来表示。

蒸汽净化的目的是使锅炉生产的蒸汽具有一定的纯洁度，即蒸汽中含有的杂质量应符合电厂安全生产的要求。

一、蒸汽污染的危害及原因

1. 蒸汽含盐的危害

蒸汽含盐将影响锅炉和汽轮机的安全经济运行。当蒸汽中部分盐分沉积在锅炉过热器管壁上时，将影响传热，造成管壁温度升高，管过热损坏；若盐分沉积在蒸汽管道的阀门处，可能造成阀门的卡涩和漏汽；若沉积在汽轮机的通流部分，将使流通截面积减小，流动阻力增大，出力和效率降低，还将使轴向推力、叶片应力增大，影响汽轮机的安全性。

2. 蒸汽污染的原因

进入锅炉的给水，虽然经过了炉外的水处理，但总会含有一定的盐分。当给水进入锅炉，在蒸发系统中经蒸发、浓缩，使炉水含盐浓度增大。炉水中的盐分以两种方式进入到蒸汽中：一种是饱和蒸汽带水，称之为蒸汽的机械携带；另一种是蒸汽直接溶解某些盐分，称之为蒸汽的溶解携带（选择性携带）。

蒸汽的机械携带是由于饱和蒸汽从汽包引出时，携带了含盐浓度大的炉水所造成的。其携带盐量的多少取决于蒸汽湿度和炉水含盐量，蒸汽湿度或炉水含盐量越大，则机械携带的盐量越多。

蒸汽的溶解携带是由于蒸汽能直接溶解某些盐类所造成的，其溶解盐类的多少决定于蒸汽压力和炉水含盐量。蒸汽压力越高或炉水含盐量越大，则溶解携带的盐量越多。

由此可见，给水含盐量是蒸汽污染的根源，蒸汽带水和蒸汽溶盐是蒸汽污染的途径。对于中、低压锅炉，蒸汽污染主要是机械携带；高压以上的锅炉，蒸汽污染既有机械携带，又有选择性携带。

二、蒸汽净化装置

从蒸汽污染的原因可知，提高蒸汽品质的根本途径在于提高给水的品质，而提高给水品质的手段是采用良好的化学水处理设备和系统。蒸汽净化的方法主要有：减少蒸汽带水量，采用高效的汽水分离装置；减少蒸汽溶盐，可采用蒸汽清洗的方法解决；采用锅炉排污，以控制炉水含盐量等。

1. 汽水分离装置

汽包内的汽水分离过程，一般分为两个阶段：第一阶段是粗分离阶段（又称为一次分离），任务是消除进入汽包的汽水混合物的动能，并将蒸汽和水初步分离；第二阶段是细分离阶段（又称为二次分离），任务是把蒸汽中的细小水滴分离出来，并使蒸汽从汽包上部均匀引出。

目前我国电厂锅炉常用的汽水分离装置，一次分离元件有旋风分离器、涡轮分离器、挡板等；二次分离元件有波形板分离器、顶部多孔板等。

（1）旋风分离器。旋风分离器是一种分离效果较好的粗分离器，它被广泛应用于近代大、中型锅炉上，其结构如图2-8所示。主要部件有筒体、底板、波形板顶盖、连接罩、溢流环等。

旋风分离器的工作过程是：具有较大动能的

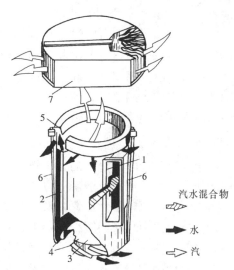

图2-8 旋风分离器
1—连接罩；2—筒体；3—底板；4—导向叶片；
5—溢流环；6—拉杆；7—顶盖

汽水混合物通过连接罩沿切向进入筒体，产生旋转运动，依靠离心力作用进行汽水分离。分离出来的水被抛向筒壁，并沿筒壁流下，由筒底导向叶片排入汽包水容积中；蒸汽则沿筒体旋转上升，经顶部的波形板分离器径向流出，进入汽包的蒸汽空间。

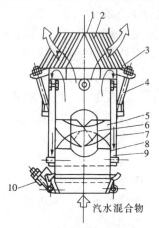

图 2-9 涡轮分离器
1—梯形波形板顶盖；2—波形板；3—集汽短管；4—螺栓；5—螺旋形叶片；6—涡轮芯子；7—外筒；8—内筒；9—排水夹层；10—螺栓

大型锅炉所需的分离器数量较多，在汽包内一般沿轴线方向分左右两排布置。为了保持汽包水位稳定，旋风分离器采用交叉反向布置，即相邻两个分离器内的汽水混合物旋转方向相反，以消除旋转动能。

（2）涡轮分离器。涡轮分离器结构如图 2-9 所示，其筒体为两同心圆结构，内装固定涡轮，筒顶装有波形板顶盖。涡轮由涡轮芯与螺旋形导向叶片（通常为 4 片）构成。

涡轮分离器的工作过程是：汽水混合物由筒体底部轴向进入，通过螺旋形导向叶片时，汽水混合物产生强烈的旋转运动。在离心力作用下，把水抛向筒壁，水沿筒壁向上，到顶部受顶盖的阻挡后，从内筒与外筒之间的环缝（排水夹层）中返回汽包水空间；蒸汽则在内筒中间向上运动，经波形板顶盖的进一步分离后进入汽包汽空间。

涡轮分离器的分离效率高，分离出来的水滴不会被蒸汽带走，但阻力较大，故多作为控制循环锅炉的粗分离器。

（3）波形板分离器。汽水混合物进入汽包经粗分离设备后，较大水滴已被分离出去，但细小水滴因其质量小，难以用重力和离心力将其从蒸汽中分离出去。特别是汽包内装有清洗设备时，蒸汽流经清洗水层还会带出一些水滴。因此，现代锅炉广泛采用波形板分离器，作为蒸汽的细分离设备。

波形板分离器也叫百叶窗分离器。它是由密集的波形板组成，常与多孔板一起组装，置于汽包上部蒸汽引出口之前。其工作原理是：汽流通过密集的波形板时，由于汽流转弯时的离心力，将水滴分离出来，黏附在波形板上形成薄薄的水膜，靠重力慢慢向下流动，在板的下端形成较大的水滴落下，从而使蒸汽带水量减少。蒸汽通过波形板的流速不能太高，否则将会撕破水膜，使蒸汽再次带水。

2. 蒸汽清洗装置

汽水分离只能降低蒸汽的含水量，而不能减少蒸汽中溶解的盐分。因此，为减少蒸汽中溶解的盐分，可采用蒸汽清洗的方法。

蒸汽清洗的原理是：让含盐低的清洁给水与含盐高的蒸汽接触，使蒸汽中溶解的盐分转移到清洁的给水中，从而减少蒸汽溶盐；同时，能使蒸汽携带炉水中的盐分转移到清洁的给水中，降低了蒸汽的机械携带含盐量，从而提高了蒸汽品质。

电厂锅炉中常用的蒸汽清洗装置是平孔板式。其结构如图 2-10 所示。它由若干块平孔板式组成，相邻两块板之间用 U 形卡连接。蒸汽自下而上通过孔板，由清洗水层穿出，进行清洗。给水均匀分配到孔板上，然后通过挡板溢流到汽包水室，清洗板上的水层靠一定的蒸汽穿孔速度将其托住。

对于亚临界压力汽包锅炉，因硅酸的溶解量大，清洗效果差，故不采用蒸汽清洗。而是采用先进的化学水处理方法来提高给水品质，从根本上解决蒸汽溶盐问题。

三、锅炉排污

锅炉排污是控制炉水含盐量、改善蒸汽品质的重要途径之一。排污就是将一部分炉水排除，以便保持水中的含盐量和水渣在规定的范围内，以改善蒸汽品质并防止水冷壁结水垢和受热面腐蚀。锅炉排污有连续排污和定期排污两种。

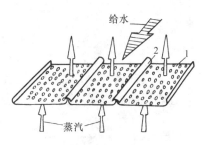

图 2-10 平孔板式清洗装置
1—平孔板；2—U 形卡

连续排污是指锅炉在运行中不断地排出一部分含盐浓度大的锅炉水，使锅炉水的含盐量保持在规定范围内。连续排污的位置在锅炉水含盐浓度最大的汽包蒸发面附近。

定期排污是指在运行中定期排出锅水里的水渣等沉淀物。排污位置在沉淀物聚集最多的水冷壁下联箱底部。定期排污量的多少及排污时间间隔主要视给水品质而定。

排污量与额定蒸发量的比值称为排污率。对凝汽式发电厂排污率为 1%～2%，热电厂为 2%～5%。

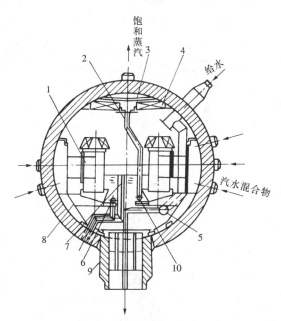

图 2-11 DG-1025/18.2-Ⅱ4 型自然水循环锅炉汽包内部装置
1—旋风分离器；2—疏水管；3—顶部多孔板；4—波形板分离器；5—给水管；6—排污管；7—事故放水管；8—汽水夹套；9—下降管；10—加药管

四、汽包内部典型结构

汽包内部装置的形式很多，不同参数和容量的锅炉，其汽包内部结构各不相同。下面以 DG-1025/18.2-Ⅱ4 型亚临界压力自然循环锅炉汽包为例，了解汽包内部装置和工作过程。

DG-1025/18.2-Ⅱ4 型锅炉汽包内部装置见图 2-11。该汽包不采用蒸汽清洗装置。从省煤器来的给水，经汽包上部给水管引入汽包水室的给水总管，一部分给水通过总管上的小孔喷入水中，另一部分给水通过支管直接引入下降管。

从水冷壁来的汽水混合物分别引入汽包前后的旋风分离器入口联箱内。有一部分汽水混合物通过内夹套，由后半部流到前半部的旋风分离器入口。汽水混合物沿切向进入分离器，进行一次分离。经粗分离的蒸汽从顶盖出来，进入汽包的汽空间，以较低的速度均匀通过波形板分离器和顶部多孔板，进行二次分离。经细分离后达到蒸汽质量标准的饱和蒸汽再由引出管引出。

第三节 过热器和再热器

一、过热器和再热器的作用及工作特点

过热器和再热器是锅炉的重要组成部分。过热器的作用是将饱和蒸汽加热成具有一定温度的过热蒸汽。再热器的作用是将汽轮机高压缸排出的蒸汽送回锅炉并加热成具有一定温度的再热蒸汽,又送回汽轮机中、低压缸继续做功,如图 2-12 所示。蒸汽再热后一般可使电厂的循环热效率提高 4%～6%。所以现在超高压及以上锅炉普遍采用再热器。通常把过热器中加热的蒸汽称为一次蒸汽或主蒸汽,把再热器中加热的蒸汽称为二次蒸汽或再热蒸汽。

图 2-12 过热器与再热器在热力系统中的位置

过热器管内流过的是高温蒸汽,其传热性能较差,而管外又是高温烟气,这就决定了过热器的管壁温度比较高。同时,运行中并列各管间还存在受热偏差,故实际的最高壁温可能会超过管子金属材料的极限耐热温度。

再热器中,由于再热蒸汽来自于汽轮机高压缸做了部分功的排汽,其压力较低(为过热蒸汽的 20%～25%),蒸汽比体积较大,故传热性能较差;再热蒸汽的流量约为过热蒸汽流量的 80%;再热后的温度一般与过热蒸汽温度相同,但管内蒸汽的流速却不能太高,否则压降太大会使蒸汽在汽轮机中、低压缸内的做功能力大大降低。而蒸汽流速低则使再热器管壁的冷却条件变差。因而,再热器的管壁温度也相对较高。

所以,过热器和再热器工作时的管壁温度都很高,工作条件较差。运行中如果长期超过钢材的极限耐热温度,会造成管子胀粗甚至爆破损坏。

二、过热器和再热器的形式与结构

(一)过热器形式与结构

按传热方式不同,过热器分为对流式、辐射式和半辐射式三种基本形式。

1. 对流式过热器

布置在锅炉对流烟道中,主要以对流传热方式吸收烟气热量的过热器,称为对流式过热器。它一般采用蛇形管式结构,即由进、出口联箱连接许多并列蛇形管构成,如图 2-13 所示。蛇形管的管径与并联管数应适合蒸汽流速要求,以免流动阻力过大。大容量锅炉常做成双管圈、三管圈甚至更多的管圈并联。

按烟气与管内蒸汽的相对流动方向,对流过热器可分为顺流、逆流和混合流三种布置方式,如图 2-14 所示。

顺流布置时,其蒸汽温度高的一端处于烟气低温区,因而管壁温度较低,比较安全,但其传热温差最小,传

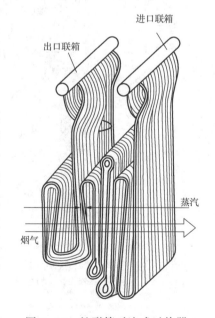

图 2-13 蛇形管对流式过热器

热性能差，需要较多的受热面，不经济。逆流布置具有最大的传热温差，传热性能好，可以节省受热面，较经济，但其蒸汽温度高的一端正处在烟气高温区，壁温高，故安全性较差。混合流布置方式，综合了顺流和逆流布置的优点，蒸汽低温段采用逆流布置，蒸汽高温段采用顺流方式。这样既获得较大的平均传热温差，又能降低管壁金属最高温度，因此在高压锅炉中得到广泛应用。

对流过热器在锅炉烟道内有立式与卧式两种放置方式。蛇形管垂直放置时为立式布置，立式布置对流过热器通常都布置在水平烟道内；蛇形管水平放置时为卧式布置，卧式布置对流过热器通常都布置在垂直烟道内。

对流式过热器的蛇形管束有顺列和错列两种排列方式，如图2-15所示。在其他条件相同时错列管的传热性能比顺列管的高，但管间易结渣，吹扫比较困难，支吊也不方便。国产锅炉的过热器，一般在水平烟道中采用立式顺列布置，在尾部竖井中则采用卧式错列布置。目前，大容量锅炉的对流管趋向于全部采用顺列布置，以便于支吊，避免结渣和减轻磨损。

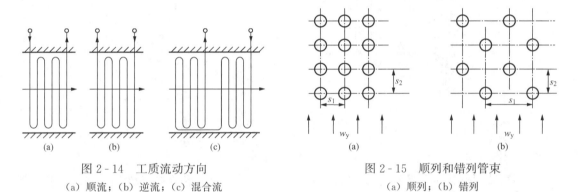

图2-14 工质流动方向
(a) 顺流；(b) 逆流；(c) 混合流

图2-15 顺列和错列管束
(a) 顺列；(b) 错列

2. 辐射式过热器

布置在炉膛内，以吸收炉膛辐射热为主的过热器，称为辐射式过热器。根据布置方式分为屏式过热器、墙式过热器、顶棚过热器和包墙管（包覆管）过热器。

屏式过热器由进出口联箱和管屏组成，做成一片一片"屏风"形式的受热面，如图2-16 (a) 所示。每片管屏由若干根并联管子绕制并与联箱焊接而成，联箱中间隔开，以形成进口、出口联箱。管屏沿炉宽方向平行地悬挂在炉膛上部，称为前屏过热器或大屏过热器，如图2-16 (b)、(c) 所示。屏式过热器对炉膛上升的烟气能起到分隔和均流的作用。

墙式过热器的结构与水冷壁相似，其受热面紧靠炉墙，可以仅布置在炉膛上部，也可以按一定的宽度沿炉膛高度布置；可以集中布置某一区域，也可以与水冷壁间隔排列。

顶棚过热器布置在炉膛顶部，一般采用膜式受热面结构，它吸收炉膛及烟道内的辐射热量。

在大型锅炉水平烟道、转向室和垂直烟道内壁，一般都布置有包墙管过热器。由于靠近炉墙处的烟气温度和烟气流速都较低，所吸收的对流热量很少，主要吸收辐射热，故亦属于辐射过热器。

墙式过热器、顶棚过热器及包覆管过热器一般都采用膜式受热面结构，使整个锅炉的炉膛、炉顶及烟道周壁都由膜式受热面包覆，简化了炉墙结构，炉墙重量减轻，并减少了炉膛、烟道的漏风量。

3. 半辐射式过热器

由图 2-16 可知，屏式过热器有前屏、大屏及后屏三种。大屏或前屏过热器布置在炉膛前部，屏间距离较大，屏数较少，吸收炉膛内高温烟气的辐射传热量。后屏过热器布置在炉膛出口处，如图 2-16（d）所示，屏数相对较多，屏间距相对较小，它既吸收炉膛内的辐射传热量，又吸收烟气冲刷的对流传热量，故称半辐射过热器。

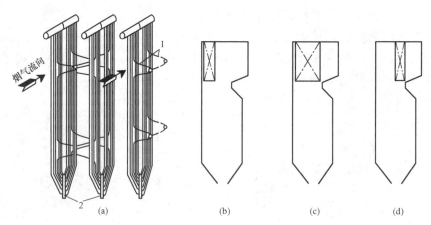

图 2-16 屏式过热器
(a) 屏式过热器；(b) 前屏；(c) 大屏；(d) 后屏
1—定位管；2—扎紧管

半辐射式过热器的热负荷很高，而且并列各管的结构尺寸和受热条件相差较大，造成管间壁温可能相差 80~90℃，往往成为锅炉安全运行的薄弱环节。因此，运行中对其安全性应特别注意。

由于过热器布置在烟温较高区域，且管内流过的工质温度高，故过热器材料一般为价格昂贵的优质耐热合金钢。工作条件差的过热器管，如管屏外圈管子受到的火焰辐射最为强烈，必须采用更高级的合金钢材。

（二）再热器形式和结构特点

再热器的形式有对流式再热器和"墙式辐射—屏式半辐射—对流"多级串联组合式再热器。墙式辐射再热器一般布置在炉膛上部的前墙和两侧墙上部前侧，作为低温再热器；屏式半辐射再热器一般布置在前后屏过热器之后；对流再热器则布置在高温对流过热器之后的烟道中。

再热器的结构与过热器相似，对流式再热器仍由蛇形管和联箱组成，根据工作特性，其结构特点有：为降低流速，减小流动阻力，再热器采用大管径、多管圈结构；尽量减少中间混合与交叉流动，以减小再热系统的压降。

第四节 省煤器和空气预热器

省煤器和空气预热器是现代火电厂锅炉不可缺少的受热面。由于它们一般布置在过热器或再热器受热面之后的尾部对流烟道中，因而常称为尾部受热面或低温受热面。

一、省煤器

1. 省煤器的作用

省煤器是利用锅炉尾部烟道中烟气的热量来加热给水的热交换设备，其作用是：

（1）节省燃料。省煤器吸收尾部烟道中烟气热量，降低排烟温度，提高锅炉效率，因而节省燃料消耗量。

（2）改善汽包的工作条件，延长其使用寿命。采用省煤器提高了进入汽包的给水温度，减小给水与汽包壁的温差而引起的汽包壁热应力，从而改善汽包的工作条件。

高参数、大容量锅炉普遍采用非沸腾式省煤器，即其出口水温低于给水压力下的饱和温度，一般低 20～25℃。

2. 省煤器的结构及布置

大型锅炉一般采用钢管省煤器，其结构是由外径为 $\phi32 \sim \phi51$ 的多排蛇形管与进、出口联箱焊接而成，如图 2-17 所示。

省煤器一般采用卧式（水平）布置在尾部烟道中，其工作过程是：烟气在管外自上而下横向冲刷管子，将热量传给管壁；冷水从省煤器下部的进口联箱引入，在管内自下而上流动，吸收热量，升高水温。这种方式既形成逆流传热，节约金属用量，又有利于引出疏水和排气，以减轻腐蚀；同时，烟气自上而下流过，还有利于吹灰。

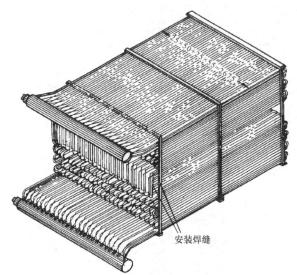

图 2-17 省煤器结构示意图

省煤器按蛇形管的排列方式分为错列布置和顺列布置两种。错列布置因其传热效果好，结构紧凑并能减少积灰而得到广泛应用。

省煤器按蛇形管在烟道中的放置方式分为纵向布置和横向布置两种。当蛇形管的放置方向垂直于炉膛后墙时，称为纵向布置，如图 2-18（a）所示。当蛇形管的放置方向平行于炉膛后墙时，称为横向布置，如图 2-18（b）、（c）所示。

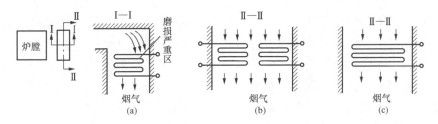

图 2-18 省煤器蛇形管在烟道中的布置方式
（a）纵向布置；（b）横向布置，双面进水；（c）横向布置，单面进水

纵向布置的特点是：由于尾部烟道的宽度大于深度，因而管子较短，这样只需在管子两

端的弯头附近支吊即可，故支吊较简单；又由于并列管子数目较多，所以水的流速较低，流动阻力较小。但是这种布置使全部蛇形管的局部飞灰磨损很严重，因为当烟气从水平烟道流入尾部垂直烟道时将产生离心力，烟气中灰粒多集中在靠近后墙的一侧，从而造成全部蛇形管局部磨损严重，检修时需更换全部磨损管段。

横向布置的特点是：磨损影响较轻，因为磨损的只是靠近后墙的少数几根蛇形管；但并列工作的管数少，水速较高，流动阻力较大；管子较长，支吊比较复杂。为改善这种布置方式，可采用双管圈或双面进水的布置方案。

3. 省煤器的启动保护

在锅炉启动过程中，常常是间断进水。当停止供水时，省煤器中的水不流动，会导致管子过热超温。因此，通常是在省煤器进口与汽包下部之间装设一根不受热的管子，称为省煤器再循环管，如图2-19所示。当锅炉启动时，省煤器开始受热，打开再循环管的阀门，在汽包——再循环管——省煤器——汽包之间，形成自然水循环回路，达到保护省煤器的目的。在锅炉上水时，应关闭再循环阀门，以免给水

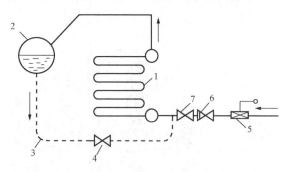

图2-19 省煤器的再循环管
1—省煤器；2—汽包；3—再循环管；4—再循环阀；
5—自动调节阀；6—止回阀；7—省煤器进口阀

经再循环管短路进入汽包，导致省煤器缺水烧坏。

二、空气预热器

1. 空气预热器的作用和分类

空气预热器是利用锅炉尾部低温烟气加热空气的热交换设备，它是锅炉沿烟气流程的最后一级受热面。被加热的空气一部分直接送入炉膛助燃，另一部分用于干燥和输送煤粉。空气预热器主要作用有：

（1）进一步降低排烟温度，提高锅炉效率。

（2）提高了炉膛的温度水平，改善燃料的着火与燃烧条件，强化燃烧和传热。

现代化大容量锅炉中，空气预热器还成为锅炉不可缺少的受热面。按传热方式不同，空气预热器可分为管式和回转式。

2. 管式空气预热器

目前中小容量锅炉中用得较多的是立式钢管式空气预热器，其结构如图2-20所示。管式空气预热器由若干个标准尺寸的立方体管箱、连通风罩及密封装置组成。管箱由许多平行直立的钢管和上、下管板焊接组成。常用 $\phi 51 \times 1.5$ 有缝钢管错列布置，以便单位空间中可布置更多的受热面和提高传热强度。烟气从管内自上而下流过，空气在管外横向冲刷，两者的流动方向互相垂直交叉，中间管板用来分隔空气流程。

管式空气预热器的布置按进风方式不同，可分为单面进风、双面进风和多面进风，如图2-21所示。显然双面进风要比单面进风的空气速度低一半。按照空气的流程不同，又有单道与多道之分。空气通道数越多，越接近逆流传热，有利于增强传热，但也会造成流动阻力增大。

3. 回转式空气预热器

由于锅炉容量的增大，管式空气预热器的受热面也随之显著增大，这给尾部受热面布置带来了困难。因此，目前 300MW 以上的大型机组锅炉多采用结构紧凑、重量较轻的回转式空气预热器。回转式空气预热器有受热面回转式和风罩回转式两种类型。

受热面回转式（又称容克式）空气预热器的结构如图 2-22 所示，其受热面装于可转动的圆筒形转子中，即转子分隔成许多扇形仓格，每个仓格内充满了既间隔又紧密排列的波形金属薄板传热元件。转子顶部和底部被上、下连接板分隔成上下对应的烟气流通区、空气流通区和密封区等。烟气、空气流通区分别与烟道、风道相连。当电动机经传动装置带动转子以 2～4r/min 的转速旋转时，受热面就会不断地通过烟气流通区和空气流通区。当每一扇形仓格受热面转到烟气区时，传热元件吸收自上而下流过的烟气热量；当再转到空气区时，又将该热量传给自下而上流过的空气。这样，转子每转一周，就完成一个热交换过程。

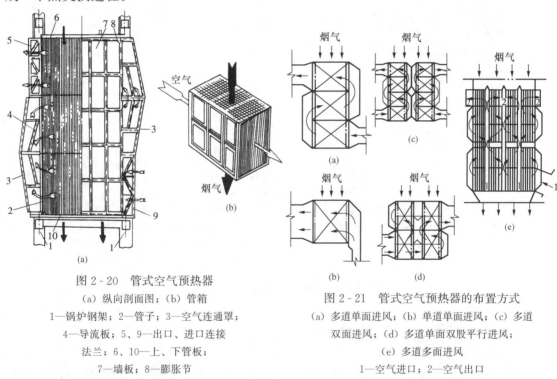

图 2-20 管式空气预热器
(a) 纵向剖面图；(b) 管箱
1—锅炉钢架；2—管子；3—空气连通罩；
4—导流板；5、9—出口、进口连接
法兰；6、10—上、下管板；
7—墙板；8—膨胀节

图 2-21 管式空气预热器的布置方式
(a) 多道单面进风；(b) 单道单面进风；(c) 多道双面进风；(d) 多道单面双股平行进风；
(e) 多道多面进风
1—空气进口；2—空气出口

容克式空气预热器按烟气、空气的通道数目不同又分为两分仓和三分仓式。两分仓空气预热器仅有烟气和空气两个通道，而三分仓则是在两分仓的基础上，将空气通道分为风压及风温均不同的一、二次风两个通道。选择哪种形式，取决于制粉系统的设计。

风罩回转式空气预热器的结构原理与容克式相类似，只是将笨重的受热面转动改为风罩转动。

回转式空气预热器与管式预热器相比，结构及制造工艺复杂，且漏风较大，但近年引进的大型回转式空气预热器，漏风率与普通管式空气预热器已经差不多，漏风率只有 5%～7%。回转式空气预热器结构紧凑、体积小，适合于高参数大容量锅炉尾部受热面的布置要求，而且耐磨损、低温腐蚀轻、运行费用低、使用周期长，故回转式（容克式）空气预热器在 300MW 以上的大型机组锅炉中获得了较为广泛的应用。

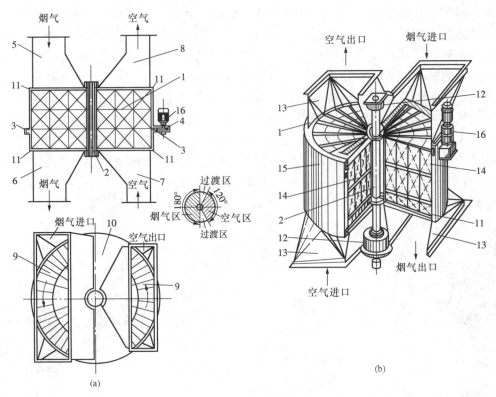

图 2-22 受热面回转式空气预热器
(a) 剖面图；(b) 立体示意图

1—转子；2—轴；3—环型长齿条；4—主动齿轮；5—烟气入口；6—烟气出口；7—空气入口；
8—空气出口；9—径向隔板；10—过渡区；11—密封装置；12—轴承；13—管道接头；
14—受热面；15—外壳；16—电动机

第五节 典型锅炉简介

一、HG-2008/18.3-M 型锅炉设备简介

1. 整体布置及主要参数

燃烧淮南烟煤的 HG-2008/18.3-M 型亚临界压力控制循环锅炉，与 600MW 凝汽式汽轮发电机组相匹配，其主要技术参数见表 2-1。

表 2-1　　　　　　　　　锅炉主要技术参数

序 号	名 称	单 位	最大连续负荷
1	主蒸汽流量	t/h	2008
2	主蒸汽压力	MPa	18.3
3	主蒸汽温度	℃	540.6
4	再热蒸汽流量	t/h	1634

续表

序 号	名 称	单 位	最大连续负荷
5	再热蒸汽压力	MPa	3.64
6	再热蒸汽温度	℃	540.6
7	给水温度	℃	278
8	排烟温度	℃	128
9	锅炉效率	%	92.11

锅炉整体布置如图 2-23 所示。

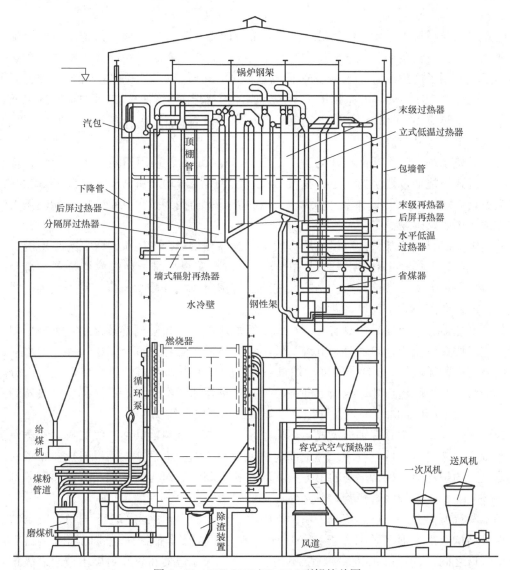

图 2-23 HG-2008/18.3-M 型锅炉总图

此锅炉为亚临界压力、一次中间再热、控制循环汽包锅炉。整体呈Ⅱ形布置、单炉膛、平衡通风、露天安装、全钢架悬吊结构。炉膛上部布置了大节距的分隔屏过热器和墙式辐射再热器。沿烟气流程依次布置后屏过热器、屏式再热器、末级高温再热器、末级高温过热器。尾部竖井烟道依次布置立式低温过热器、水平低温过热器、省煤器，竖井下面布置两台容克式空气预热器。

锅炉装有一套四通道五电场静电除尘器。排渣方式为固态排渣，采用水封斗式除渣装置。采用程控吹灰，在炉膛、各级对流受热面和回转式空气预热器处均装有墙式、伸缩式等不同形式的吹灰器。

锅炉按两种运行方式设计，可满足定压运行和滑压运行的要求。在定压运行70%最大负荷和滑压运行40%最大负荷时，一、二次汽温可维持额定值。

2. 结构特点

(1) 水循环系统。采用CE公司的"循环泵+内螺纹管"控制循环系统。三台锅水循环泵中两台运行，一台备用。循环倍率在MCR工况下为2左右。采用膜式水冷壁，在热负荷较高的区域采用了内螺纹管。水冷壁管子规格为$\phi 51 \times 6.5$，节距为63.5mm。汽包为碳锰钢制造，内径为1778mm，并采用上下不等壁厚和内环形夹层结构，其目的是使汽包上下壁温均匀，减少热应力，加快锅炉启停速度。汽包内部设置1~3次分离元件，但无蒸汽清洗装置，故要求给水品质高。

(2) 燃烧系统。炉膛断面尺寸为18500mm×16400mm。采用四角布置、切圆燃烧、均等配风直流式燃烧器，燃烧器可上下摆动30°。每角燃烧器均装有Y形蒸汽雾化式油喷嘴，用于锅炉点火暖炉及变负荷时稳定燃烧。采用高能点火器两级点火系统，由高能电弧点燃轻油或重油，再点燃煤粉。

采用中速磨煤机冷却一次风机正压直吹式制粉系统。6台RP1003型中速磨煤机（出力为66t/h，转速为40r/min）在炉前呈一排布置，每台磨煤机带一层煤粉燃烧器。每台磨煤机配一台电子重力式皮带给煤机。制粉系统还配有密封风机和冷却风机。锅炉配轴流式一次风机、送风机和离心式引风机各两台。

(3) 过热器。过热器采用具有分隔屏和末级过热器位于再热器热段之后的CE公司传统布置方式。按蒸汽流程过热器分为五级：低温级过热器布置在尾部竖井中，并分为水平式和立式两级，中间无联箱；6片分隔屏沿炉宽布置在炉膛上方，可对炉膛出口烟气进行分隔均流；后屏布置在炉膛出口处；末级（即高温级）过热器布置在水平烟道后部。过热器管采用$\phi 51$、$\phi 57$、$\phi 60$和$\phi 63.5$等较大管径，以降低过热器流动阻力。

(4) 再热器。采用具有辐射墙式再热器系统，再热器受热面共由三级组成。按蒸汽流程具体布置为：墙式再热器布置在炉膛上部前墙和两侧墙的向火面上；后屏再热器布置在后屏过热器之后的炉膛出口处折焰角的上方；其后布置有高温级对流再热器。再热器管分别采用$\phi 57$、$\phi 60$和$\phi 63.5$较大直径管，以降低再热器阻力。

(5) 蒸汽调温方法。过热蒸汽采用两级喷水减温，减温水来自给水泵出口，喷水减温器为笛形管结构，最大喷水量不大于200.8t/h。第一级减温器布置在立式低温过热器出口至分隔屏入口之间，进行粗调以保护大屏不超温；第二级减温器布置在后屏出口至末级过热器之间，进行细调。再热蒸汽主要采用摆动式燃烧器调温，此方式调节幅度大，灵敏度高。在前两级再热器的进口管道上布置两个喷水减温器，作为紧急备用，最大喷水量为再热蒸汽流量的 5%。

（6）省煤器。布置于尾部竖井内的省煤器，呈水平单级布置，水自下而上逆流流动。省煤器管采用直鳍片型膜式结构，错列布置。

（7）空气预热器。采用两台三分仓容克式空气预热器，装有高效传热的波形板传热元件和弯曲扇形板漏风控制系统。一次风和二次风在其中分开，入口分别与一次风机和送风机相接。出口一次风去磨煤机，二次风去燃烧器。每台空气预热器均装设有伸缩式吹灰器和固定式水清洗装置，以保证传热效率，防止堵灰。

二、DG-490/13.9-CFB 锅炉设备简介

1. 整体布置及主要参数

由东方锅炉厂生产的 DG-490/13.9-CFB 循环流化床锅炉与 150MW 机组相匹配，其主要技术参数见表 2-2。

锅炉整体布置如图 2-24 所示。

锅炉为单汽包、自然循环、循环流化床燃烧方式，岛式露天布置。

锅炉主要由一个膜式水冷壁炉膛，两台汽冷式旋风分离器和一个由汽冷包墙包覆的尾部竖井三部分组成。

炉膛内布置有屏式受热面：6 片屏式过热器管屏、4 片屏式再热器管屏和 1 片水冷分隔墙。锅炉预留有 6 个给煤口和 3 个石灰石给料口，给煤口和石灰石给料口全部置于炉前，在前墙水冷壁下部收缩段沿宽度方向均匀布置。炉膛底部是由水冷壁管弯制围成的水冷风室，通过金属膨胀节与床下风道点火器

表 2-2　　　锅炉主要技术参数

序号	名称	单位	最大连续负荷
1	主蒸汽流量	t/h	490.8
2	主蒸汽压力	MPa	13.8
3	主蒸汽温度	℃	540
4	再热蒸汽流量	t/h	440
5	再热蒸汽压力	MPa	3.51
6	再热蒸汽温度	℃	540
7	给水温度	℃	244.5
8	排烟温度	℃	136
9	锅炉效率	%	88.7

相连，风道点火器一共有两台，各布置有一个高能点火油燃烧器。该系统配有床上油燃烧器六支，用于锅炉启动点火和低负荷稳燃。炉膛两侧分别设置两台多仓式流化床风水冷选择性排灰冷渣器。

炉膛与尾部竖井之间，布置有两台汽冷式旋风分离器，其下部各布置一台 J 阀回料器。尾部由包墙分隔，在锅炉深度方向形成双烟道结构，前烟道布置了两组低温再热器，后烟道从上到下依次布置有高温过热器、低温过热器，向下前后烟道合成一个，在其中布置有省煤器和空气预热器。锅炉配备一台双室四电场静电除尘器。

锅炉无助燃最低稳燃负荷为 35%BMCR。

2. 结构特点

（1）炉膛。炉膛为立式长方形结构。燃烧室由水冷壁前墙、后墙、两侧墙构成，截面为 15240mm×6705.6mm，水冷壁为 ϕ60 管子，节距为 80mm。

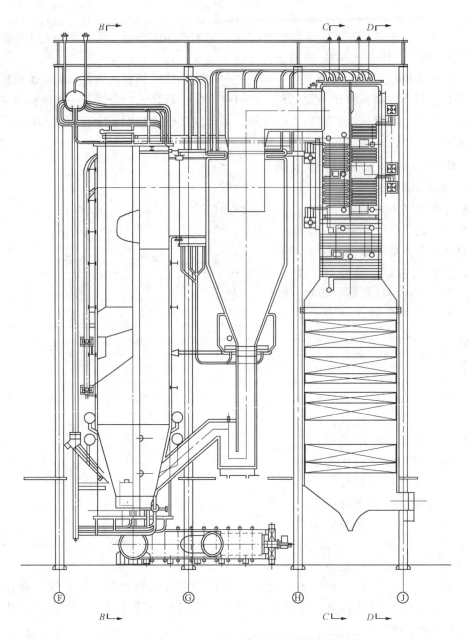

图 2-24 DG-490/13.9-CFB 循环流化床锅炉总图

一次风进入燃烧室底部的水冷风室。风室底部是前墙管拉稀形成,由 $\phi 60$ 的水冷壁管加扁钢组成的膜式壁结构,加上两侧水冷壁及水冷布风板构成了水冷风室。水冷布风板由 $\phi 82.55$ 的内螺纹管加扁钢焊接而成,扁钢上设置有密度很大的定向风帽,其用途是让一次风均匀流化床料,同时把较大颗粒及入炉杂物排向出渣口。燃烧室中间布置了一片双面受热的水冷分隔墙,从而增加了传热面。

(2) 水循环。锅炉的水循环采用集中供水、分散引入、引出的方式。用 4 根集中下水管和 32 根下水连接管将锅水送至各个回路。下水连接管两侧墙各布置 4 根,前后墙布置 20

根，水冷分隔墙布置 4 根。给水通过集中下降管和下水连接管进入水冷壁和水冷分隔墙。锅水在向上流经炉膛水冷壁、水冷分隔墙的过程中被加热成为汽水混合物，经各自的上部出口联箱，通过汽水引出管引入锅筒进行汽水分离。

(3) 尾部受热面。尾部对流烟道断面为 11811mm（宽）×5080mm（深），烟道上部由膜式包墙过热器组成，尾部竖井由中间包墙将烟道一分为二，包墙底部标高 35540mm，此标高以下竖井烟道四面由钢板包覆。尾部对流烟道内布置有空气预热器、省煤器、低温过热器和高温过热器水平管组以及低温再热器水平管组。

在包墙过热器前墙上部烟气进口及中间包墙上部烟气进口处，管子拉稀使节距由 127mm 增大为 381mm，形成进口烟气通道。前、后墙管上部向中间包墙方向弯曲形成尾部竖井顶棚，前、中、后墙及两侧包墙管子规格均为 $\phi 51$，前墙及中间包墙入口烟窗吊挂管为 $\phi 63.5$ 的管子。

(4) 过热器。低温过热器位于尾部对流竖井后烟道下部，由一组沿炉体宽度方向布置的 92 片双绕水平管圈组成，顺列、逆流布置。屏式过热器共 6 片，布置在炉膛上部靠近炉膛前墙，过热器为膜式结构，管子节距 76.2mm，每片共有 36 根，在屏式过热器下部 3450mm 范围内设置有耐磨材料。高温过热器布置在尾部后烟道上部，为双绕蛇形管束，管束沿宽度方向布置有 92 片。

过热蒸汽流程为：锅筒→汽冷旋风分离器→尾部竖井两侧包墙→尾部竖井前后包墙→尾部竖井中隔墙→低温过热器→一级减温器→屏式过热器→二级减温器→高温过热器。

(5) 再热器。低温再热器位于尾部对流竖井前烟道，由两组沿炉体宽度方向布置的 92 片三绕水平管圈组成，顺列、逆流布置。高温再热器为屏式再热器，共 4 片，布置在炉膛上部靠近炉膛前墙，为膜式结构，每片共有 29 根管子，在屏式再热器下部 3050mm 范围内设置有耐磨材料。

再热蒸汽流程为：汽轮机高压缸→低温再热器→微调喷水减温器→高温再热器→汽轮机中压缸。

(6) 省煤器和空气预热器。省煤器布置在锅炉尾部烟道内，采用螺旋鳍片管结构，由两个水平管组组成，双圈绕顺列布置。空气预热器采用卧式顺列四回程布置，空气在管内流动，烟气在管外流动，位于尾部竖井下方双烟道内。各级管组管间横向节距为 80mm，纵向节距为 60mm，每个管箱空气侧之间通过连通箱连接。一、二次风由各自独立的风机从管内分别通过各自的通道，被管外流过的烟气所加热。一、二次风道沿炉宽方向双进双出。

思考题

2-1 按工质在蒸发受热面中流动方式，电厂锅炉有哪几种形式？
2-2 蒸发设备主要包括哪些部件？它们的作用是什么？
2-3 自然水循环是怎样形成的？
2-4 水冷壁有几种形式？大型锅炉的水冷壁主要采用什么形式？
2-5 蒸汽污染的原因是什么？蒸汽净化的方法有哪些？
2-6 汽水分离的原理有哪些？大型锅炉常用的汽水分离器有哪几种？

2-7 锅炉汽水系统受热面包括哪几种？各受热面的作用如何？
2-8 过热器按传热方式一般有哪几种结构？它们在锅炉中是怎样布置的？
2-9 对流过热器按汽流方向有哪几种布置方案？各有何特点？
2-10 省煤器和空气预热器的作用有何异同？
2-11 空气预热器有几种形式？大型锅炉中为什么一般采用回转式空气预热器？

第三章　锅炉运行

第一节　锅炉启动和停运

一、概述

现代火力发电厂大型机组都采用单元制运行方式，即锅炉、汽轮机和发电机这三大主机纵向串联，组成一个不可分割的整体，互相紧密联系，相互制约。所以，锅炉机组运行启停的好坏，在很大程度上决定了整个单元机组的安全性和经济性。

锅炉启动是指锅炉从未运行状态过渡到运行状态的过程。锅炉停运是指锅炉由运行状态过渡到停止运行状态的过程。锅炉启动的实质就是投入燃料对锅炉加热。锅炉停运的实质就是停投燃料对锅炉冷却。

锅炉启动分为冷态启动和热态启动两种。冷态启动是指锅炉经过检修或较长时间停运后，在没有压力且其温度与环境温度相近的情况下的启动。热态启动则是指锅炉经较短时间停运，其工质仍保持一定压力和温度情况下的启动。

锅炉在启动过程中，各部件受热，温度逐渐升高，但由于受热的不均匀，不同位置的部件温度可能不同，因而，会产生热应力甚至导致部件损坏。一般来说，部件愈厚，材料的热应力愈大。因此，在部件受热过程中必须严格控制温差，并尽可能使温度均匀，特别是汽包锅炉的汽包。

锅炉启动初期，尤其是自然循环锅炉，受热面内部工质的流动尚不正常，流速很慢，因而工质对受热面金属的冷却作用较差。如水冷壁管、过热器管、再热器管以及暂停供水的省煤器管等均有超温的可能。

在启动过程中，锅炉所用燃料除耗用于加热锅炉部件和工质外，还有一部分耗用于排汽和放水，造成热量损失和工质损失。在低负荷燃烧时，炉膛温度低，过量空气较多，燃烧损失也较大。

总之，锅炉在启动中既有安全问题又有经济问题。原则上应在确保安全的条件下，尽可能缩短启动时间，节约燃料和工质，使锅炉尽早投入运行。

电厂锅炉的启动与停运方式，有锅炉单独启停、锅炉汽轮机联合启停两种类型。对主蒸汽母管制的锅炉，可采用单独启停的方式；对单元制的锅炉，均采用联合启停的方式。

二、锅炉的启动

（一）汽包锅炉的冷态启动

汽包锅炉有自然循环汽包锅炉和控制循环汽包锅炉两种。它们的启动与停运类似，在此统称为汽包锅炉的启动与停运。

锅炉的启动应严格按照操作规程进行操作，但每台锅炉都有自己的操作规程，下面仅就锅炉启动的若干共性问题做概要介绍。

1. 启动前的检查与准备

锅炉启动前，必须按规程规定对主、辅设备进行全面检查。当确认设备完好，且具备启动条件时方可启动。检查的主要内容为：炉膛、尾部烟道及各受热面外形正常，且无积灰、堵灰或结焦现象；燃烧器、吹灰器喷口通畅，操作装置良好，启动位置正确；各种门孔及汽水阀门开、关位置正常；送、引风机，回转式空气预热器及其配套设施完备，运转灵活；制粉系统及其设备处于完好待启动状态。

其他准备工作包括：

(1) 厂用电送电。

(2) 机组设备及其系统位于准备启动状态，投入遥控、程控、连锁和其他热工保护。

(3) 制备存储化学除盐水，水系统启动。

(4) 对除氧器、凝汽器、水箱等进行水冲洗，直至水质合格，然后灌满除盐水，启动凝结水泵，启动循环水泵，建立循环水虹吸。

(5) 汽轮机、发电机启动准备。

2. 锅炉上水

启动前，准备工作就绪并确认具备启动条件时，开始冷态向汽包供水。为了控制汽包的热应力，水温一般不高于90℃，并且在整个上水过程中，上水速度不能过快。上水的终了水位，对于自然循环汽包锅炉，一般只要求到水位表低限附近，以方便点火后炉水的膨胀；对于控制循环汽包锅炉，由于上升管的最高点在汽包标准水位线以上很多，所以进水的高度要接近水位的顶部，否则在启动炉水循环泵时，水位可能下降到水位表可见范围以下。

3. 锅炉点火

点火前，应投入所有有关自动调节控制系统，并启动回转式空气预热器。同时注意先开引风机，后开送风机，对炉膛及烟道进行时间不短于5min的空气吹扫。

对于采用三级点火方式的锅炉，应先点燃液化气，再点燃燃油，待炉内达到某一温度时，最后点燃煤粉。锅炉点火，投燃油燃烧，注意风量的调节和油枪的雾化情况，逐渐投入更多油枪，建立初投燃料量（汽轮机冲转前应投燃料量），一般为10%～25%MCR。

4. 锅炉升温升压

从锅炉点火至主蒸汽压力、温度升至额定值的过程，称为启动升温升压过程。主蒸汽参数达到冲转参数时开始冲转汽轮机，升速暖机，并网，低负荷暖机，升负荷。冲转参数一般为压力2～6MPa（新型大机组可以达到4～6MPa），蒸汽过热度为50℃以上。

锅炉在升温升压阶段的主要工作是稳定汽压和汽温以满足汽轮机冲转后的要求。锅炉的控制手段除燃烧外，还可以利用汽轮机高、低压旁路系统，必要时可投入减温装置和进行过热器疏水阀放汽。

当锅炉炉膛温度和热空气温度达到要求时，启动制粉系统，炉内燃烧完成从投粉到断油的过渡。相应启动除灰除渣系统。

升温升压的速度，在汽轮机冲转前主要决定于锅炉厚壁部件，特别是汽包的温差和热应力的限制。这是因为在汽轮机冲转之前，升温升压过程是锅炉单独进行的。汽轮机冲转之后，蒸汽压力和温度的增长，则主要取决于汽轮机的启动要求。

在整个升温升压过程中，燃烧调节是控制、调节蒸汽压力和温度的最主要手段。旁路系统和减温器作为辅助措施，共同实现对主蒸汽温度和压力的控制，并保护过热器和再热器。启动过程中对省煤器的保护措施是开启再循环管。

锅炉的启动过程直至主蒸汽压力、温度达到额定值，汽轮机带满负荷稳定运行时结束。

(二) 直流锅炉的启动特点

带直流锅炉的单元机组启动系统由锅炉旁路系统、汽轮机旁路系统两大部分组成。汽轮机旁路系统和汽包锅炉单元机组相同。锅炉旁路系统是针对直流锅炉一系列启动特点而专门设置的，其主要作用是建立启动流量、汽水分离和控制工质膨胀等，它的关键设备是启动分离器。启动分离器的作用是在启动过程中分离汽水以维持水冷壁启动流量，同时向过热器系统提供蒸汽并回收疏水的热量和工质。

直流锅炉在点火前，需用除氧水对受热面进行循环清洗，以清除运行期间沉积在受热面上的污垢。另外，根据启动要求，启动前还需在汽水系统建立起一定的启动压力和流量，以使水冷壁在点火后受到充分的冷却。

锅炉启动初期，需开启旁路系统。当通过加强燃烧使机前蒸汽参数达到规定值时，便可对汽轮机供汽，完成冲转、暖机、升速直至带部分负荷。在汽轮机增加负荷的过程中，锅炉的蒸汽参数逐步升高，此时注意适时切除旁路系统，改为纯直流运行。

三、锅炉的停炉

将正常运行的锅炉停下来，以作为备用或进行检修，称为正常停炉；由于故障而被迫停止运行，则称为事故停炉。对于单元机组，正常停炉通常采用滑参数停炉，即锅炉、汽轮机联合停运，在整个停炉过程中，按照汽轮机的要求，锅炉的负荷及蒸汽参数不断降低。

主蒸汽压力滑降至 1.5～2MPa，主汽温 250℃，在对应汽轮机负荷下的停机称为低参数停机，用于检修停机。主蒸汽压力降至 4.9MPa，在对应汽轮机负荷下的停机称为中参数停机，用于热备用停机。

滑参数停运的基本程序如下。

1. 停运准备

低参数停机在停运前要做好"五清"工作，即清原煤仓、清煤粉仓、清受热面（吹灰）、清锅内（水冷壁下联箱排污）、清炉底（冷灰斗清槽放渣一次）。中参数停机在停运前不一定全面进行五清工作，一般只需清受热面、清锅内、清炉底。

汽轮机、发电机做好停机准备。

2. 滑压准备

锅炉降压降温，机组降负荷，汽轮机逐步开大调速汽门至全开。

3. 滑压降负荷

在汽轮机调速汽门全开条件下，锅炉降压降温，机组降负荷。当负荷降到一定程度，如70%以后，为防止燃烧不稳而发生突然熄火和爆燃，应投入油枪，并视汽温情况关闭减温水。当负荷降至10%左右时，则需启动Ⅰ、Ⅱ级旁路系统。

4. 汽轮机停机锅炉熄火

降压降负荷至停机参数时，汽轮机脱扣停机，锅炉熄火。熄火 2～3min 后，可停止送风机，但引风机仍继续运行 5～10min，以清除炉膛和烟道内的可燃物。

5. 锅炉降压

低参数停机后，锅炉先自然降压，当排烟温度降至 80℃时可停止回转式空气预热器。停炉 4～6h 后，开启引风机入口挡板及锅炉各人孔、检查孔，进行自然通风冷却。停炉 18h 后启动引风机进行冷却。当锅炉降压至零时可放掉锅水。当锅炉有缺陷时，放水温度不应大于 80℃。

中参数热备用停机应保持锅炉热量不散失，各处风门应关闭严密，但要防止管壁金属超温。

直流锅炉的停炉程序与其启动程序相反，有关注意事项与汽包锅炉类似。

第二节 锅炉的运行调节

锅炉机组的运行参数主要是过热蒸汽压力、过热蒸汽和再热蒸汽温度、汽包水位和锅炉蒸发量等。锅炉的运行工况经常是不稳定的，它受到来自设备内部（如燃烧工况变化）和外部（如汽轮机进汽量变化）的影响，而经常处于变动之中。各种原因引起的工况变动，最终表现为运行参数的变动。这些参数的变化直接影响锅炉乃至汽轮机设备的安全经济运行。

在锅炉工况变动之初进行及时适当的调节，运行参数不会有大的变动。为此，锅炉都配备有自动控制及调节系统，以实现锅炉燃烧工况、运行参数等的自动调节。

在锅炉运行中对其进行监视和调节的主要任务是：

(1) 保证蒸汽品质和蒸汽产量能满足要求。

(2) 保持规定的蒸汽压力、温度数值。

(3) 维持汽包的正常水位。

(4) 维持高效率的燃烧，尽量减少各种热损失，提高锅炉效率。使锅炉安全经济地运行。

为了完成上述任务，有关工作人员必须了解各种因素对锅炉工作的影响，掌握锅炉设备特性和运行的变化规律以及操作技能。

一、蒸汽压力的调节

1. 蒸汽压力变化的原因

锅炉运行监控的主要参数之一是蒸汽压力，它是指过热器的出口压力。运行中如果汽压波动过大，则会直接影响到锅炉和汽轮机的安全与经济运行。汽压过高，会引起金属受热面过大的机械应力，威胁设备和人身安全。当汽压高到安全阀动作时，会造成大量的排汽损失，还会引起水位发生较大的波动。汽压降低会减少蒸汽在汽轮机中的做功能力，致使电厂运行的经济性降低。因此，运行中应严格监视锅护汽压，并维持其稳定。一般规定其数值与额定值的偏差范围不超过±0.05～0.1MPa。

影响汽压变化的主要因素可归纳为下述两方面：一个是锅炉外部的因素，称为外扰；另一个则是锅炉内部的因素，称为内扰。

锅炉外部的因素是指外界负荷的正常变化和事故情况下的甩负荷，以及蒸汽管道故障等方面的影响而引起汽压发生变化，它具体反映在锅炉出口蒸汽流量的变化上。当外界负荷突然减少，而锅炉燃料量还未来得及减少时，锅炉汽压将上升；而在外界负荷突然增加时，汽压则下降。

锅炉的内部因素是指锅炉内燃烧工况的变动而引起的汽压变化。在外界负荷不变的情况下，当燃烧不稳定或失常时，燃料在炉膛内燃烧会发生变化，使蒸发受热面的吸热量发生变化，引起汽压发生较大的变化。

无论是外扰还是内扰，汽压的变化总是与蒸汽流量紧密相关。在汽压降低的同时，蒸汽流量增加，说明外界负荷要求蒸汽量增加；在汽压升高的同时，蒸汽流量减少，说明外界负荷要求蒸汽量减少。在外扰的情况下，锅炉汽压与蒸汽流量的变化方向总是相反的。如果汽压降低的同时，蒸汽流量减少，说明燃料燃烧供热量偏少；在汽压升高的同时，蒸汽流量增加，说明燃料燃烧供热量偏多。在内扰的情况下，汽压与蒸汽流量的变化方向总是相同的。对于单元机组，判断内扰的方法仅适于工况变化初期，即汽轮机调速汽门未动作以前。

2. 蒸汽压力的调节

由上可知，蒸汽压力的变化实际上是锅炉蒸发量与外界负荷之间的平衡关系被破坏的结果。负荷变化对于锅炉是客观存在的，因此蒸汽压力的调节就是锅炉蒸发量的调节。而蒸发量的大小则取决于燃料燃烧的放热情况。因此，在一般情况下，引起汽压变化的原因无论是外扰还是内扰，均可用调节燃烧的方法进行压力调节。其原则是：汽压降低，加强燃烧；汽压升高，减弱燃烧。在异常的情况下，当汽压急剧升高，只靠调节燃烧来不及时，则可开启过热器疏水门或向空排汽门排汽，以尽快降压。另外，在汽包及过热器出口的蒸汽联箱上，均设有安全阀，作为调节滞后或调节失灵的安全防范装置。

二、蒸汽温度的调节

（一）蒸汽温度变化的原因

过热器和再热器出口的蒸汽温度，也是锅炉运行时要严格监视和控制的重要指标之一。如果汽温过高，不仅会加快热力设备金属材料的蠕变，而且还会使其产生额外的热应力，对设备的安全有很大的威胁；如果汽温过低，不仅使汽轮机的排汽湿度增大，还会降低电厂循环热效率，影响到热力设备的安全和经济运行。一般规定蒸汽的数值与额定值的偏差为 $\pm(5\sim10)℃$。

引起汽温变化的主要原因来自两方面：一方面是烟气侧传热工况的改变；另一方面是蒸汽侧吸热工况的改变。烟气侧的影响因素有：燃料量及炉膛出口处烟温变化、燃煤水分变化、风量变化、燃烧器运行方式及配风改变、给水温度变化、受热面清洁程度等；蒸汽侧的影响因素有：锅炉负荷变化、饱和蒸汽湿度变化、减温水量或水温变化等。

（二）蒸汽温度的调节方法

针对蒸汽温度变化的原因，汽温调节方法也分为从蒸汽侧和烟气侧两方面调节。

1. 蒸汽侧调节汽温

蒸汽侧调节的原理是通过改变蒸汽的焓值来调节汽温。有喷水减温器、汽—汽热交换器等方法。

现代锅炉蒸汽侧调温常用的方法是喷水减温法，即用低温给水作为冷却水喷入蒸汽，通过水的加热和蒸发吸收蒸汽的热量，达到调温的目的。承担喷水调节任务的设备称为喷水减温器，如图3-1所示，由雾化喷嘴、连接管、保护管和外壳等组成。雾化喷嘴由多个3~6mm直径的小孔组成，减温水从小孔中喷出雾化。保护套管长4~5m，保证水滴在套管长

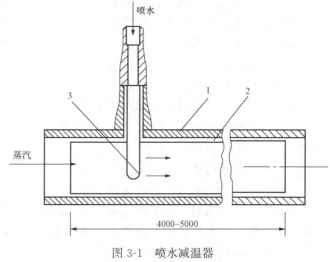

图3-1 喷水减温器
1—外壳；2—保护套管；3—雾化喷嘴

度内蒸发完毕，防止水滴接触外壳产生热应力。因外壳温度与蒸汽温度是相同的，喷嘴与外壳之间用套管连接，可防止较低温度的减温水使喷嘴与外壳之间产生较大的热应力。一般设计喷水量为锅炉额定蒸发量的 3%～5%。喷水减温器结构简单，调节幅度大，惯性小，调节灵敏，有利于自动调节，因此，在电厂锅炉中得到广泛应用。在大型锅炉中，由于过热器采用多级布置，为了提高运行的安全性和改善过热器的调节性能，通常采用 2～3 级喷水减温器。

蒸汽侧调节的特点是降温调节，即仅能使蒸汽温度降低而不能使其升高，因而过热器的换热面积，通常设计得要大一些，使其吸热能力大于额定需要值。这样，当汽温升高时，开大减温器的调节阀以增加减温水量；当汽温降低时，则关小减温水调节阀以减少减温水量，直至将减温器解列，从而获得双向调节汽温的手段，以始终保持锅炉出口的过热蒸汽温度为额定值。减温器投入的负荷范围为 70%～100%。

2. 烟气侧调节汽温

烟气侧调节的原理是，用改变流经过热器、再热器的烟气量和烟气温度来实现汽温调节。具体方法如下：

(1) 改变炉内火焰中心的位置。改变炉膛火焰中心的位置高低，可以减少或增加炉膛内受热面的吸热量，改变炉膛出口烟温，从而可改变流过过热器和再热器的烟温，达到调节蒸汽温度的目的。一般是改变摆动式燃烧器的喷口角度，或对上、下排燃烧器进行切换，改变各层出力，来达到调节汽温的目的。在 300、600MW 机组的锅炉中，普遍采用改变摆动式燃烧器喷口角度的调温方法，喷口角度一般可上下摆动 20°～30°。

(2) 改变烟气挡板开度。有些锅炉尾部竖井入口段做成并联的两个分隔烟道，一侧烟道布置再热器，另一侧布置过热器（或省煤器）。两侧烟道出口处均装有烟气挡板，改变挡板开度，就可以改变两侧烟道的烟气量比例，以调节再热汽温。

(3) 烟气再循环。这种调节方式是利用再循环风机将省煤器后的低温烟气部分抽出，从炉膛底部或上部再送回炉膛，从而对蒸汽温度进行调节。

锅炉低负荷运行时，再循环烟气从炉底冷灰斗处送入。由于"冷烟气"量的增加，炉内辐射吸热量减少，但炉膛出口烟温变化不大，因而对流换热过热器和再热器的吸热量因烟气流量增加而增大，从而使蒸汽温度提高。高负荷运行时，再循环烟气从炉膛出口处送入，对炉内辐射吸热量影响不大，但造成炉膛出口烟温降低和烟气量增加。由于这些变化对蒸汽温度的影响相反，故对汽温的调节作用较弱，一般用于防止炉膛出口处屏式过热器及高温对流过热器的超温及结渣。

上述调节方法对过热蒸汽和再热蒸汽温度都具有调节作用。一般过热蒸汽温度采用喷水调节，大型锅炉的再热蒸汽温度一般采用烟气侧粗调或燃烧器倾角作为粗调，喷水减温作为细调。

三、汽包水位调节

保持汽包内的正常水位是保证锅炉和汽轮机安全运行的最重要条件之一。

当汽包水位过高时，由于汽包蒸汽空间高度的缩小，要降低汽水分离的效果，将会引起蒸汽带水，使蒸汽品质恶化，以致在过热器管内沉积盐垢。汽包严重满水时，蒸汽会大量带水，除造成过热汽温急剧下降外，还会引起蒸汽管道和汽轮机内水冲击严重，使设备被损坏；汽包水位过低，将会使锅炉的水循环失常，导致水冷壁超温和过热。如果锅炉给水中断,可能在几十秒内就出现"干锅",造成严重的设备损坏事故。因此,及时调节给水流量,维持汽包的正常水位,是汽包锅炉安全运行非常重要的一项任务。

图3-2所示为汽包水位的变动。图中曲线1表示给水量小于蒸发量时的水位变化情况。图中曲线2表示汽压突降时对水位的影响。这时水位的上升不是由于汽包内水量增多,而是由于水面下的含汽量增多和蒸汽密度变小的缘故,这种水位上升称为虚假水位。锅炉负荷突然增大,汽包压力将很快下降,同时给水量和炉内燃烧工况未能及时适应负荷

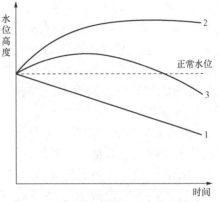

图3-2 各种因素对汽包水位的影响

变动时,汽包水位的变化将为曲线1和2的叠加,即图中曲线3所示,水位先升高然后又很快下降。

虚假水位的存在,会误导给水量调节朝着相反的方向进行,为克服这一影响,一般采用三冲量给水自动调节系统。所谓三冲量调节,是指该调节系统以蒸汽流量(即锅炉负荷)、给水流量和汽包水位作为信号参量来进行调节。这种系统不仅综合考虑了蒸汽流量与给水流量平衡的原则,还考虑了汽包水位偏差的大小,既能纠正虚假水位的影响,又能补偿给水流量的扰动。

四、燃烧调节

锅炉燃烧工况的好坏对锅炉机组和整个发电厂运行的经济性和安全性有很大的影响。燃烧调节的任务是:适应外界负荷的需要,在满足必需的蒸汽数量和合格的蒸汽质量的前提下,保证锅炉运行的安全性和经济性。

燃烧调节主要是调节燃料量、送风量和引风量,以适应负荷变化的需要。

当负荷增加时,先与引风机配合,增大送风量,再增大燃料量。燃料量增加时,一方面增加投入运行燃烧器的燃料量,或投入备用燃烧器。另一方面,应加强制粉系统出力:直吹式制粉系统,应增加给煤机的给煤量;中间储仓式制粉系统,则应增大各运行给粉机的转速。

当负荷降低时,应先减少燃料量,再减少送风量,同时相应减少给水量,并兼顾到其他参数的调节。

锅炉燃烧的正常状态表现为:当燃料量、引风量和送风量配合较好时,炉膛内应具有光亮的金黄色火焰。火焰中心位于炉膛中部,火焰均匀地充满整个炉膛而不触及四周的水冷壁,烟囱排放出的烟气呈淡灰色。

锅炉在高负荷运行时,炉膛热负荷较高,燃烧比较稳定。其主要问题是汽温高,且锅炉容易结渣。因此,应设法降低火焰中心位置,或缩短火焰长度,同时力求避免或消除结渣。

锅炉在低负荷运行时,炉膛热负荷低,容易灭火,应适当减小炉内过量空气系数,调节好各燃烧器的粉量和风量,避免风速有很大的变动,对燃烧工况不太好的燃烧器更应加强监视。

五、锅炉自动控制系统简介

1. 炉膛安全监控系统

炉膛安全监控系统的英文缩写为FSSS。它是将燃烧系统控制和炉膛安全保护融为一体

的自动控制保护系统。

FSSS 主要功能有：锅炉点火前及停炉后的炉膛吹扫；点火及主燃料投入合适条件的确定；正常运行时对运行参数及设备状态的监测报警；设备处于危急状况下使主燃料跳闸，锅炉运行停止；特殊情况下紧急减负荷或切断负荷；炉膛火焰监测及燃烧工况判断、首次跳闸原因显示、制粉系统控制、火焰监测孔冷却风机及磨煤机密封风机控制、炉水循环泵控制等。

FSSS 对锅炉的安全保护主要体现在炉膛吹扫和主燃料跳闸。炉膛吹扫可以避免锅炉在运行的各个阶段（包括启动和停炉）在其任何部位形成煤粉沉积，消除气粉混合物的爆燃条件；主燃料跳闸是，当无论何种原因使设备处于危险状态时，FSSS 将发出主燃料跳闸的指令，切断所有燃料设备和有关辅助设备，使整台机组停止运行，保证设备的安全。

2. 协调控制系统

协调控制系统，英文缩写记为 CCS，也称主控系统。它是将锅炉和汽轮机作为一个整体，共同接受电负荷指令的控制，以达到协调动作。而 CCS 的执行系统便是锅炉的 FSSS 和汽轮机的数字电液调节系统 DEH，以及全厂的其他辅助调节系统。

对于单元制机组，负荷的变化将导致主蒸汽压力的变化，而主蒸汽压力的变化又会同时引起燃烧工况（包括燃料量、风量、炉膛负压）的变化和汽包水位及给水流量的变化。CCS 是在 DEH 所提供的电负荷信号下，通过控制 FSSS，使锅炉的主、辅设备协调动作，及时、同步地将各调节参数调节到适应于电负荷指令的状态，从而实现对锅炉的保护及机炉的协调控制。

思 考 题

3-1 锅炉启动和停炉的主要操作步骤有哪些？

3-2 锅炉运行中对其进行监视和调节的主要任务是什么？

3-3 影响汽压变化的主要因素是什么？蒸汽压力调节的一般方法？

3-4 影响蒸汽温度变化的原因是什么？蒸汽温度的调节方法一般有哪几种？

3-5 为什么要保持汽包正常水位？"虚假水位"是怎样产生的？它对汽包水位调节的影响是怎样的？

3-6 燃烧调节的任务是什么？当负荷变动时如何调节燃料量和送引风量？

第四章 汽轮机概述

汽轮机是将蒸汽的热能转换成机械能的旋转式原动机。它具有功率大、转速高、效率高、运转平稳、使用寿命长等优点。因而在现代工业中，尤其是电力工业中得到了广泛的应用。在火力发电厂中，汽轮机主要用于驱动发电机。

第一节 汽轮机设备的组成及工作概况

火力发电厂中汽轮机是带动发电机旋转的原动机。为了保证其安全经济地进行能量转换，汽轮机还需要配置若干辅助设备，主要包括凝汽设备（背压汽轮机除外）、回热加热设备、除氧器、调节保安装置、供油系统等。汽轮机本体及其辅助设备由管道和阀门连成一个整体，称为汽轮机设备。汽轮机与发电机的组合称为汽轮发电机组。

图4-1是汽轮机设备的组合示意。高温高压的蒸汽流经主汽阀、调节阀进入汽轮机，进汽压力远远高于汽轮机排汽口处的压力，此压力差促使蒸汽依次通过汽轮机中的各级向排汽口处流动。在流动过程中，蒸汽的压力、温度逐级降低，逐级将热能转变为机械功。从最末级出来的蒸汽，即汽轮机的排汽（或称乏汽），其压力温度已很低，已无动力利用的价值，使其进入凝汽设备，被冷凝成凝结水后循环使用。

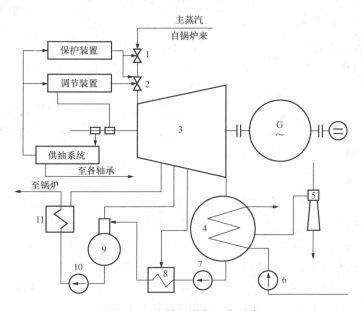

图4-1 汽轮机设备组合示意

1—主汽门；2—调节阀；3—汽轮机；4—凝汽器；5—抽气器；6—循环水泵；
7—凝结水泵；8—低压加热器；9—除氧器；10—给水泵；11—高压加热器

凝汽设备由凝汽器、抽汽器、水泵等构成，其主要作用是形成汽轮机排汽口的高度真空,并回收乏汽凝结水。

汇集于凝汽器热井中的乏汽凝结水(称为主凝结水),由凝结水泵不断抽出,顺序送往由若干表面式加热器和除氧器所构成的回热加热系统中。主凝结水经3~4台低压加热器(图中仅画出1台)被抽汽逐级加热后送入除氧器。除过氧的水作为锅炉给水由给水泵经2~3台高压加热器(图中也仅示出1台)加热后送入锅炉循环使用。

此外,汽轮机的调节系统用来调节进汽量,以适应外界负荷的变化,保证供电的数量和质量。保护装置则是用于监测汽轮机的运行。在危急情况下保证汽轮机的安全。调节系统和保护装置中用来传递信号和操纵有关部件的压力油,以及用来润滑和冷却汽轮机各轴承的用油,都是来自汽轮机的供油系统。

第二节 汽轮机的工作原理及基本形式

一、冲动作用原理及冲动式汽轮机

1. 冲动作用原理

由力学可知,当一个运动物体碰到另一个静止的或运动速度较低的物体时,就会受到阻碍而改变其速度,同时给阻碍它运动的物体一个作用力,这个作用力称为冲动力。冲动力的大小取决于运动物体的质量和速度变化量,质量越大,冲动力越大;速度变化量越大,冲动力也越大。这就是力学中的冲动作用原理。若阻碍运动的物体在此力作用下,产生了速度变化,则阻碍物体就做了机械功。

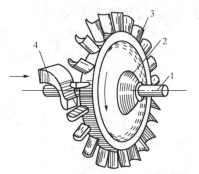

图4-2 单级冲动式汽轮机结构简图
1—轴;2—叶轮;3—动叶片;4—喷嘴

在汽轮机中,如图4-2所示,蒸汽在喷嘴中膨胀加速,比体积增加、压力降低,速度增加,蒸汽的热能转化成动能。高速汽流冲击动叶片,由于汽流运动速度改变,产生了对叶片的冲动力,推动叶片旋转做功,将蒸汽的动能转变为轴旋转的机械能。这种利用冲动原理做功的汽轮机,称为冲动式汽轮机。

2. 单级冲动式汽轮机

在汽轮机中,一列喷嘴(静叶栅)和其后的动叶片,组成将蒸汽的热能转换为机械能的基本工作单元。只有一个基本工作单元的汽轮机称为单级汽轮机。图4-3为单级冲动式汽轮机工作原理简图。蒸汽在喷嘴中产生膨胀,压力由 p_0 降至 p_1,流速则从 c_0 增至 c_1,将蒸汽的热能转换为动能。在动叶通道中,蒸汽按冲动作用原理给动叶片以冲动力,推动叶轮旋转做功,将蒸汽的动能转变为转子旋转的机械能,蒸汽离开动叶后速度降至 c_2,此速度称为余速,它所携带的动能对该基本工作单元而言不能再利用,称为余速动能损失。由于蒸汽在动叶通道中不膨胀,而只改变运动方向,所以动叶前后的压力相等,即 $p_1=p_2$。

单级汽轮机由于功率较小,在火力发电厂中一般不用来驱动发电机,通常用来带动某些功率不大的辅机,如汽动给水泵等。

3. 速度级汽轮机

在单级汽轮机中,当喷嘴出口的蒸汽速度很高时,则蒸汽离开动叶的速度 c_2 也很大,将产生较大的余速动能损失,降低汽轮机的经济性。为了减少这部分损失,可像图 4-4 所示那样,在第一列动叶后安装一列导向叶片,使蒸汽在导向叶片内改变蒸汽流动方向,再进入装在同一叶轮上的第二列动叶中继续做功。这样,从第一列动叶流出的汽流所具有的速度动能又在第二列动叶中加以利用,使动能损失减少。这种将蒸汽在喷嘴中膨胀产生的动能分次在动叶中利用的级,称为速度级。电厂中常用的由一列喷嘴和两列动叶组成的级叫做双列级。

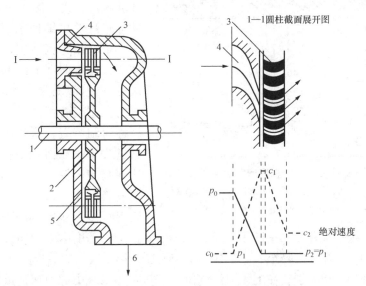

图 4-3 单级冲动式汽轮机工作原理简图
1—轴;2—叶轮;3—动叶片;4—喷嘴;5—汽缸;6—排汽

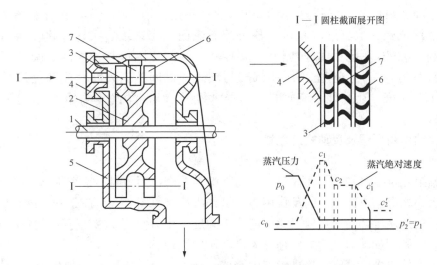

图 4-4 速度级汽轮机工作原理简图
1—轴;2—叶轮;3—第一列动叶;4—喷嘴;5—汽缸;6—第二列动叶;7—导向叶

图 4-4 表示出蒸汽在双列速度级中压力和速度的变化规律，蒸汽在动叶和导向叶片中一般不产生膨胀，因此第二列动叶后的压力等于喷嘴后的压力。

4. 多级冲动式汽轮机

随着电力工业的发展，汽轮机向高参数、大功率和高效率方向变化。单级汽轮机已不能适应蒸汽膨胀的需要，因此产生了多级汽轮机。由若干个冲动级依次叠置而成的多级汽轮机，称为多级冲动式汽轮机。图 4-5 所示为一台多级冲动式汽轮机结构示意图，它由四级组成，第一级为调节级，其余三级称为非调节级。所谓调节级和非调节级是按照级的通流面积是否随负荷大小变化来区分的。通流面积能随负荷改变而改变的级称为调节级。这种级由于运行时可以通过改变通流面积来控制进汽量，从而达到调节汽轮机负荷的目的，所以称为调节级。非调节级是通流面积不随负荷改变而改变的级。新蒸汽由汽室 6 进入装

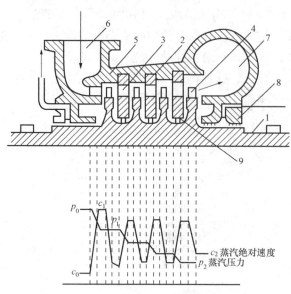

图 4-5 冲动式多级汽轮机通流部分示意图
1—转子；2—隔板；3—喷嘴；4—动叶片；5—汽缸；
6—蒸汽室；7—排汽管；8—轴封；9—隔板汽封

在汽缸上的第一级喷嘴并在其中膨胀，压力由 p_0 降至 p_1，速度由 c_0 增至 c_1，此后进入第一级动叶片中做功，汽流速度降至 c_2，但压力保持不变。第二级的喷嘴装在分为上、下两半的隔板上，上、下两半隔板分别装在上、下汽缸中。蒸汽在第二级中的做功是重复第一级的过程。此后进入第三、四级，最后进入凝汽器。整个汽轮机的功率是各级功率之和。所以，多级汽轮机的功率可以做得很大。图 4-5 还表示出蒸汽在各级中压力及速度的变化情况。

由于流经各级后的蒸汽压力逐渐降低，比体积逐渐增大，故蒸汽的体积流量也逐渐增大，为使蒸汽能顺利地流过汽轮机，各级的通流面积应逐级增大，因此喷嘴和动叶的高度逐级增高。此外，由于隔板两侧有压差存在，为防止隔板与轴之间的间隙漏汽，隔板上装有隔板汽封，同时为防止高压端汽缸与轴之间的间隙向外漏蒸汽和低压缸与轴之间的间隙向里漏空气，还分别装有轴封。多级冲动式汽轮机的总体结构特点是汽缸内装有隔板和轮式转子。

二、反动作用原理及反动式汽轮机

1. 反动作用原理

由牛顿第三定律可知，一物体对另一物体施加一个作用力时，这个物体上必然要受到与其作用力大小相等、方向相反的反作用力。例如火箭（见图 4-6）就是利用燃料燃烧时产生的大量高压气体从尾部高速喷出，对火箭产生的反作用力使其高速飞行的。这个反动作用力称为反动力，利用反动力做功的原理称为反动作用原理。

反动式汽轮机中，蒸汽在喷嘴中产生膨胀，压力由 p_0 降至 p_1，速度由 c_0 增至 c_1。汽流经动叶时，一方面由于速度方向改变而产生一个冲动力 F_i；另一方面蒸汽同时在动叶汽道内继续膨胀，压力由 p_1 降到 p_2，汽流加速产生一个反动力 F_r，见图 4-7。蒸汽对动叶

的上述两种力的合力 F，推动叶片做功。

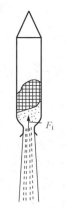

图 4-6 火箭工作原理示意图

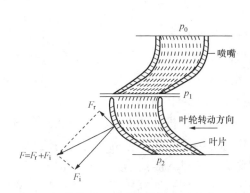

图 4-7 蒸汽对反动式汽轮机叶片的作用力

反动作用原理的特点是，蒸汽的冲动力和反动力同时对动叶片做功，其所做的功等于热能转化为汽轮机转子的机械能的数量。显然，反动式汽轮机是同时利用冲动和反动作用原理工作的。

2. 多级反动式汽轮机

反动式汽轮机都是制成多级的。图 4-8 所示为一台具有四级的反动式汽轮机。它的动叶片直接装在转鼓上，在每列动叶前装有静叶片。动叶片和静叶片的断面形状基本相同，压力为 p_0 的新蒸汽从蒸汽室进入汽轮机后，在第一级静叶栅中膨胀，压力降低，速度增加，然后进入第一级动叶栅，改变流动方向，产生冲动力。在动叶栅中蒸汽继续膨胀，压力下降，汽流在动叶栅中的速度增加，对动叶产生反动力，转子在冲动力和反动力的共同作用下旋转做功。

从第一级流出的蒸汽依次进入以后各级重复上述过程，直到经过最后一级动叶栅离开汽轮机。

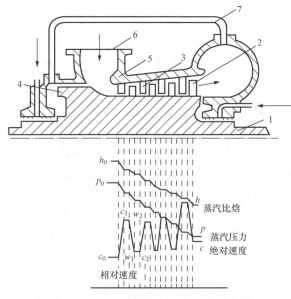

图 4-8 反动式汽轮机通流部分示意图
1—鼓式转子；2—动叶片；3—静叶片；4—平衡活塞；
5—汽缸；6—蒸汽室；7—连接管

由于反动式汽轮机的叶片前后存在压力差，这个压力差作用在动叶片上会产生一个从高压指向低压的轴向推力。为了减少这个轴向推力，反动式汽轮机不能像冲动式汽轮机那样采用叶轮结构。其总体结构特点是，汽缸内无隔板或装有支承静叶环的静叶持环，并采用鼓式转子，动叶栅直接嵌装在鼓式转子的外缘上；另外，高压端轴封还设有平衡活塞，用蒸汽连接管与凝汽器相通，使平衡活塞上产生一个与汽流的轴向力方向相反的平衡力。

第三节　汽轮机的分类和型号

一、汽轮机的分类

汽轮机的类型很多，为便于使用，常按热力过程特性、工作原理、主蒸汽参数、蒸汽流动方向及用途等对汽轮机进行分类。

1. 按热力过程特性分类

（1）凝汽式汽轮机。进入汽轮机做功的蒸汽，除很少一部分漏汽外，全部排入凝汽器，这种汽轮机称为纯凝汽式汽轮机。为提高效率，近代汽轮机都采用回热抽汽，即进入汽轮机的蒸汽，除大部分排入凝汽器外，有少部分蒸汽从汽轮机中分批抽出，用来加热锅炉给水，这种汽轮机称为有回热抽汽的凝汽式汽轮机，简称为凝汽式汽轮机。

（2）背压式汽轮机。进入汽轮机做功后的蒸汽在高于大气压力下排出，供工业或生活使用，这种汽轮机称为背压式汽轮机。若排汽供给其他中、低压汽轮机使用时，则称为前置式汽轮机，这种汽轮机常在改造旧电厂时使用。

（3）调节抽汽式汽轮机。在汽轮机中，部分蒸汽在一种或两种给定压力下抽出，供给工业或生活使用，其余蒸汽在汽轮机内做功后仍排入凝汽器。一般用于工业生产的抽汽压力为 0.5～1.5MPa，用于生活采暖的抽汽压力为 0.05～0.25MPa。

（4）中间再热式汽轮机。主蒸汽在汽轮机前面若干级做功后，全部引至锅炉内再次加热到某一温度，然后回到汽轮机中继续做功，这种汽轮机称为中间再热式汽轮机。

2. 按工作原理分类

（1）冲动式汽轮机。按冲动作用原理工作的汽轮机称为冲动式汽轮机。近代的冲动式汽轮机，蒸汽在动叶内部有一定程度的膨胀（在有一些级中甚至相当大），但是大部分的膨胀是在喷嘴中完成的，习惯上仍称为冲动式汽轮机。

（2）反动式汽轮机。按反动作用原理工作（同时也按冲动作用原理工作）的汽轮机称为反动式汽轮机，蒸汽在喷嘴和动叶中的膨胀程度近似相等。

3. 按进汽参数的高低分类

（1）低压汽轮机。主蒸汽压力小于 1.5MPa。
（2）中压汽轮机。主蒸汽压力为 2～4MPa。
（3）次高压汽轮机。主蒸汽压力为 4～6MPa。
（4）高压汽轮机。主蒸汽压力为 6～10MPa。
（5）超高压汽轮机。主蒸汽压力为 12～14MPa。
（6）亚临界参数汽轮机。主蒸汽压力为 16～18MPa。
（7）超临界参数汽轮机。主蒸汽压力大于 22.15MPa。
（8）超超临界参数汽轮机。主蒸汽压力大于 32MPa。

4. 按蒸汽的流动方向分类

（1）轴流式汽轮机。蒸汽主要是沿着轴向流动的汽轮机。
（2）辐流式汽轮机。蒸汽主要是沿着辐向（半径方向）流动的汽轮机。
（3）周流式汽轮机。蒸汽主要是沿着周向流动的汽轮机。

5. 按用途分类

(1) 电站汽轮机。在火力发电厂中用于驱动发电机的汽轮机。

(2) 工业汽轮机。用于工业企业中的固定式汽轮机统称为工业汽轮机,包括自备动力站发电用汽轮机(一般是等转速)、驱动水泵和风机等的汽轮机(一般是变转速)。

(3) 船用汽轮机。用于船舶驱动螺旋桨的汽轮机。

除以上分类外,汽轮机还有一些分类方法,例如可以按汽缸的数目分为单缸、双缸和多缸的汽轮机;按汽轮机的轴数分为单轴、双轴和多轴汽轮机等。

二、汽轮机的型号

汽轮机种类很多,为了便于使用,通常用一些特定的符号来表示汽轮机的基本特性(热力特性、功率和蒸汽参数等),这些符号称为汽轮机的型号。

目前国产汽轮机采用的型号分为三组,即

| 热力特性或用途 | 功率 | — | 蒸汽参数 | — | 设计序号 |

第一组用汉语拼音符号表示汽轮机的热力特性或用途,其意义见表 4-1,汉语拼音符号后面的数字表示汽轮机的额定功率,单位为 MW。

表 4-1 汽轮机热力特性或用途的代号表

代号	N	B	C	CC	CB	H	Y
类型	凝汽式	背压式	一次调节抽汽式	二次调节抽汽式	抽汽背压式	船用	移动式

第二组的数字又分为几组,其间用斜线分开,各组数字所表示的意义见表 4-2,表中所用单位:汽压为 MPa,汽温为 ℃。

表 4-2 蒸汽参数的表示方法

汽轮机类型	蒸汽参数表示方法
凝汽式	主蒸汽压力/主蒸汽温度
中间再热式	主蒸汽压力/主蒸汽温度/中间再热温度
背压式	主蒸汽压力/背压
一次调节抽汽式	主蒸汽压力/调节抽汽压力
二次调节抽汽式	主蒸汽压力/高压抽汽压力/低压抽汽压力
抽汽背压式	主蒸汽压力/抽汽压力/背压

第三组的数字表示设计序号,若为按原型制造的汽轮机,型号默认为 1,可以省略。示例如下:

(1) N600-170/537/537 表示带有中间再热的凝汽式,额定功率为 600MW,主蒸汽压力为 170MPa,主蒸汽的温度为 537℃,中间再热蒸汽温度为 537℃。

(2) N1000-26.25/600/600 表示带有中间再热的凝汽式,额定功率为 1000MW,主蒸汽压力为 26.25MPa,主蒸汽温度为 600℃,中间再热蒸汽温度为 600℃。

(3) B50-8.82/0.98 表示背压式,额定功率为 50MW,主蒸汽压力为 8.82MPa,背压为

0.98MPa。

(4) C50-8.82/0.118 表示一次调节抽汽式，额定功率为 50MW，主蒸汽压力为 8.82MPa，调节抽汽压力为 0.118MPa。

(5) CC12-3.43/0.98/0.118 表示二次调节抽汽式，额定功率为 12MW，主蒸汽压力为 3.43MPa，高压抽汽压力为 0.98MPa，低压抽汽压力为 0.118MPa。

(6) CB25-8.82/1.47/0.49 表示抽汽背压式，额定功率为 25MW，主蒸汽压力为 8.82MPa，抽汽压力为 1.47MPa，背压为 0.49MPa。

第四节　汽轮机级的一般概念

多级汽轮机是由串联在同一轴上的多个级组合而成的，而汽轮机的级是由一列周向布置的静叶栅和与之相配合的动叶栅构成的。静叶栅中每相邻的两个静叶片构成一个喷嘴，动叶栅中每相邻的两个动叶片则构成一个动叶流道。当具有一定温度和压力的蒸汽通过汽轮机的级时，首先进入固定不动的喷嘴，在喷嘴内膨胀加速，以获得高速。喷嘴出口的高速汽流射入动叶流道，动叶片受到汽流的作用力沿圆周方向运动从而带动汽轮机的主轴周向旋转，将蒸汽的动能转换为机械功。可见，级是汽轮机中能量转换的基本单元，也是蒸汽做功的基本单元。蒸汽从汽轮机的进口开始，依次沿轴向通过串联布置的各个级，在每一级内都重复进行着将一部分蒸汽的热能转变为机械功的过程。

焓是热力学中的一个参数，它体现蒸汽做功能力的大小，1kg 蒸汽的焓称为比焓，用 h 表示，单位为 kJ/kg。蒸汽在通过某级时，焓值的减少量称为焓降。焓降越大，热能转变为机械功的数量就越多。多级汽轮机中的多级能量转换，使得蒸汽在汽轮机中的整机焓降（即各级焓降之和）很大，使汽轮机可沿着高参数大容量的方向发展。

蒸汽在喷嘴中膨胀加速时，压力和温度降低，表现为蒸汽的焓值变化，产生一定的焓降。按照能量守恒定律，这部分焓值的变化量（即焓降）转变为蒸汽流动速度动能，最终表现为蒸汽的热能转变为汽流的动能。所转换成的动能数量（即出口速度的大小）取决于通过喷嘴的蒸汽的流量和喷嘴内焓降的大小。在动叶流道内，此汽流的动能转换为轮轴上的机械功，所转换成功的数量则取决于动叶进出口速度的变化量。当蒸汽的质量流量一定时，速度变化量越大，动叶片所受到的冲力也就越大，做的功也就越大。动叶所受到的这种作用力通常可分为冲动力和反动力，如图 4-9 所示。当汽流在动叶流道内没有焓降而不膨胀加速时，仅靠汽流在流道内改变流动方向，产生离心力，使动叶周向旋转做出轮周功。这种力称为冲动力 F_i。

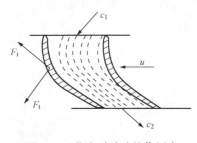

图 4-9　蒸汽对动叶的作用力

当蒸汽在动叶流道内流动，不仅改变流动方向且膨胀加速，这时一方面汽流施加给动叶一个冲动力，同时，由于汽流膨胀而施加于动叶一个与汽流方向相反的作用力，此力称为反动力。亦即当蒸汽在动叶流道内有焓降产生时，动叶栅是在汽流的冲动力和反动力的合力作用下，旋转而做出轮周功。当然，真正做出轮周功的应是此合力在轮周方向上的分力。

由此可见，级内动叶焓降的大小决定了汽流在动叶内的膨胀程度和所施加于动叶作用力的形式，也就决定了级的形式。级的动叶流道内理想焓降与全级的理想焓降（即喷嘴焓降与动叶流道内焓降之和）的比值，称为级的反动度，用 Ω 表示。可见级内反动度的大小反映了蒸汽在动叶中的膨胀程度。

1. 纯冲动级

反动度 $\Omega=0$ 时，表明级内蒸汽的焓降全部落在喷嘴中，蒸汽在动叶流道内流动仅改变方向而不膨胀加速，动叶所受到的作用力仅为冲动力，这种级称为纯冲动级。

2. 反动级

反动度 $\Omega=0.5$ 时，表明全级的理想焓降中有一半在喷嘴中完成，另一半在动叶流道内完成，于是动叶在蒸汽所施加的冲动力和反动力的合力作用下周向旋转，做出轮周功，这种级称为反动级。

3. 冲动级

反动度 $0<\Omega<0.5$ 时，这是介于上述两种级之间的一种级，级的大部分焓降发生在喷嘴中，只有一小部分降落在动叶流道内。这种级称为带有一定反动度的冲动级，习惯上简称为冲动级。三种级的压力速度变化示意见图 4-10。

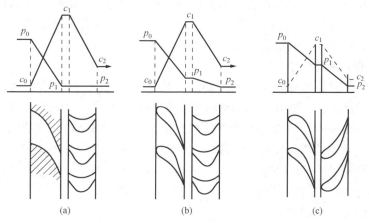

图 4-10 三种级的压力、速度变化示意
(a) 纯冲动级；(b) 冲动级；(c) 反动级

由于蒸汽离开动叶栅时仍具有一定的速度（用 c_2 表示），其动能因不能被本级所利用而造成本级的一项能量损失，称为余速损失。以级的余速损失最小（即能量转换效率最高）所设计的上述三种级中，纯冲动级的做功能力最大，但级效率最差；反动级的级效率高，但做功能力较小；冲动级则介于两者之间，兼有做功能力大和级效率高的特点，因此冲动级在国产汽轮机中得到了广泛的应用。但在近些年直接引进的设备或引进技术在国内生产的 300MW 以上的大型汽轮机中，则着重于级效率的进一步提高而较多地采用反动级。

此外，按照工作特点，汽轮机的级还可分为速度级和压力级。对于一般采用喷嘴调节的汽轮机，其第一级即为速度级，它是以利用蒸汽流速为主的级，级的焓降选用得较大，故采用冲动级。由于汽轮机第一级的通流面积随负荷而改变，故该级又称为调节级。调节级以后的其他级统称为压力级。压力级是以利用级组中合理分配的压力降或焓降为主的级。压力级可为冲动级，也可为反动级，近年来大型汽轮机趋向于采用反动级。

第五节　汽轮机级内的工作过程

一、级内流动的基本假设

喷嘴和动叶的流道都是由弯曲壁面构成的。由于蒸汽在这些流道中的实际流动情况比较复杂，为了讨论方便，假设蒸汽在喷嘴和动叶流道中的流动是：

(1) 稳定流动。即蒸汽在流道中任一点的参数不随时间变化。

(2) 一元流动。即蒸汽在流道中的参数只沿流动方向变化，而在垂直于流速的方向是相同的。

(3) 绝热流动。即认为蒸汽在流道中流动速度很高，因而流经流道的时间极短，来不及与壁面产生热量交换。

按照上述假定，即可将蒸汽在喷嘴和动叶流道中的流动认为是一元稳定绝热流动。这样，不仅简单易懂，而且当用其说明和计算汽轮机中的能量转变过程和变工况特性时，对于大多数汽轮机的级，特别是那些相对高度较小的高、中压级来讲已足够精确。考虑到实际汽流的不均匀性，在分析或计算时，各个参数均用级的平均直径处的数值来表示。

蒸汽流经级时，将热能转换成机械能，因此，研究级的工作原理就是研究蒸汽流经喷嘴和动叶时的能量转换过程、特点及它们之间的数量关系。

二、蒸汽在喷嘴中的流动

喷嘴是将蒸汽的热力学能转化为速度动能，且通流面积按一定规律发生变化的流道。

汽流的速度和比体积的变化规律与喷嘴截面积的变化有关。当喷嘴内汽流为亚声速流动时，汽流通道的截面积随着汽流的加速而逐渐减小，称为渐缩喷嘴。当喷嘴内汽流为超声速流动时，这种汽流通道的截面积随着汽流的加速而逐渐增大，称为渐扩喷嘴。

汽轮机中蒸汽流经喷嘴时产生膨胀，其压力、温度和焓降低，速度和比体积增加（膨胀加速过程），将蒸汽的热能转化为动能。

三、蒸汽在动叶中的流动

1. 蒸汽在动叶中的流动概述

蒸汽以 c_1 速度离开喷嘴射入动叶汽道，在其内流动的动能，部分地转换为机械能。动叶内的能量转换，反映了动能变化的动叶进、出口汽流速度的变化与做功之间的定量关系。实际上只要将蒸汽在喷嘴中以汽缸作为参考系的流动速度（称为绝对速度）换成在动叶流道中以运动着的动叶片本身为参考系的速度（称为相对速度），动叶片可以看成"旋转的喷嘴"，则有关喷嘴中所建立的概念和规律都可以应用于动叶片。

现代汽轮机中，为了改善蒸汽在动叶栅汽道内的流动状态，以减少流动损失，在汽轮机设计中，都会考虑蒸汽流经动叶栅时进行一定的膨胀。通常用级的反动度来衡量蒸汽在动叶栅中的膨胀程度。

2. 动叶进出口速度三角形

讨论蒸汽在动叶中流动时，应明确喷嘴是固定不动的，而动叶是随叶轮一起转动，即动叶有一个圆周速度 u。由于动叶以圆周速度 u 在旋转，从喷嘴出来具有速度 c_1 的汽流，是以相对于动叶的速度（即相对速度 w_1）进入动叶汽道，做功后的汽流也是以相对速度 w_2 离开动叶汽道。动叶片本身在做匀速圆周运动，其圆周速度 u 可由式（4-1）确定：

$$u = \frac{n\pi d_b}{60} \tag{4-1}$$

式中　d_b——动叶片的平均直径，m；
　　　n——汽轮机的转速，r/min。

由于参考坐标的不同，同一股汽流其速度的大小和方向是不同的。蒸汽相对静止喷嘴的速度为绝对速度 c，相对于运动动叶的速度为相对速度 w，动叶本身的圆周速度为 u，由力学知它们之间的关系为

$$\vec{c} = \vec{w} + \vec{u}$$

上式各量的关系，可由矢量三角形确定。在汽轮机中，这种三角形称为速度三角形，只有这些速度三角形确定之后，才能进一步去探讨汽轮机的功率和效率。

在上述速度三角形中，由已知条件求解未知量的过程，一般有两种：一种为图解法，就是按比例绘图量取，但不够准确；另一种为解析法，是利用三角形定理计算出未知量，此方法较为简单、普遍，故得到了广泛应用。图 4-11 所示为动叶进出口速度三角形。

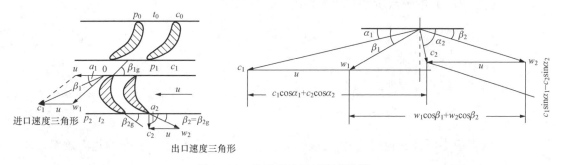

图 4-11　动叶进出口速度三角形

四、轮周功率和轮周效率

1. 蒸汽作用在动叶片上的作用力

汽流在弯曲的动叶片内的转向和加速，是受到动叶片给汽流的反作用力和叶道进出口压力差 $p_1 - p_2$ 作用的结果。如果用 F' 表示动叶片作用在汽流上的合力，则汽流作用在动叶片上的力 F 与 F' 大小相等，方向相反。

蒸汽作用在动叶片上的力 F 通常可以分解为沿动叶运动方向的圆周力 F_u 和与动叶运动方向垂直的轴向力 F_z。圆周力推动叶轮旋转做功，轴向力使转子产生由高压侧向低压侧移动的趋势。这两个分力都可以用动量方程求得，如图 4-12 所示。假定在一定时间内有质量为 m 的蒸汽以速度 c_1 流进动叶片，当为稳定流动时，则仍有质量为 m 的蒸汽以速度 c_2 流出动叶片。这时蒸汽的动量发生了变化，说明蒸汽受到了力的作用。根据动量定理，蒸汽动量的改变等于动叶对汽流作用力的冲量。

2. 级的轮周功率

汽流的圆周力在单位时间内对动叶所做

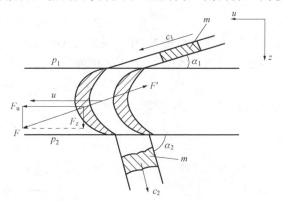

图 4-12　动叶中蒸汽流动汽流图

的功，称为级的轮周功率。可由式（4-2）求得：

$$P_u = F_u u = Gu(c_1\cos\alpha_1 + c_2\cos\alpha_2) \tag{4-2}$$

式中　F_u——蒸汽作用在动叶片上的圆周方向作用力；
　　　u——叶片圆周速度；
　　　G——通过动叶汽道的蒸汽流量。

根据速度三角形，应用余弦定理，式（4-2）又可以写成

$$P_u = \frac{G}{2}[(c_1^2 - c_2^2) + (w_2^2 - w_1^2)] \tag{4-3}$$

分析式（4-3）可以看出 $\frac{Gc_1^2}{2}$ 为蒸汽带入动叶片的动能；$-\frac{Gc_2^2}{2}$ 为蒸汽带出动叶片的动能；$\frac{G}{2}(w_2^2 - w_1^2)$ 为蒸汽在动叶片中因膨胀产生的理想焓降 Δh_{2t} 而造成的实际动能的增加。轮周功率就是以上各项能量的代数和。

单位质量（1kg）的蒸汽所做的功为轮周功，用 W 表示：

$$W = \frac{P_u}{G} = u(c_1\cos\alpha_1 + c_2\cos\alpha_2) \tag{4-4}$$

式（4-4）还可以写成

$$P_u = \frac{1}{2}[(c_1^2 - c_2^2) + (w_2^2 - w_1^2)] \tag{4-5}$$

3. 级的轮周效率

1kg 蒸汽在级中所做的轮周功 W 与该级的理想能量 E_0 的比值，称级的轮周效率，即

$$\eta_u = \frac{W}{E_0} \tag{4-6}$$

级的理想能量 E_0 包括级的理想焓降 Δh_t 和本级进口处蒸汽所具有的动能 $\frac{1}{2}c_0^2$。实际上，$\frac{1}{2}c_0^2$ 就是上级的余速动能损失被本级所利用的部分，可以写成 $\mu_0\Delta h_{c0}$（Δh_{c0} 为上级全部的余速损失，μ_0 为本级利用上级余速的系数，称为余速利用系数）。若本级的余速损失中有 $\mu_1\Delta h_{c2}$ 能被下级利用时（μ_1 为下级利用本级余速损失的系数），则理想能量中应扣除这部分能量，即

$$E_0 = \mu_0\Delta h_{c0} + \Delta h_t - \mu_1\Delta h_{c2} = \Delta h_t^* - \mu_1\Delta h_{c2} \tag{4-7}$$

从级的理想能量 E_0 中扣除喷嘴损失 Δh_n、动叶损失 Δh_b 和余速损失后，剩下的能量即转换成轮周功。所以轮周功 W 用能量形式可以表示为

$$W = E_0 - \Delta h_n - \Delta h_b - (1-\mu_1)\Delta h_{c2}$$

代入式（4-6），则有

$$\eta_u = \frac{E_0 - \Delta h_n - \Delta h_b - (1-\mu_1)\Delta h_{c2}}{E_0} \tag{4-8}$$

若本级余速损失不被利用时，$\mu_1 = 0$，$E_0 = \Delta h_t^*$，则轮周效率的表达式为

$$\eta_u = \frac{\Delta h_t^* - \Delta h_n - \Delta h_b - \Delta h_{c2}}{\Delta h_t^*} \tag{4-9}$$

综上所知：减少喷嘴损失、动叶损失和余速损失，可以提高汽轮机级的轮周效率。此外，在一定的余速损失情况下，若能设法利用这部分能量，亦可提高级的轮周效率。在多级汽轮机中，提高余速利用程度能提高轮周效率。反动式汽轮机级效率较高的原因，就是级与级之间的间隙较小，级的余速可以得到充分利用的结果。

第六节 级内损失和级效率

在级内能量转换过程中，凡是直接影响蒸汽状态的各种损失，都称为级内损失。级内损失包括喷嘴损失、动叶损失、余速损失、扇形损失、摩擦损失、部分进汽损失、漏汽损失和湿汽损失等。这些损失均使级效率降低，影响汽轮机运行的经济性。研究这些损失的产生，并采取措施减小其数值，从而提高效率。

一、级内损失

(一) 喷嘴损失 Δh_n 和动叶损失 Δh_b

喷嘴损失和动叶损失统称为叶栅损失，其损失包括蒸汽与叶栅壁面的摩擦损失、蒸汽内部质点间的摩擦损失以及蒸汽在叶栅内产生的涡流损失等。这些损失使喷嘴和动叶出口的实际速度小于理想速度，一般用喷嘴速度系数 φ 和动叶速度系数 ψ 来表示喷嘴和动叶出口处速度减少的程度。将影响喷嘴和动叶损失的各种因素都分别考虑在喷嘴速度系数 φ 和动叶速度系数 ψ 内。所以根据 φ 和 ψ 可计算出喷嘴损失和动叶损失。

我国的一些汽轮机厂家在计算损失时，将叶片高度对损失的影响抽出来另用叶高损失 Δh_l 来考虑。

(二) 扇形损失 Δh_θ

动叶平均直径 d_b 与叶片高度 l_b 之比称为径高比 θ，即

$$\theta = \frac{d_b}{l_b} \tag{4-10}$$

$\theta > 8 \sim 12$ 的叶片称为短叶片，该叶片多为等截面叶片；$\theta < 8 \sim 12$ 的叶片称为长叶片。

根据蒸汽在级内流动的基本假设，认为蒸汽的状态参数和流动参数沿叶高方向不变，叶型沿叶高也不变，因而可以用平均直径处的参数代替整个叶高上各处的参数。这种代替，只有在平均直径 d_b 较大、叶高 l_b 较小时，计算误差才较小，多级汽轮机的高压级就属于这种情况。但对多级汽轮机的中、低压级，由于其蒸汽体积流量很大，要求叶片高度较高，致使叶片顶部和根部的圆周速度及节距差别很大，并且因离心力的作用使得喷嘴与动叶间隙中蒸汽的压力沿叶高方向变化也很大。用平均直径处的参数来代替整个叶高上各处的参数，叶型仍沿叶高不变，此时产生的附加损失称为扇形损失，它使级效率降低。

在长叶片中，汽流沿不同叶高处的情况与平均直径处的情况差别很大，θ 越小，差别越大。为了减少扇形损失，保持较高的级效率，将叶片做成沿叶高变化的变截面叶片，以适应圆周速度和汽流参数沿叶高变化的规律，这种叶片称为扭叶片。计算中认为扭叶片的扇形损失近似为零。

(三) 摩擦损失 Δh_f

叶轮的两侧面和围带的表面并不是绝对光滑的，而且蒸汽具有黏性，会附着在这些地方。当叶轮旋转时，紧贴在叶轮和轮缘两侧表面上的蒸汽质点随着运动，其速度接近叶轮和

轮缘的圆周速度,而紧贴在隔板(或汽缸)壁面上的蒸汽质点速度接近为零,这就使得叶轮与隔板(或汽缸)之间的蒸汽产生摩擦,消耗了一部分有用功,造成损失,如图4-13所示。另外,由于靠近叶轮表面的蒸汽质点具有较大速度,其本身的离心力较大,而靠近隔板(或汽缸)表面的蒸汽质点速度较小,其离心力也较小,这就使得靠近叶轮表面的蒸汽产生向外的径向流动,形成涡流,从而消耗掉一部分有用功,造成损失。

减少摩擦损失的主要方法是从设计上尽量减小叶轮与隔板间腔室的容积,即减小叶轮与隔板间的轴向距离,而且尽可能降低叶轮表面的粗糙度。

(四) 部分进汽损失 Δh_e

部分进汽损失 Δh_e 是由于采用部分进汽时所引起的附加能量损失,它由鼓风损失 Δh_b 和斥汽损失 Δh_k 组成。

1. 鼓风损失

在部分进汽的级中,喷嘴只安装在一部分弧段上,其余部分没有喷嘴。当叶轮转动时,动叶汽道某一瞬间进入装有喷嘴的工作区域,另一瞬间又离开工作区域而进入

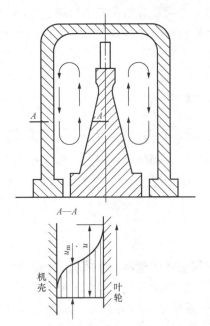

图4-13 叶轮两侧汽流速度分布图

没有安装喷嘴的非工作区域。动叶在非工作区域内转动时,两侧和围带表面将与非工作区域内的蒸汽产生摩擦,造成摩擦损失。此外当动叶进汽角与排汽角不相等时,动叶就像鼓风机的叶片一样,将非工作区域的蒸汽从叶轮一侧鼓向另一侧,从而消耗一部分有用功,造成损失。

鼓风损失与部分进汽度 e 有关,e 越大则损失越小,当 $e=1$ 时,鼓风损失为零。为了减少鼓风损失,常采用护罩装置,见图4-14。将没有装喷嘴的弧段内的动叶用护罩罩起来,这样动叶只是在护罩内的少量蒸汽中转动,鼓风损失大为减少。

2. 斥汽损失

在部分进汽的级中,动叶经过没有喷嘴的弧段时,停滞在汽室的非工作蒸汽将充满动叶通道,当带有停滞蒸汽的动叶重新进入喷嘴弧段时,从喷嘴射出的汽流首先要排斥停滞在动叶内的蒸汽并使其加速,从而消耗一部分动能,引起损失,称为斥汽损失。但因其数值较小,可以忽略不计。

(五) 漏汽损失 Δh_p

1. 漏汽损失产生的原因

以前讨论蒸汽在级内流动时,均认为所有进入级的蒸汽全部通过喷嘴和动叶的通道。实际上,由于汽轮机级的动静部分

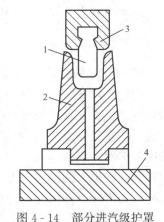

图4-14 部分进汽级护罩装置示意图
1—叶片;2—护罩;3—叶轮;
4—汽缸

之间存在着间隙和压力差,因而总有部分蒸汽从间隙中漏过,这部分蒸汽不仅不能参与主汽流做功,而且还干扰主汽流,造成损失,这种损失称为漏汽损失。漏汽损失比较复杂,它与级的结构形式和级的反动度大小有关。

冲动级的隔板前后有较大的压差,级前有一部分蒸汽 ΔG_p 不经过喷嘴而从隔板与主轴

之间的间隙中漏到隔板之后，这部分蒸汽不参与主汽流做功，形成隔板漏汽损失。此外，当叶轮上没有平衡孔时，隔板漏汽重又被主汽流从叶根处吸入动叶，由于它们不是从喷嘴中膨胀加速喷出，不但不能产生有效功，而且还会干扰主汽流的流动，引起附加损失。在级的反动度较大时，还会有部分蒸汽 ΔG_t 从动叶顶部与汽缸之间的间隙中漏过，形成叶顶漏汽损失。若级的反动度很小或为零时，由于喷嘴出口高速流动汽流的吸汽作用，则可能有部分蒸汽从动叶后经叶顶与汽缸之间间隙被吸入动叶进口，也会造成损失，如图 4-15（a）所示。

反动级的静叶与转轴之间、叶顶与汽缸之间同样存在间隙，而且与冲动级相比，动叶前后的压差更大，所以漏汽量会更大一些，如图 4-15（b）所示。

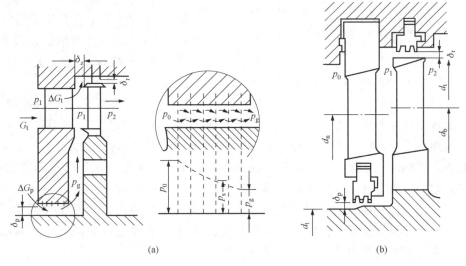

图 4-15　级内漏汽示意图
(a) 冲动级的漏汽；(b) 反动级的漏汽

2. 减少漏汽损失的措施

(1) 在动静部分的间隙处安装汽封，如在隔板与主轴之间安装隔板汽封，在叶顶处安装围带汽封等，如图 4-15（a）所示。汽流每经过一个齿就被节流一次，故齿数越多，每个齿所承担的压差就越小，漏汽面积和压差的减小均使漏汽损失减少。

(2) 在叶轮上开平衡孔，使隔板漏汽从平衡孔中流到级后，避免这部分漏汽干扰主汽流。

(3) 选择适当的反动度，使叶根处既不漏汽也不吸汽。这里所说的漏汽，是指在级的反动度过大时，经过叶根的轴向间隙从叶轮的平衡孔中漏向级后的蒸汽。

(4) 对无围带的较长的扭叶片，也可将顶部削薄，减小动叶与汽缸（或与隔板套）之间的间隙，起到汽封的作用，同时尽量减小扭叶片顶部的反动度。

(六) 湿汽损失 Δh_x

凝汽式汽轮机的最末几级常在湿汽区工作，蒸汽中含水造成湿汽损失，具体原因如下。

(1) 湿蒸汽自身存在一部分水珠，此外，在膨胀过程中还要凝结出一部分水珠。这些水珠不能在喷嘴中膨胀加速，因而减少了做功的蒸汽量，造成损失。

(2) 由于水珠不能在喷嘴中膨胀加速，必须靠汽流带动加速，因而要消耗汽流的一部分动能，造成损失。

(3) 水珠虽然被汽流带动得到加速，但是其速度仍将小于汽流速度，一般 $c_{1x} \approx$（10%～

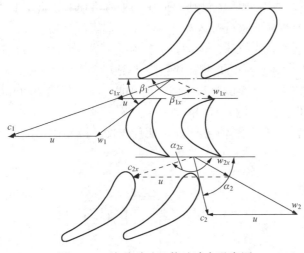

13%）c_1，见图 4-16，由进口速度三角形可知，水珠进入动叶的方向角 β_{1x} 大于动叶的进汽角 β_1，即水珠将冲击动叶进口边的背弧，产生阻止叶轮旋转的制动作用，减少了叶轮的有用功，造成损失。同理在动叶出口处，由于 $\alpha_{2x} \gg \alpha_2$，水珠撞击下级喷嘴背弧，干扰主流做功，造成附加损失。

（4）湿蒸汽膨胀时，汽态变化很快，一部分蒸汽来不及凝结（即不能释放汽化潜热），而形成过饱和，造成蒸汽做功焓降减少，形成"过冷"损失。

图 4-16 水珠动叶、静叶冲击示意图

蒸汽中含水除了造成湿汽损失外，还对动叶金属有冲蚀作用，尤其在动叶进汽侧背弧顶部，被冲蚀成密集细毛孔，叶片缺损，威胁着汽轮机的安全运行。为此，要求凝汽式汽轮机排汽湿度不得超过 12%～15%，并装设去湿装置，如图 4-17 所示。其原理是在离心力作用下，水珠被甩到外缘，通过捕水口、抽水室和疏水通道流走（去往低压加热器或凝汽器），达到去湿效果。

为了提高叶片抗冲蚀能力，最常见的方法是在动叶进汽边背弧顶部，焊硬质司太立合金，如图 4-18 所示，以增强表面硬度，延长叶片寿命。另外也可采用镀铬、局部高频淬硬、电火花强化及氮化等方法增强表面硬度。

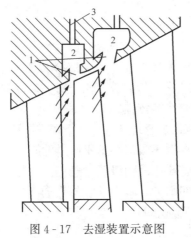

图 4-17 去湿装置示意图
1—捕水口槽道；2—捕水室；3—疏水通道

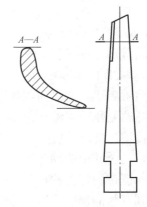

图 4-18 焊有硬质合金的动叶

（七）余速动能损失 Δh_{c2}

余速损失 Δh_{c2} 是蒸汽离开动叶后仍具有 $\frac{1}{2}c_2^2$ 的动能。对单级汽轮机来说，其余速动能全部都成为损失，但在多级汽轮机中，这部分动能可在下一级中被利用。要使下一级能充分利用上一级的余速动能，在结构上应当满足下面条件：

(1) 两个级的平均直径接近相等。

(2) 下一级的喷嘴进汽方向应与上一级的动叶排汽方向一致。

(3) 两级之间的距离应尽可能小,而且在此间隙内汽流不发生扰动。

在多级汽轮机中,有些级的余速就不能被利用,包括调节级、级后有抽汽口的级、部分进汽度和平均直径突然变化的级、最末一级。

二、级的相对内效率和内功率

级的相对内效率是反映级内损失大小,衡量级内热力过程完善程度的重要指标。前面讲过的轮周效率,仅考虑了喷嘴、动叶和余速这三项损失。当考虑了级内的各项损失之后,真正转变为轴功的焓降,称为级的有效焓降。级的相对内效率为级的有效焓降 Δh_i 与级的理想能量 E_0 之比,即

$$\eta_{ri}=\frac{\Delta h_i}{E_0}=\frac{E_0-\Delta h_n-\Delta h_b-\Delta h_\vartheta-\Delta h_e-\Delta h_p-\Delta h_t-\Delta h_x-(1-\mu_1)\Delta h_{c2}}{E_0}$$

(4-11)

相对应级的内功率为

$$P_i=GE_0\eta_{ri}=\frac{DE_0\eta_{ri}}{3600}$$

(4-12)

式中 D、G——级的流量,t/h,kg/s;

E_0——级的理想能量,kJ/kg。

三、多级汽轮机损失

现代发电用的汽轮机,要求功率大、效率高,为此采用了高的主蒸汽参数和低的排汽压力,汽轮机的理想焓降很大。例如 300MW 的汽轮机初参数为 16.7MPa,537℃,排汽压力为 4.9kPa,其理想焓降约为 1482kJ/kg。显然任何形式的单级汽轮机都不能有效地利用这样大的焓降。但我们可以采用由多个单级组成的多级汽轮机,蒸汽依次在各级中膨胀做功,各级均按照最佳速度比选择适当的焓降。根据总的焓降确定多级汽轮机的级数,这样,既能利用很大的焓降,又能保持较高的效率。所以,功率稍大的汽轮机都采用多级汽轮机。

当由多个级组成汽轮机时,带来了其他损失,可理解为汽轮机的级外损失,即多级汽轮机损失。对一台多级汽轮机来说,蒸汽将热能转换成机械能的过程中,不仅要产生各种级内损失,而且还产生一些属于全机的损失(不属于哪一个级)。

多级汽轮机的损失分为两大类:一类是影响蒸汽状态的损失,称为内部损失;另一类是不影响蒸汽状态的损失,称为外部损失。

(一)内部损失

多级汽轮机的内部损失除包括各种级内损失外,还包括进汽机构的节流损失和排汽管的压力损失。这两种损失对蒸汽的状态都有影响,因此也都属于内部损失。同时又因为这两种损失分别发生在进汽端和排汽端,因而又称为端部损失。

1. 进汽机构的节流损失

主蒸汽进入汽轮机的第一级之前,首先要经过主汽门和调节汽门,由于阀门的节流作用,使蒸汽压力下降,但焓值保持不变。一般情况下,这项损失引起的压力降 Δp 为

$$\Delta p=(0.03\sim0.05)p_0$$

(4-13)

式中 p_0——主蒸汽(主汽门前)的压力。

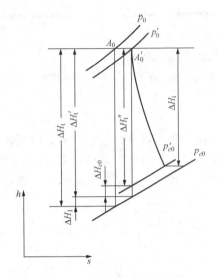

图 4-19 节流损失及排汽管的压力损失

图 4-19 为主蒸汽流经主汽门、调节汽门时产生节流损失的热力过程。由图可见,在没有节流损失时,汽轮机的理想焓降为 ΔH_t,有节流损失后,其焓降为 $\Delta H_t'$,ΔH_t 与 $\Delta H_t'$ 之差称为进汽机构的节流损失。

进汽机构的节流损失与蒸汽的流速、阀门的型线、流道的粗糙程度有关。选用流动特性好的阀门限制蒸汽流经阀门和管道的流速,是减小进汽机构节流损失的主要措施。一般应使蒸汽流过阀门和管道的流速不超过 40~60m/s,压力降控制在 $(0.03 \sim 0.05) p_0$ 的范围内。

2. 排汽管的压力损失

汽轮机末级叶片排出的乏汽由排汽管引向凝汽器。乏汽在排汽管中流动时,由于汽流在汽缸内外壁压力分布不同,因而存在一个横向压力梯度,产生摩擦、涡流等,造成压力降低,即汽轮机末级动叶后压力 p_{c0}' 高于凝汽器压力 p_{c0},$\Delta p_{c0} = p_{c0}' - p_{c0}$,这个压降 Δp_{c0} 并未用于做功,而是用于克服排汽管中的流动阻力,故称之为排汽管压力损失。

由图 4-19 可以看出,由于排汽管压力损失的存在,使蒸汽在汽轮机中的做功能力减小,ΔH_{c0} 为排汽管压力损失所引起的焓降损失。排汽管压力损失的大小取决于排汽缸中的蒸汽速度和排汽缸的结构形式,为了减少这项损失,通常利用排汽本身的动能来补偿排汽管中的压力损失。为此,排汽缸都设计成扩压效果较好、流动阻力小的扩压型排汽通道,以利用汽轮机末级排汽动能来减少该项损失。

(二) 外部损失

汽轮机外部损失包括机械损失和轴端漏汽损失两种。

1. 机械损失

汽轮机运行时,要克服支持轴承和推力轴承的摩擦阻力,带动主油泵转动和调节系统耗功,都将消耗一部分有用功而造成损失,这部分损失称为机械损失。大功率机组中机械损失占 0.5%~1%,带有减速装置的小功率机组则还要大一些。

2. 轴端漏汽损失

汽轮机的主轴在穿出汽缸两端时,为了防止动静部分的摩擦,总要留有一定的间隙。虽然装上端部汽封,但由于压差的存在,在高压端总有部分蒸汽向外漏出,这部分蒸汽不做功从而造成能量损失;在处于真空状态下的低压端,会有一部分空气从外向里漏而破坏真空,造成汽轮机功率下降。所有多级汽轮机都设置有一套汽封系统,以减少轴端漏汽损失。

第七节 多级汽轮机的轴向推力及其平衡

一、多级汽轮机的轴向推力

蒸汽在汽轮机级内流动时,除了产生推动叶轮旋转做功的周向力外,还产生与轴线平行的轴向推力,其方向与汽流在汽轮机内的流动方向相同,使转子产生由高压向低压移动的趋势。为此,必须了解转子轴向推力,以确保汽轮机安全地运行。

整个转子上的轴向推力主要是各级轴向推力的总和。每一级的轴向推力通常包括蒸汽作用在动叶上的轴向推力、叶轮轮面上的轴向推力和汽封凸肩上的轴向推力三部分。

图 4-20 为冲动式汽轮机的一个中间级,p_0、p_1、p_2 分别为级前、喷嘴后和级后的蒸汽压力,p_d 为隔板和轮盘间汽室中的蒸汽压力,级的平均直径为 d_b,轮毂直径分别为 d_1、d_2,动叶高度为 l_b。

1. 作用在动叶上的轴向推力 F_{z1}

蒸汽作用在动叶上的轴向推力 F_{z1} 是由动叶前后的压差和汽流在动叶中轴向分速度改变所产生的。

在冲动级中,一般轴向分速度都不大,加之动叶进出口的轴向通流面积和蒸汽比体积的改变都不大,因此汽流流经动叶时的轴向分速度的改变一般都很小,可以忽略不计。

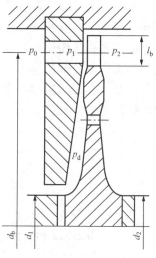

图 4-20 冲动级的构造简图

在反动级中,由于动叶前后存在较大的压差,作用在动叶上的轴向推力与该级的反动度成正比。

2. 作用在叶轮轮面上的轴向推力 F_{z2}

在多级汽轮机中,当某级叶轮两侧存在压差,即使不是很大,但由于叶轮面积很大,仍会引起很大的轴向推力,这部分轴向推力的大小为叶轮面积及前后压差的乘积。

当叶轮上开有平衡孔,而且有足够的面积时,可认为 $F_{z2}=0$。当平衡孔面积不够或运行中隔板汽封漏汽量增大时,将引起轴向推力增大。

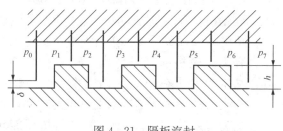

图 4-21 隔板汽封

3. 作用在汽封凸肩上的轴向推力 F_{z3}

采用高低齿形式隔板汽封的机组,转子汽封也相应做成凸肩结构,如图 4-21 所示。由于每个汽封凸肩前后存在压差,因而产生轴向推力 F_{z3}。

每一级的轴向推力相加即为整台汽轮机的轴向推力。不同形式不同容量的汽轮机,其轴向推力的大小不同,冲动式汽轮机的轴向推力为数吨或数十吨,大型反动式汽轮机的轴向推力可达几百吨。

二、多级汽轮机轴向推力的平衡

汽轮机转子在汽缸中的轴向位置是由推力轴承来固定的,若轴向推力大于推力轴承的承载能力,推力轴承将会损坏,使转子产生轴向移动,引起转子与静子碰撞,产生重大事故。因此在设计制造汽轮机时,常在结构上采取措施,使大部分轴向推力被平衡,推力轴承只用来承担剩余的轴向推力。通常采取的措施有:

(1) 开平衡孔。在叶轮上开 5 个或 7 个平衡孔,使叶轮前后的压力差减小,从而减小汽轮机的轴向推力。

(2) 采用平衡活塞。汽轮机常采用平衡活塞来平衡轴向推力,即在汽轮机的高压端,将第一个轴封套的直径加大作为平衡活塞,如图 4-22 所示。平衡活塞两端坏形面积上作用着不同的蒸汽压力($p>p_x$),在这个压差作用下产生了与汽流流动方向相反的轴向推力。

(3) 多缸汽轮机采用反向流动布置,即采用汽缸对置,使不同汽缸中的汽流流动方向相反,抵消一部分轴向推力,这在大容量机组中得到普遍采用。图 4-23 为三缸汽轮机布置的一种方案,高中压缸对头布置,抵消大部分轴向推力;同时低压缸又采用了分流布置,从而使汽轮机的轴向推力大大减少。

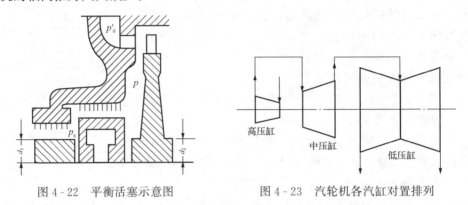

图 4-22 平衡活塞示意图　　图 4-23 汽轮机各汽缸对置排列

第八节　汽轮发电机组的效率和经济指标

一、汽轮发电机组的效率

汽轮发电机组是将蒸汽热能转换成电能的装置,汽轮发电机组的各种效率表明在蒸汽热能转换成电能的过程中,各种设备或部件的工作完善程度。

如图 4-24 所示,在不考虑任何损失时,蒸汽在汽轮机中的理想焓降为 ΔH_t,其对应的汽轮机功率为理想功率 P_t;考虑了汽轮机的内部损失后,真正转换成机械功的焓降为汽轮机的有效焓降 ΔH_i,其对应的功率为内功率 P_i;从内功率中扣除机械损失后的功率才是拖动发电机的功率,称之为有效功率 P_e;发电机在将机械能转换成电能的过程中也存在一些损失,扣除

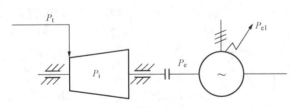

图 4-24 汽轮发电机组的功率示意图

这部分损失后的功率才是发电机输出的电功率 P_{el}。由此可见 $P_t>P_i>P_e>P_{el}$。

1. 汽轮机的相对内效率 η_{ri}

汽轮机的有效焓降 ΔH_i(或内功率 P_i)与理想焓降 ΔH_t(或理想功率 P_t)之比称为汽轮机的相对内效率 η_{ri},即

$$\eta_{ri}=\frac{\Delta H_i}{\Delta H_t}=\frac{P_i}{P_t} \tag{4-14}$$

由于汽轮机的相对内效率考虑了蒸汽在汽轮机中所有的内部损失,因此它表明了汽轮机内部结构的完善程度,目前大功率汽轮机的相对内效率已达到 87%~90%。

2. 汽轮机的相对有效效率 η_{re}

汽轮机有效功率与汽轮机内功率之比称为机械效率 η_m，即

$$\eta_m = \frac{P_e}{P_i}$$

机械效率一般为 96%～99%。

汽轮机有效功率与汽轮机理想功率之比称为汽轮机相对有效效率 η_{re}，即

$$\eta_{re} = \frac{P_e}{P_t} = \frac{P_e}{P_i} \frac{P_i}{P_t} = \eta_{ri} \eta_m \tag{4-15}$$

3. 汽轮发电机组的相对电效率 η_{0el}

发电机输出的电功率 P_{el} 与汽轮机的有效功率之比称为发电机效率 η_g，即

$$\eta_g = \frac{P_{el}}{P_e}$$

发电机的效率与发电机所采用的冷却方式及机组容量有关，中小型机组采用空气冷却，$\eta_g = 92\% \sim 98\%$；大功率的机组采用氢冷却或水冷却，$\eta_g > 98\%$。

发电机输出的电功率与汽轮机理想功率之比称为汽轮发电机组的相对电效率，即

$$\eta_{0el} = \frac{P_{el}}{P_t} = \frac{P_i}{P_t} \frac{P_e}{P_i} \frac{P_{el}}{P_e} = \eta_{ri} \eta_m \eta_g \tag{4-16}$$

式（4-16）说明汽轮发电机组的相对电效率等于汽轮机的相对内效率、机械效率和发电机效率的乘积。可见，相对电效率的高低反映了整台汽轮发电机组的工作完善程度。

二、汽轮发电机组的汽耗率和热耗率

1. 汽耗率

汽轮发电机组每发 1kW·h 电能所消耗的蒸汽量称为汽耗率 d，单位为 kg/(kW·h)。每小时消耗的蒸汽量为汽耗量 D，单位为 kg/h。

汽耗率只能反映同型号机组经济性的高低。

2. 热耗率

汽轮发电机组每发 1kW·h 电能所消耗的热量称为热耗率 q。

热耗率不仅反映出汽轮机结构的完善程度，也反映出发电厂热力循环的效率及运行技术水平的情况。

思 考 题

4-1 什么是汽轮机的级？级有哪几类？各自的特点是什么？

4-2 什么是汽轮机的反动度？根据反动度的大小级可分为哪几类？

4-3 汽轮机的整机损失有哪些？产生这些损失的原因是什么？

4-4 多级汽轮机的效率为什么比单级汽轮机的效率高？

4-5 轴向推力产生的原因是什么？由哪几部分组成？平衡方法是什么？

4-6 汽轮发电机组的效率有哪些？它们之间的关系是什么？

4-7 什么是汽轮发电机组的汽耗率和热耗率？

4-8 什么是汽轮机级的轮周功率和轮周效率？

4-9 说明冲动级、反动级的工作原理和级内能量转换过程及特点。

第五章
汽轮机本体结构及其主要辅助设备

汽轮机本体由转动部分（转子）和静止部分（静体或静子）两部分组成。转动部分包括动叶片、叶轮（反动式汽轮机为转鼓）、主轴、联轴器及紧固件等旋转部件；静止部分包括汽缸、蒸汽室、喷嘴室、喷嘴、隔板、隔板套（反动式汽轮机为静叶持环）、汽封、轴承、轴承座、机座、滑销系统及有关紧固零件等。转子的作用是汇集各级动叶片上的旋转机械能，并将其传递给发电机。

第一节 汽缸的结构和热膨胀

一、汽缸的作用

汽缸是汽轮机的外壳，其作用是将汽轮机的通流部分与大气隔开，形成封闭的汽室，保证蒸汽在汽轮机内部完成能量转换过程。汽缸内安装着喷嘴室、隔板、隔板套等零部件；汽缸外连接着进汽、排汽、抽汽等管道。

汽缸重量大、形状复杂，并且在高温高压下工作，除了承受内外压差及汽缸本身和装在其中的各零部件的重量等静载荷外，还要承受隔板和喷嘴作用在汽缸上的力，以及进汽管道作用在汽缸上的力和由于沿汽缸轴向、径向温度分布不均匀（尤其在启动、停机和变工况时）而引起的热应力。汽缸运行中的热应力对高参数、大功率汽轮机的影响更为突出。

因此，在考虑汽缸结构时，除了要保证足够的强度、刚度和各部分受热时自由膨胀以及通流部分有较好的流动性能外，还应考虑在满足强度和刚度的要求下，尽量减小汽缸壁和连接法兰的厚度，并力求使汽缸形状简单、对称，以减小热应力。为了节省高级耐热合金钢，还应使高温高压部分限制在尽可能小的范围内；同时还要保持静止部分和转动部分处于同心状态，并保持合理的间隙。另外，在汽轮机运行时，必须合理控制汽缸温度的变化速度和温差，以避免汽缸产生过大的热应力和热变形，以及由此而引起的汽缸结合面不严密或汽缸裂纹。

二、汽缸的结构
（一）总体结构

为了加工制造和安装检修方便，汽缸多做成水平对分形式，即分为上、下汽缸，水平结合面用法兰螺栓连接，且上、下汽缸的水平中分面都经过精加工，以防止结合面漏汽。同时为了合理利用材料，还常以一个或两个垂直结合面分为高压、中压、低压等几段。和水平结合面一样，垂直结合面亦通过法兰、螺栓连接，所不同的是垂直结合面通常在制造厂一次装配完毕就不再拆卸了，有的还在垂直结合面的内圆加以密封焊。

自高压端向低压端看，汽缸大体上呈圆筒形或近似圆锥形。图 5-1 所示为高压单缸凝汽式汽轮机汽缸外形图。该汽缸除有水平中分面外，还有两个垂直结合面，将汽缸分为高、中、低压三段。前部有四个和汽缸焊在一起的蒸汽室，分别与四根进汽管相连，下部留有各级抽汽管口，尾部则是与凝汽器相连接的排汽管口。

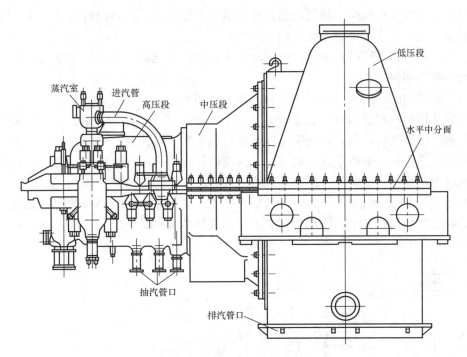

图 5-1 高压单缸凝汽式汽轮机汽缸外形

汽缸的高、中压段一般采用合金钢或碳钢铸造结构，低压段可根据容量和结构要求，采用铸造结构或由简单铸件、型钢及钢板焊接的结构。

一般汽轮机的汽缸数目是随机组容量的增大而增加的，国产汽轮机容量在 100MW 以下的都是单缸，100、125、135MW 基本上采用双缸，200MW 采用三缸，300MW 采用四个汽缸或两个汽缸（高中压合缸和一个低压缸），600MW 采用四个汽缸或三个汽缸。但在一般情况下，单轴机组很少采用 5 个以上汽缸，因为汽缸数目过多，机组总长度就太长，安装、检修工艺要求高，造价增加，而且对于远离推力轴承的汽缸，其转子和汽缸的相对膨胀差值太大，对机组运行的经济性和安全性不利。

（二）高、中压缸

随着初参数的不断提高，汽缸内外压差不断增大，为保证中分面的汽密性，连接螺栓必须有很大的预紧力，因而螺栓尺寸加大。与此相应，法兰、汽缸壁都很厚，导致启动、停机和工况变化时，汽缸壁和法兰、法兰和螺栓之间因温差过大而产生很大的热应力，甚至使汽缸变形、螺栓拉断。为此，近代高参数大容量汽轮机的高压缸多采用双层缸结构。有的机组甚至将高、中压缸和低压缸全做成双层缸。例如，国产 200MW 机组高压缸的高温部分采用了双层缸结构；国产 600MW 机组（N600-16.7/537/537 型机组）有 4 个汽缸（高压缸、中压缸和两个低压缸）。高、中压缸采用双层缸结构有以下几个方面的优点。

（1）把原单层缸承受的巨大蒸汽压力分摊给内外两层缸，减少了每层缸的压差与温差，缸壁和法兰可以相应减薄，在机组启停及变工况时，其热应力也相应减小，因此有利于缩短启动时间和提高负荷的适应性。

（2）内缸主要承受高温及部分蒸汽压力作用，且其尺寸小，故可做得较薄，则所耗用的贵重耐热金属材料相对减少。而外缸因设计有蒸汽内部冷却,运行温度较低,故可用较便宜的合金钢制造,节约优质贵重合金材料。

(3) 外缸的内、外压差比单层汽缸时降低了许多,因此减少了漏汽的可能,汽缸结合面的严密性能够得到保障。

但双层缸结构的缺点是增加了安装和检修的工作量。

双层缸结构的汽缸通常在内外缸夹层里引入一股中等压力的蒸汽流。当机组正常运行时,由于内缸温度很高,其热量源源不断地辐射到外缸,有使外缸超温的趋势,这时夹层汽流对外缸起冷却作用。当机组冷态启动时,为使内外缸尽可能迅速同步加热,以减小动、静胀差和热应力,缩短启动时间,此时夹层汽流即对汽缸起加热作用。

图 5-2 是哈尔滨汽轮机厂 600MW 超临界压力汽轮机高、中压缸的结构示意图,高、中压缸均为双层缸结构,其中高压部分有 1 个冲动式调节级和 9 个反动式压力级,中压部分有 6 个反动式压力级。

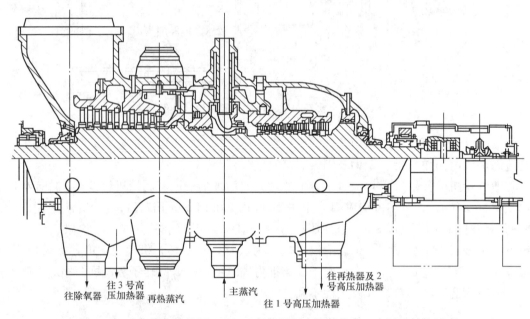

图 5-2 哈尔滨汽轮机厂 600MW 超临界压力汽轮机高、中压缸结构示意

国外某些超临界压力汽轮机(如法国 CEM300MW 汽轮机、瑞士 ABB600MW 汽轮机)高压内缸采用了中分面无法兰的两半圆形结构,上、下缸之间用热套环形紧圈箍紧密封。由于内缸无法兰,汽缸受热特性好,大大减小了启、停和工况变化时汽缸壁的热应力,缩短了机组启、停时间,改善了机组的负荷适应性;另外汽缸形状均匀,避免了质量集中和应力集中;但这种汽缸安装、检修较困难。

(三) 排汽缸

单缸汽轮机的低压段及多缸汽轮机的低压缸,统称为汽轮机的排汽缸。现代大功率凝汽式汽轮机,由于容积流量很大,因而排汽缸尺寸很大,排汽口数目往往不止一个。

由于排汽缸内承受的蒸汽压力、温度都比较低,它的强度一般没有什么问题。但是为充分利用排汽余速、减小流动损失,要求排汽缸有合理导流形状,以及防止因刚度不足而产生变形等，成了考虑的主要问题。一般情况下，主要考虑热膨胀的问题。

对于有些大功率汽轮机，如国产 125、300MW 及 600MW 汽轮机，排汽缸还采用了双层汽缸及单层排汽室的结构，如图 5-3 所示，其外壳温度分布均匀，不易产生翘曲变形。内缸 1 由于形状复杂、通道多，采用铸造结构，外缸 2 和排汽室 3 则由钢板焊接而成。在排汽室通道内装设轴对称的轴向—径向扩压器，以充分利用排汽余速。为了减小汽缸变形以及在稍有变形时也不影响转子中心，还将汽轮机后轴承座和发电机前轴承座（图中未画出）与排汽缸分开落地布置（直接放在基础台板上）。尽管这种结构比较复杂，但由于上述优点，它还是在双层结构的排汽缸上得到了广泛应用。

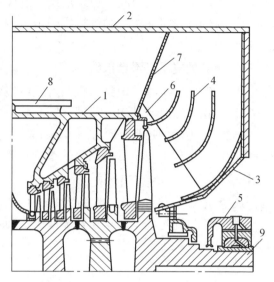

图 5-3 双层缸结构排汽缸
1—内缸；2—外缸；3—排汽室；4—扩压管；
5—汽轮机后轴承；6—隔板套；7—扩压管斜前壁；8—进汽口；9—低压转子

有些大功率汽轮机除将汽轮机后轴承座和发电机前轴承座落地布置外，还将低压缸两端的外汽封体固定在相应的轴承座外壳上，汽封与排汽缸之间采用整圈的波形弹性管连接，以避免由于汽缸变形而影响转子与汽封片间的径向间隙。

（四）法兰和连接螺栓

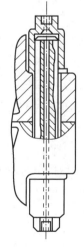

图 5-4 高压缸的厚法兰、连接螺栓

汽缸内部承受很大的蒸汽压力，因此水平结合面的密封是一个非常重要的问题。高参数汽轮机汽缸所承受的压力很高（特别是高压缸），要保证水平结合面的汽密性，就必须采用很厚的法兰和排列很紧密、尺寸很大的连接螺栓。为了减少高压缸法兰承受的弯应力和螺栓承受的拉应力，并减小法兰内、外温差，又将法兰螺栓内移，使螺栓中心线尽量靠近汽缸壁中心线。同时为了装卸方便，还将螺帽加高，采用套筒螺帽，如图 5-4 所示。考虑到法兰和螺栓总是处在高温下工作，它必须具有足够的强度和紧力。为了克服由于材料的蠕变使螺栓的压紧力逐渐小于初始预紧力的应力松弛现象，保证两次大修期间螺栓的实际压紧力一直能满足法兰的汽密性要求，必须使螺栓具有足够的预紧力（初应力）。为此，高参数汽轮机高温部分的连接螺栓都采用热紧方式。图 5-4 上螺栓的中心孔（孔的直径一般在 20mm 左右）就是为了拧紧螺栓时加热用的，可采用电加热或汽加热等方法，通过测量螺帽的转角或测量螺栓的绝对伸长来控制热紧量，以达到所需要的预紧力。

由于高压缸法兰厚而宽，启动时它的温度低于汽缸内壁温度，而连接螺栓的温度又低于法兰的温度，从而使法兰比螺栓膨胀得快，汽缸又比法兰膨胀得快。这将在法兰和螺栓中产生很大的热应力；严重时，会使法兰面产生塑性变形或拉断螺栓。另外，法兰内外温差也会造成水平结合面的翘曲和汽缸裂纹。因此，为了减少启动、变工况时汽缸、法兰及连接螺栓之间的温差，缩短启动时间，可采用法兰螺栓加热装置，在汽轮机启动时，对法兰和螺栓补充加热。有的汽轮机在法兰和螺栓之间加入铜粉、铝粉之类的金属粉末，来增强法兰与螺栓之间的传热。

三、汽缸的支承及滑销系统

汽缸的支承要平稳，因其自重而产生的挠度应与转子的挠度近似相等，同时要保证汽缸受热后能自由膨胀，且其动、静部分同心状态不变或变动很小。

汽缸的支承定位包括外缸在轴承座和基础台板（座架、机架等）上的支承定位，内缸在外缸中的支承定位，以及滑销系统的布置，等等。

（一）汽缸的支承

汽缸支承在基础台板上，基础台板又用地脚螺栓固定在基础上。汽缸支承方法一般有两种：一种是汽缸通过猫爪支承在轴承座上，通过轴承座放置在台板上；另一种是用外伸的撑脚直接放置在台板上。

1. 猫爪支承

汽缸通过其水平法兰延伸的猫爪（搭爪）作为承力面，支承在轴承座上，故称猫爪支承。

猫爪支承又分为上缸猫爪支承和下缸猫爪支承两种。高、中压汽缸均采用此种支承方式。

（1）下缸猫爪支承。下汽缸水平法兰前后延伸的猫爪称下缸猫爪，又称工作猫爪（支承猫爪）。在高压缸的下缸前后各有两只猫爪，分别支承在高压缸前后的轴承座上。下缸猫爪支承又可分为非中分面支承和中分面支承两种。

1）非中分面猫爪支承。这种猫爪支承的承力面与汽缸水平中分面不在一个平面内，见图 5-5。其结构简单，安装检修方便，但当汽缸受热使猫爪因温度升高而产生膨胀时，会导致汽缸中分面抬高，偏离转子的中心线，这样将使动、静部分的径向间隙改变。严重时会因动、静部分摩擦太大而造成事故。所以这种猫爪只用于温度不高的中低参数机组的高压缸支承。对于高参数大容量机组，因其汽封间隙小，而猫爪厚度大，受热后使汽缸上抬的影响大，需采用其他支承方式。

2）中分面猫爪支承。高参数大容量机组的高压缸支撑，在轴承上可采用中分面支承方式，即汽缸法兰中分面（中心线）与支承面一致。下汽缸中分面猫爪支承方式是将下缸猫爪位置抬高，使猫爪承力面正好与汽缸中分面在同一水平面上，如图 5-6 所示。这样，当汽缸温度变化时，猫爪热膨胀不会影响汽缸的中心线。但这种结构因猫爪抬高使下汽缸的加工复杂化。上海汽轮机厂生产的国产优化引进型 300MW 机组高中压缸下汽缸就是采用此种下缸猫爪中分面支承。其高压外缸是由 4 只猫爪支承，4 只猫爪与下半缸一起整体铸出，位于下汽缸水平法兰上部。猫爪搁置在前后轴承座上，并与其连接面保持在水平中分面。此结构在机组运行过程中，能使汽缸的中心与转子的中心保持一致，同时还可降低螺栓受力，改善汽缸中分面漏汽状况。每个猫爪与轴承座之间都用双头螺栓连接，以防止汽缸与轴承座之间产生脱空。螺母与猫爪之间留有适当的膨胀间隙，猫爪下部有垫块，垫块上部平面可由油槽打入高温润滑脂，以保证猫爪可自由膨胀。

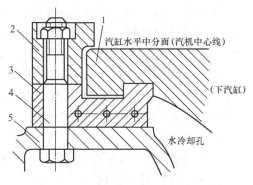 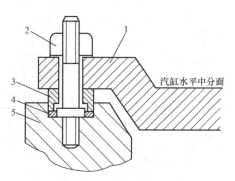

图 5-5 下缸猫爪支承　　　　　　　　图 5-6 下缸猫爪中分面支承方式
1—猫爪；2—压块；3—支承块；4—紧固螺栓；　　1—下缸猫爪；2—螺栓；3—平面键；
　　　　5—轴承座　　　　　　　　　　　　　　　　4—垫圈；5—轴承座

（2）上缸猫爪支承。上缸的猫爪支承称作上缸猫爪支承，它采用中分面支承方式，如图 5-7 所示。上缸法兰延伸的猫爪（也称工作猫爪）作为承力面支承在轴承座上，其承力面与汽缸水平中分面在同一平面内。猫爪受热膨胀时，汽缸中心仍与转子中心保持一致。下缸靠水平法兰的螺栓吊在上缸上，使螺栓受力增加。此种支承安装时比较麻烦，下缸必须安装有猫爪，即图 5-7 中下缸猫爪 2。它只在安装时起支持下缸的作用。下边的安装垫铁 3 用来调整汽缸洼窝中心，安装好后紧固螺栓 8，安装猫爪不再起支承作用，就不再受力，安装垫铁即可抽走，留待检修时再用。上缸猫爪支承在工作垫铁 4 上，承担汽缸重量。运行时安装猫爪通过横销推动轴承座作轴向移动，并在横向起热膨胀的导向作用。水冷垫铁 5 固定在轴承座上并通有冷却水，以不断地带走由猫爪传来的热量，防止支承面的高度因受热而发生改变。同时，也使轴承的温度不至于过高。国产引进型 300MW 和 600MW 汽轮机高、中压内缸，通过内下缸左右两侧的支承键支承在外下缸上，如图 5-8 所示。内缸顶部和底部设有定位销，以保持其正确位置，并引导汽缸的膨胀和收缩。

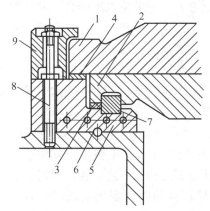 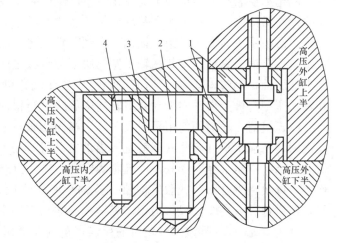

图 5-7 上缸猫爪支承结构
1—上缸猫爪；2—下缸猫爪；3—安装垫片；
4—工作垫片；5—水冷垫铁；6—定位销；
7—定位键；8—紧固螺栓；9—压块

图 5-8 国产引进型 300MW 汽轮机内缸支承
1—垫片；2—螺钉；3—支承键；4—定位销

2. 台板支承

低压外缸由于外形尺寸较大，一般都采用下缸伸出的搭脚直接支承在基础台板上，如图

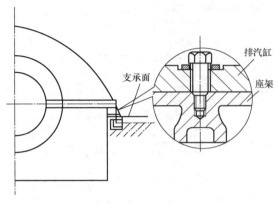

图 5-9 排汽缸的支承

5-9 所示。虽然它的支承面比汽缸中分面低，但因其温度低，膨胀不明显，所以影响不大。但需注意，汽轮机在空载或低负荷运行时排汽温度不能过高，否则将使排汽缸过热，影响转子和汽缸的同心度或转子的中心线，所以要限制排汽温度。

上海汽轮机厂生产的国产优化引进型 300MW 机组低压外缸采用台板支承方式，台板固定在基础上，搭脚与台板之间的位置靠键来定位。低压外缸的支承面比中分面低 980mm，由于低压缸与前后轴承座做成一体，轴承座直接支承在基础台板上，低压缸的静、动部分间隙在设计时考虑较大，所以采用这种低于中分面的支承方式，对动静间隙并不产生影响。

（二）滑销系统

汽轮机在启动、停机和运行时，汽缸的温度变化较大，将沿长、宽、高几个方向膨胀或收缩。由于基础台板的温度升高低于汽缸，如果汽缸和基础台板为固定连接，则汽缸将不能自由膨胀，所以汽缸的自由膨胀问题就成为汽轮机的制造、安装、检修和运行中的一个重要问题。以国产 200MW 汽轮机为例，额定工况下其高、中、低汽缸总的热膨胀值达 29.78mm，高、中、低压转子总的热膨胀值达 35.81mm。为了保证它们受热后按一定方向自由膨胀（冷却时按一定方向收缩），保持动静部分中心不变，避免因膨胀不均匀造成不应有的应力及伴随而生的振动，因而必须设置一套滑销系统。在汽缸与基础台板间、汽缸与轴承座之间应装上各种滑销，并使固定汽缸的螺栓留出适当的间隙，既保证汽缸自由膨胀，又能保持机组中心不变。

汽轮机在启动、停机和工况变化时，汽缸的温度变化很大。为了使汽缸能自由地膨胀或收缩，并保持汽缸、轴承座和基础台板三者之间的中心不变，汽轮机都设有一套完整的滑销系统。滑销系统通常由纵销、横销、立销及角销等组成，各滑销的结构如图 5-10 所示。

（1）纵销。纵销多安装在轴承座的底部与台板之间及低压缸机脚与台板之间（低压外下缸与低压轴承座整体式时），所有的纵销均装在汽轮机的轴向中心线上。这些纵销引导汽缸和轴承座在台板上沿轴向滑动并对轴向中心线进行横向定位。

（2）横销。横销的作用是引导汽缸沿横向膨胀，并对汽缸进行轴向定位。高、中压缸的横销因装在猫爪下（有些甚至就是下猫爪的凸缘部分），因此又称为猫爪横销。猫爪横销不仅引导高、中压缸横向膨胀，还起着确定高、中压缸与其相邻的轴承座之间轴向相对位置的作用，以及在汽缸膨胀或收缩时推、拉轴承座的作用。低压缸的横销安装在机脚与台板之间，左右各装有一个，成对出现。纵销中心线与横销中心线的交点构成汽缸绝对膨胀的固定点，称为"死点"。凝汽式汽轮机的死点多布置在低压排汽口的中心附近，这样汽轮机膨胀时，对庞大的凝汽器影响较小。

（3）立销。立销安装在高、中压缸前后与轴承座之间及低压缸尾部与台板之间与纵销同处于机组的纵向中心线上，引导各汽缸沿垂直方向膨胀，并与纵销一起共同保持台板、轴承座和汽缸三者的纵向中心一致。

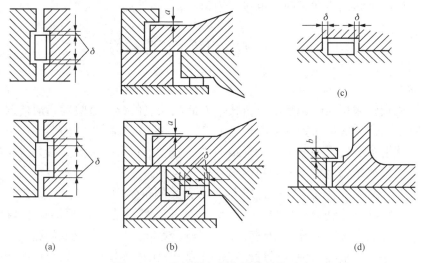

图 5-10 汽轮机各部位滑销结构示意
(a) 立销；(b) 猫爪横销；(c) 横销、纵销；(d) 角销

（4）角销。角销也称压板，一般对在台板上滑动的轴承座都设有角销，角销安装在轴承座底部左、右两侧凸缘的外侧与台板之间，每一侧凸缘处前、后都要安装，用以防止轴承座与基础台板脱离。

（5）联系螺栓。联系螺栓是低压缸与台板之间，高、中压缸猫爪与轴承座之间的连接件。低压缸机脚与台板间的联系螺栓，用以防止汽缸因热变形与台板脱离。高、中压缸猫爪与轴承座间的联系螺栓用以防止猫爪翘头。

图 5-11 为东芝 600MW 汽轮机的滑销系统图，由图中看出，该滑销系统共设有三个纵向绝对膨胀死点，分别位于低压缸 A 的后排汽室、低压缸 B 的前排汽室和 3 号轴承座底部横销中心线与纵销中心线的交点。汽缸以此为基点，低压缸 A、B 分别向机头和发电机方向膨胀；高、中压缸连同前、中轴承座一起向机头方向膨胀。高、中、低压内缸各自以它们的纵向相对膨胀死点为基点，向前、向后自由膨胀。

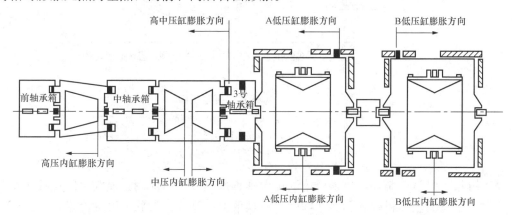

图 5-11 东芝 600MW 汽轮机滑销系统图

转子的相对膨胀死点位于设置在中压转子前端的推力盘上，以此为基点高压转子向机头

方向膨胀，中压转子和低压转子向发电机方向膨胀。

第二节 喷嘴组及隔板的结构

一、喷嘴组

近代汽轮机较多采用喷嘴调节配汽方式，因此汽轮机的第一级喷嘴，通常都根据调节阀的个数成组布置，这些成组布置的喷嘴称为喷嘴组。它一般有两种结构形式：一种是中参数汽轮机上采用的由单个铣制的喷嘴叶片焊接而成的喷嘴组；另一种是高参数汽轮机上采用的整体铣制焊接而成或精密浇铸而成的喷嘴组。

图 5-12 为用在高参数汽轮机上的整体铣制焊接结构的喷嘴组。在一圆弧形锻件上（作为内环）直接将喷嘴叶片铣出，如图 5-12（a）所示，然后在叶片顶端焊上圆弧形的隔叶件，隔叶件的外圆上再焊上外环。喷嘴叶片与内环、隔叶件一起构成了喷嘴流道。喷嘴组通过凸肩装在喷嘴室的环形槽道中，靠近汽缸垂直中分面的一端，用一只密封销和两只定位销将喷嘴组固定在喷嘴室中；在另一端，喷嘴组与喷嘴室通过Ⅱ形密封键密封配合。这样，热膨胀时，喷嘴组以定位销一端为死点向密封键一端自由膨胀。这种喷嘴组密封性能和热膨胀性能较好，广泛应用于高参数汽轮机上。

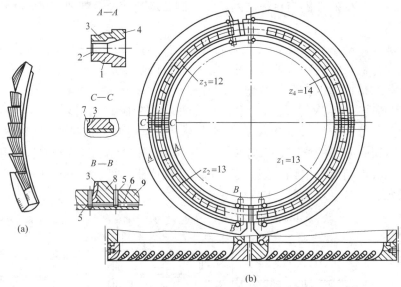

图 5-12 整体铣制焊接喷嘴组
（a）铣制喷嘴组件；（b）整体铣制焊接喷嘴组
1—内弧圈；2—喷嘴叶片；3—隔叶件（喷嘴顶部间壁）；4—外环；5—定位销；
6—密封销；7—Ⅱ形密封件；8—喷嘴组首块；9—喷嘴室

喷嘴组除了整体铣制外，精密铸造法正得到越来越广泛的应用。喷嘴组的这种成型方法不仅能保证足够的表面粗糙度和尺寸精度，而且可以得到任意形状的喷嘴汽道，因此可以很方便地采用新的喷嘴型线以取得理想的气流特性，提高喷嘴效率。此外，这种方法还可以节省大量材料，降低制造成本。

东芝 600MW 汽轮机调节级喷嘴组通过焊接的方式固定在喷嘴室上，如图 5-13 所示。4

个喷嘴组两两结合形成上、下两个大喷嘴组，分别焊接在内部隔开的上下两半喷嘴室上，它们通过支承面、水平结合面、螺栓和圆周销进行支承、配合和径向、轴向定位。

铸造喷嘴组采用精密铸造的方法将喷嘴组整体铸出，它在喷嘴室中的固定方法与上述喷嘴组基本相同。与整体铣制焊接喷嘴组相比，这种喷嘴组的制造成本低，而且可以得到足够小的表面粗糙度和精确的尺寸，使喷嘴流道形线有可能更好地满足蒸汽流动的要求，提高喷嘴的效率，因此得到越来越广泛的应用。

二、隔板

隔板的作用是固定静叶片（喷嘴叶片），并将汽缸内间隔成若干个汽室。

（一）隔板的结构

冲动式汽轮机的隔板主要由隔板外缘、静叶片和隔板体组成。它可以直接固定在汽缸上或隔板套上，通常都做成水平对分形式，其内圆孔处开有隔

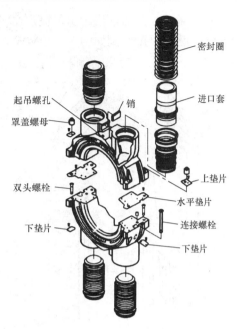

图 5-13　东芝 600MW 汽轮机调节级喷嘴组

板汽封的安装槽。隔板的具体结构是根据它的工作温度和作用在隔板两侧的蒸汽压差来决定的，主要有以下两种形式。

1. 焊接隔板

如图 5-14 所示，先将铣制（或冷拉、模压、精密浇铸）的静叶片 1 焊接在内、外围带 2 和 3 之间，组成喷嘴组，然后再将其焊接在隔板体 5 及隔板外缘 4 之间，组成焊接隔板。焊接隔板具有较高的强度和刚度，较好的汽密性，加工较方便，因此广为中、高参数汽轮机的高中压部分所采用。

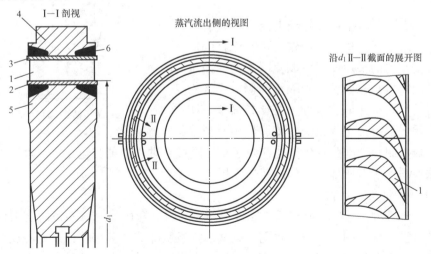

图 5-14　焊接隔板

1—静叶片；2—内围带；3—外围带；4—隔板外缘；5—隔板体；6—焊缝

对于高参数大功率汽轮机的高压部分，每一级的蒸汽压差较大，其隔板必须做得很厚，而静叶高度却很短，例如国产 200MW 汽轮机第二级隔板体的厚度已达 115mm，而静叶高度只有 48mm。如果仍沿整个隔板厚度做出静叶，就会使静叶相对高度太小，导致端部流动损失增加，喷嘴效率降低。为此，可以采用宽度较小的窄喷嘴焊接隔板。

2. 铸造隔板

铸造隔板是将已成型的静叶片，在浇铸隔板体的同时放入其中，一体铸出而成，如图 5-15 所示。它的静叶片可用铣制、冷位、模压以及爆炸成型等方法制成。为使静叶片与隔板体紧密地连接在一起，浇铸前在静叶片两端开出回孔或缺口，并镀以锡或锌，如图 5-16 所示。铸造隔板的中分面往往呈倾斜形，以避免水平对开时截断静叶片。

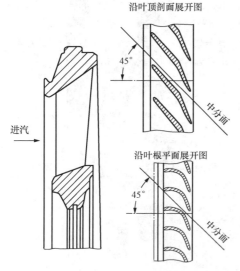

图 5-15　铸造隔板

大功率汽轮机的末一、二级常用空心静叶片，这些叶片的顶部常设置均压用的小孔，以避免运行中由于空心静叶外部处于真空状态而内部压力升高，使静叶片在内外压差作用下变形。此外，还在根部钻有疏水小孔。

铸造隔板加工制造比较容易，成本低，但是静叶片的表面粗糙度较高，使用温度也不能太高，一般应小于 300℃，因此都用在汽轮机的低压部分。

(二) 隔板的支承和定位

隔板在汽缸内的支承和定位，通常有以下几种方法。

1. 销钉支承定位

如图 5-17 所示，在隔板外缘上沿圆周装有六个径向销钉，隔板通过这六个销钉支承在汽缸的隔板槽中，改变销钉的长短就可以调整隔板的径向位置。隔板轴向位置是靠调整装于隔板两侧的另外六只轴向销钉的长短来保证。这种方法比较简单，调整也比较方便。但是由于隔板受热膨胀后中心被抬

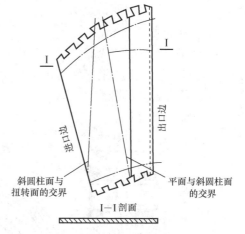

图 5-16　铸造隔板的静叶片

高，会使隔板汽封径向间隙发生变化。对于高压隔板来讲，这种变化尤为严重，因此这种支承定位方法仅适用于低压部分工作的铸造隔板上。

2. 悬挂销和键支承定位

如图 5-18 所示，下半隔板支承在靠近中分面的两个悬挂销上，隔板的上下位置是靠修整悬挂销的厚度来保证的，左右位置则靠修整下隔板底部的平键来保证。有时还在悬挂销下加一可调垫块，以备找中时用，找中完毕将垫块点焊在悬挂销上。这种方法由于隔板和汽缸的支承面（在悬挂销下）靠近中分面，因此在隔板受热膨胀后，其中心变化较小，所以广为

高压部分隔板所采用。

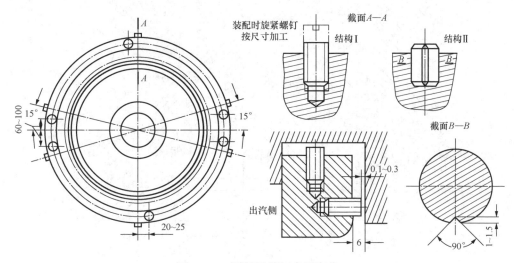

图 5-17 隔板用销钉支承定位

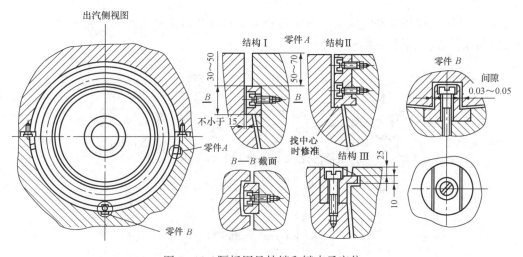

图 5-18 隔板用悬挂销和键支承定位

3. Z形悬挂销支承定位

为了满足超高参数汽轮机在对中方面更加严格的要求，与汽缸的中分面支承法相类似，隔板也可以采用中分面支承方式。这种方式使隔板在汽缸中的支承平面通过机组中心线，以保证隔板受热后其洼窝中心仍和汽缸中心一致，具体结构如图 5-19 所示。下隔板的两个 Z 形悬挂销支承在汽缸的水平中分面上，隔板的中心是靠修整悬挂销下面的垫块厚度及调整隔板底部的底销来完成的。

在高参数汽轮机中还普遍采用隔板套结构，即把相邻几级隔板装在隔板套内，再将隔板套装在汽缸中，如图 5-20 所示。上、下隔板套 1、2 之间采用螺栓 3 连接，因此在上汽缸 4 起吊时，上隔板套 1 并不随之一起升起。隔板套在汽缸内的支承与定位采用悬挂销和键的结构；垂直方向靠调整悬挂销下方垫片 7 的厚度来定位；左右方向靠底部的平键 8（为减少漏汽，也可采用斜键）或定位销钉 9 来定位。为保证隔板套的热膨胀，它与汽缸凹槽之间应留

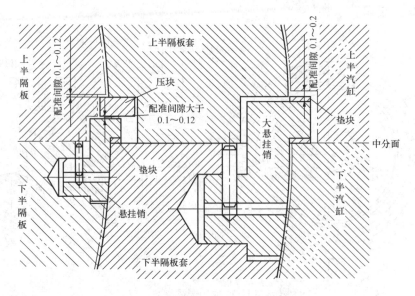

图 5-19　隔板的 Z 形悬挂销支承定位

有一定间隙。隔板在隔板套内的支承与定位也和隔板在汽缸内的支承与定位一样，采用悬挂销和键支承定位或 Z 形悬挂销支承定位。

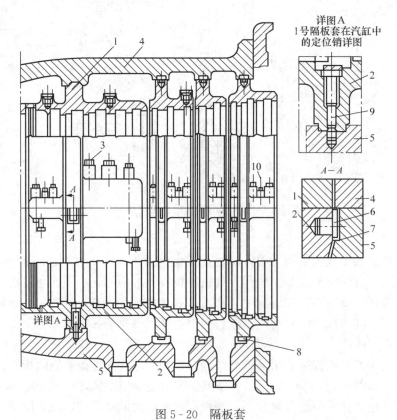

图 5-20　隔板套

1—上隔板套；2—下隔板套；3—螺栓；4—上汽缸；5—下汽缸；6—悬挂销；
7—垫片；8—平键；9—定位销钉；10—顶开螺钉

隔板套的采用可以简化汽缸结构,便于抽汽口的布置,使汽缸轴向尺寸减小,并且为不同种汽轮机汽缸通用化创造了条件。但是隔板套的采用会增大汽缸的径向尺寸,同时也增加了水平中分面法兰的厚度,延长汽轮机启动时间。

第三节 汽　　封

一、汽封的作用

汽轮机运转时,转子高速旋转,汽缸、隔板(或静叶环)等静体固定不动,因此转子和静体之间需留有适当的间隙(也就是我们常说的动静间隙),从而保证不相互碰磨。然而间隙的存在就要导致漏汽(漏气),这样不仅会降低机组效率,还会影响机组安全运行。为了减少蒸汽泄漏和防止空气漏入,需要装有密封装置,通常称为汽封。汽封按其安装位置的不同,可分为通流部分汽封、隔板(或静叶环)汽封、轴端汽封。反动式汽轮机还装有高、中压平衡活塞汽封和低压平衡活塞汽封。转子穿过汽缸两端处的汽封,简称轴封。高压轴封的作用是防止蒸汽漏出汽缸,造成工质损失,恶化运行环境,导致轴顶受热或蒸汽冲进轴承使润滑油质劣化;低压轴封则用来防止空气漏入汽缸,破坏凝汽器的正常工作,影响凝汽器真空。

隔板内圆处的汽封叫做隔板汽封,用来阻碍蒸汽绕过喷嘴而引起能量损失,并使叶轮上的轴向推力增大。动叶栅顶部和根部处的汽封叫做通流部分汽封,用来阻碍蒸汽从动叶栅两端逸散致使做功能力降低。隔板汽封和通流部分汽封的位置见图5-21。

二、汽封的结构

电站汽轮机主要应用曲径式汽封,主要有梳齿形、J形(也叫伞柄形)和枞树形几种形式。

(一)梳齿形汽封

梳齿形汽封结构如图5-22所示。图5-22(a)为高低齿梳齿汽封。汽封环1通常分成4～6段,嵌入汽封体2的槽中,并且用弹簧片3压向中心。主轴套装着车有一排径向凸环的汽封套4(或直接在主轴上车出径向凸环)。汽封环的梳齿高低相间,高齿伸入凸环底部,而低齿接近凸环顶部,这样便构成了一个多次曲折并且有很多狭缝的通道,对漏汽产生很大的阻力。运行时,即使转子与汽封环发生摩擦也不会产生大量的热能而危及转子的安全,这是因为梳齿片尖端很小,而且汽封环被弹簧片支持着可以做径向退让的缘故。图5-22(b)为平齿梳齿

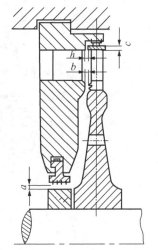

图5-21　隔板汽封和通流部分汽封

a—隔板处径向间隙;b—叶根处轴向间隙;c—叶顶处径向间隙;h—叶顶处轴向间隙

汽封,其结构较高低齿汽封简单,但汽阻亦较小,阻汽效果也差一些。

通常,汽轮机的高压轴封和高压隔板汽封采用高低齿型汽封,汽封环材料为不锈钢;低压轴封和低压隔板汽封采用平齿型汽封,汽封环材料为锡青铜。

梳齿形汽封是汽轮机中应用最广泛的一种汽封。如国产引进型300MW机组,见图5-23。汽轮机汽封全部采用梳齿形汽封(平衡活塞汽封和高、中压缸轴封采用一种一高两低齿交错的高低齿型汽封),汽封环由8块汽封块组成,分别嵌入相应部件的汽封槽中,

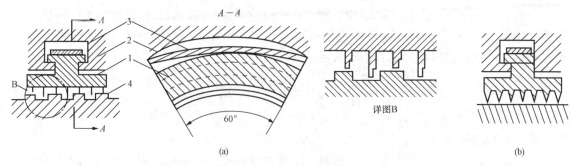

图 5-22 梳齿形汽封
(a) 高低齿梳齿汽封；(b) 平齿梳齿汽封
1—汽封环；2—汽封体；3—弹簧片；4—汽封套

并用 4 根带状弹簧片将汽封环压向中心。弹簧片用螺丝固定，为使弹簧片能自由变形，在螺丝头部都留有足够的间隙，允许弹簧移动，装配时冲铆每个螺钉以防松动，这样使得汽封环具有一定的径向活动性。运行时，即使转子与汽封齿发生摩擦，也因有退让的可能，从而减小危及转子安全的程度。

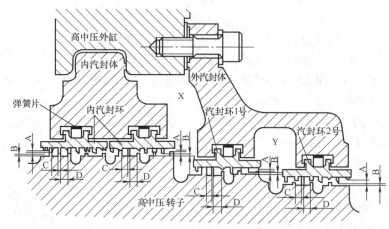

图 5-23 引进型 300MW 汽轮机高中压缸轴封
X——段漏汽腔室；Y—二段漏汽腔室；A、B—轴封齿径向间隙；
C、D—轴封齿轴向间隙

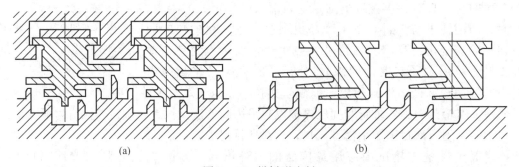

图 5-24 枞树形汽封
(a) 适用高压部分；(b) 适用低压部分

（二）枞树形汽封

枞树形汽封截面如图 5-24 所示。图 5-24（a）适用于高压部分，图 5-24（b）适用于低压部分。这种汽封不仅有径向间隙，而且有轴向间隙可以节流漏汽，汽流通道也更为曲折，故阻汽效果更好，并可大大缩短汽封长度。但因其结构复杂，加工精确度要求高，国产机组较少采用。

（三）J形汽封

J形汽封截面如图 5-25 所示。它的汽封齿 1 是截面为 J 形的软金属（不锈钢或镍铬合金）环形薄片，用不锈钢丝 2 嵌压在转子 3 或汽封环 4 的槽中，然后铆捻而成。薄片的厚度一般为 0.2~0.5mm。这种汽封的特点是结构简单，汽封片薄而且软，即使动静部分发生摩擦，产生的热量也不多，且很易被蒸汽带走，故其安全性较前两种汽封好。国产 50MW 以上汽轮机高、中压缸的轴封，以及一些小汽轮机如 N3 型和 N1.5 型汽轮机的轴封均采用这种形式。

J形汽封的主要缺点是每一汽封片所能承受的压差较小，因而片数很多，且拆装不方便，使安装和检修工作比较困难。

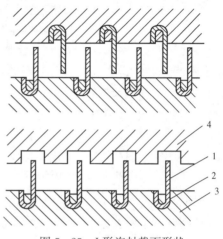

图 5-25 J形汽封截面形状
1—J形汽封片；2—不锈钢丝；
3—转子；4—汽封环

第四节 动 叶 片

动叶片安装在转子叶轮（冲动式汽轮机）或转鼓上，接受喷嘴叶栅射出的高速汽流，把蒸汽的动能转换成机械能，使转子旋转。

动叶片的工作条件很复杂，除因高速旋转和汽流作用承受较高的静应力和动应力以外，还因其分别处于过热蒸汽区、两相过渡区（指从过热蒸汽区过渡到湿蒸汽区）和湿蒸汽区内工作而承受高温、高压、腐蚀和冲蚀作用，因此其结构不但应保证有良好的流动特性，而且还要保证有足够的强度。

一、叶片的结构

叶片一般由叶型、叶根和叶顶三部分组成，如图 5-26 所示。

（一）叶型部分

叶型部分是叶片的工作部分，相邻叶片的叶型部分之间构成汽流通道，蒸汽流过时将动能转换成机械能。为了提高能量转换的效率，叶片断面型线及其沿叶高的变化规律应符合气体动力学要求，同时还要满足结构强度和加工工艺的要求。

按叶型部分横截面的变化规律，叶片可分为等截面直叶片（如图 5-26 所示）和变截面扭叶片（如图 5-27 所示）。等截面直叶片的断面型线和面积沿叶高是相同的，具有加工方便，制造成本低，有利于在部分级实现叶型通用等优点；但其气动特性较差，主要用于短叶片。变截面扭叶片的截面型线及截面积沿叶高变化，各截面形心的连线连续发生扭转，具有较好的气动特性及强度；但制造工艺较复杂，主要用于长叶片。随着加工工艺的不断进步，变截面扭叶片正逐步用于短叶片。

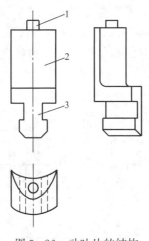

图 5-26 动叶片的结构
1—叶顶；2—叶型；3—叶根

图 5-27 变截面叶片

在湿蒸汽区工作的叶片，为了提高其抗冲蚀能力，通常在叶片进口的背弧上采用强化措施，如镀铬、电火花强化、表面淬硬及贴焊硬质合金等。

（二）叶根

叶根是将动叶片固定在叶轮（或转鼓）上的连接部分，它应保证在任何运行条件下连接牢固，同时力求制造简单、装配方便。叶根的形式较多，常用的有 T 形、枞树形和叉形等。

1. T 形叶根

T 形叶根如图 5-28（a）所示，它结构简单，加工、装配方便，被普遍使用在较短叶片上，如国产引进型 300MW 汽轮机的高压级采用的就是这种形式的叶根。但这种叶根在离心力的作用下会对轮缘两侧产生弯曲应力，使轮缘有张开的趋势。为此，有的 T 形叶根的两侧做出凸肩，如图 5-28（b）所示，将轮缘包住，

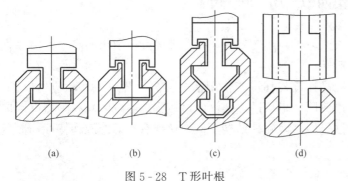

图 5-28 T 形叶根
(a) 普通 T 形叶根；(b) 凸肩 T 形叶根；(c) 双 T 形叶根；
(d) T 形叶根安装

阻止轮缘张开，国产 300MW 汽轮机的高压部分就采用了这种形式的叶根。图 5-28（c）所示为双 T 形叶根，这种形式增大了叶根的受力面积，进一步提高了叶根的承载能力，多用于中长叶片。

T 形叶根在轮缘上的装配采用周向埋入，如图 5-28（d）所示。安装时，将叶片从轮缘上的一个或两个锁口处逐个插入，并沿周向移至相应位置，最后锁口处的叶片用铆钉固定在轮缘上。这种装配方法较简单，但在更换叶片时拆装工作量较大。

2. 叉形叶根

叉形叶根结构如图 5-29 所示，其叶根制成叉形，安装时从径向插入轮缘上的叉槽中，并用铆钉固定。叉形叶根加工简单，强度高，适应性好，更换叶片方便，较多用于中、长叶片。但这种叶根装配时工作量大，且钻铆钉孔需要较大的轴向空间，这限制了它在整锻和焊接转子上的应用。哈尔滨汽轮机厂生产的引进型 300、600MW 汽轮机，调节级汽室有较大空间，其调节级采用了每三个叶片为一个整体的三叉形叶根，如图 5-30 所示。

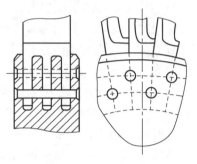

图 5-29 叉形叶根

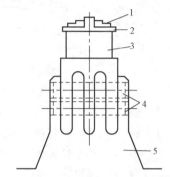

图 5-30 哈尔滨汽轮机厂生产的
引进型 300MW 汽轮机调节级叶片
1—铆接围带；2—整体围带；3—动叶片；
4—铆钉；5—转子

改型后的东芝 600MW 汽轮机末两级动叶采用叉形叶根，末级叶片叶根的叉尾数为 7 个，次末级叶片的离心力小些，其叶根的叉尾数为 4 个，如图 5-31 所示。安装时，叶根的叉尾从径向插入轮缘的叉槽中，并保证相邻叶片的根部径向彼此紧密地贴合，然后在相邻两个叶片之间插入三个铆钉固定在叶轮上。

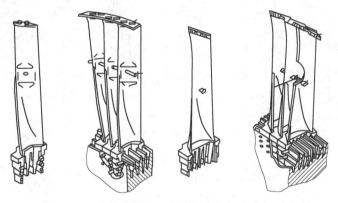

图 5-31 东芝 600MW 汽轮机次末级和末级叶片

3. 枞树形叶根

图 5-32 所示为枞树形叶根，它的形状呈楔形，安装时，叶根沿轴向装入轮缘上枞树形槽中，底部打入楔形垫片（填隙条），将叶片向外胀紧在轮缘上；同时，相邻叶根的接缝处有一圆槽，用两根斜劈的半圆销对插入圆槽内将整圈叶根周向胀紧。这种叶根承载能力大，强度适应性好，拆装方便，但加工复杂，精确度要求高，主要用于载荷较大的叶片，如应用在大功率汽轮机的调节级和末级叶片上。

（三）叶顶部分

汽轮机的短叶片和中长叶片通常在叶顶用围带连在一起，构成叶片组。长叶片则在叶身

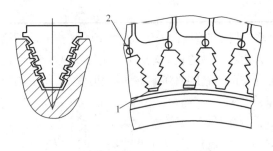

图 5-32 枞树形叶根
1—楔形垫片；2—装销子的圆槽

中部用拉金联结成组，或者围带、拉金都不装，成为自由叶片。

1. 围带

围带的主要作用是：①增加叶片刚性，改变叶片的自振频率，以避开共振，从而提高叶片的振动安全性；②减小汽流产生的弯应力；③可使叶片构成封闭通道，并可安装围带汽封，减小叶片顶部的漏汽损失。

常用的围带有以下几种形式：

（1）铆接围带。如图 5-33（a）所示，围带由扁钢制成，用铆接的方法固定在叶片的顶部。通常将 4~16 片叶片联结成一组，各组围带间留有 1~2mm 的膨胀间隙。

（2）整体围带。这种围带与叶片为一整体，叶片安装好后，相邻围带紧密贴合或焊接在一起，将汽道顶部封闭，如图 5-33（b）所示。图 5-33（c）为国产引进型 300MW 汽轮机压力级叶片的整体围带形式，围带为平行四边形并随叶顶倾斜，在围带上开有拉金孔，叶片组装后围带间相互靠紧，并用短拉金联结起来。该汽轮机调节级叶片在叶顶的整体围带上又铆接了一层围带，构成了双层围带结构。

（3）弹性拱形围带。如图 5-33（d）所示，它是将弹性钢片弯成拱形，用铆钉固定在叶片的顶部，形成整圈联结。这种围带可抑制叶片的 A 形振动和扭转振动。

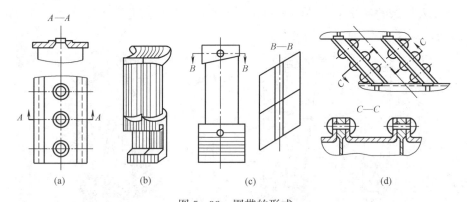

图 5-33 围带的形式
(a) 铆接围带；(b)、(c) 整体围带；(d) 弹性拱形围带

2. 拉金

拉金的作用是增加叶片的刚性，以改善其振动特性。拉金为 6~12mm 的实心或空心金属圆杆，穿在叶型部分的拉金孔中。拉金与叶片间可以采用焊接结构（焊接拉金），也可以采用松装结构（松装拉金或阻尼拉金）。通常每级叶片上穿 1~2 圈拉金，最多不超过 3 圈。常见的拉金结构如图 5-34 所示，其中图 5-34（e）为意大利 320MW 汽轮机末级叶片采用的 Z 形拉金，这种拉金与叶片一起铣出，然后分组焊接。Z 形拉金节距较小，可提高叶片的刚性和抗扭性能，也有利于避免拉金因离心力过大而损坏。

由于拉金处于汽流通道之中，增加了蒸汽流动损失，同时拉金孔还会削弱叶片的强度，因此在满足了叶片振动要求的情况下，应尽量避免采用拉金，有的长叶片就设计成自由叶片。

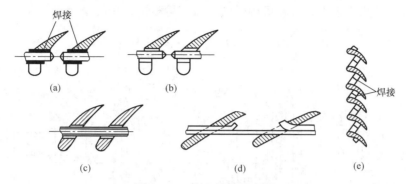

图 5-34 拉金结构示意图
(a) 实心焊接拉金；(b) 实心松装拉金；(c) 空心松装拉金；(d) 部分松装拉金；(e) Z形拉金

二、叶片的受力

汽轮机工作叶片上受到的作用力主要有两种：一是高速下叶片、围带、拉金产生的离心力；二是汽流的作用力。叶片工作时的受力主要有：

(1) 叶片、围带和拉金产生的离心力。离心力不仅在叶片的横截面上产生离心拉应力，而且当离心力的作用线不通过承力面的形心时，还会产生离心弯应力。离心拉应力和离心弯应力不随时间的变化而变化，属于静应力。

(2) 汽流的作用力。该力是随叶片的旋转而呈周期性变化的，可分解为一个不随时间变化的平均值分量和一个随时间变化的交变分量。平均值分量在叶片中产生静弯应力，交变分量则迫使叶片振动，并在叶片中引起交变的振动应力。

(3) 叶片中的温差引起的热应力。

第五节 转　子

一、转子的结构

汽轮机转子可分为轮式转子和鼓式转子两种基本类型。轮式转子装有安装动叶片的叶轮，鼓式转子则没有叶轮（或有叶轮但其径向尺寸很小），动叶片直接装在转鼓上。通常冲动式汽轮机采用轮式转子；反动式汽轮机为了减小转子上的轴向推力，采用鼓式转子。

(一) 轮式转子

按制造工艺不同，轮式转子可分为套装式、整锻式、组合式和焊接式四种形式。一台机组采用何种类型转子，由转子所处的温度条件及各国的锻冶技术来确定。

1. 套装转子

套装转子的结构如图 5-35 所示，套装转子的叶轮、轴封套、联轴节等部件是分别加工后，热套在阶梯形主轴上的。各部件与主轴之间采用过盈配合，以防止叶轮等因离心力及温差作用引起松动，并用键传递力矩。中、低压汽轮机的转子和高压汽轮机的低压转子常采用套装结构。

套装转子在高温条件下，叶轮内孔直径将因材料的蠕变而逐渐增大，最后导致装配过盈量消失，使叶轮与主轴之间产生松动，从而使叶轮中心偏离轴的中心，造成转子质量不平衡，产生剧烈振动，且快速启动适应性差。因此，套装转子不宜作为高温高压汽轮机的高压转子。此套装转子只用于中压汽轮机转子或高压汽轮机的低压转子。

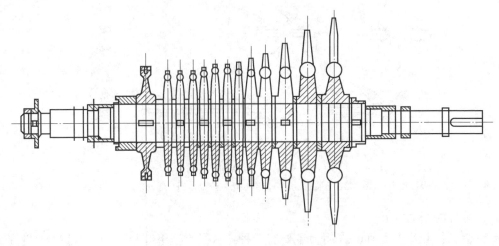

图 5-35 套装转子

2. 整锻转子

整锻转子的叶轮、轴封套和联轴节等部件与主轴是由一整锻件车削而成，无热套部件，这解决了高温下叶轮与主轴连接可能松动的问题，因此整锻转子常用作大型汽轮机的高、中压转子，如图 5-36 所示。

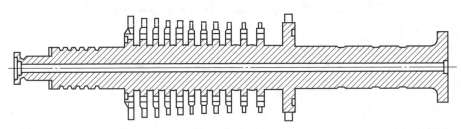

图 5-36 整锻转子

整锻转子的优点是：①结构紧凑，装配零件少，可缩短汽轮机轴向尺寸；②没有套装的零件，对启动和变工况的适应性较强，适于在高温条件下运行；③转子刚性较好。其缺点是：①锻件大，工艺要求高，加工周期长，大锻件质量难以保证；②检验比较复杂，不利于材料的合理使用。

现代大型汽轮机，由于末级叶片长度的增加，套装叶轮的强度已不能满足要求，所以某些机组的低压转子也开始采用整锻结构。美国西屋公司系列机组（包括国产引进型 300MW 和 600MW 机组、日本三菱公司生产的 350MW 机组），BBC 公司系列机组，法国阿尔斯通和大西洋公司生产的 300、330、360MW 机组，美国 GE 公司 350MW 机组（包括日本日立生产的 250MW 机组和安莎多公司生产的 320MW 机组）和英国 GEC 公司生产的 350MW 机组的高、中、低压转子全都采用整锻转子。

整锻转子通常钻有一直径为 $\phi 100$ 左右的中心孔，目的是去掉锻件中心的杂质及疏松部分，以防止缺陷扩展，同时也便于借助潜望镜等仪器检查转子内部缺陷。随着金属冶炼和锻造水平的提高，国外已有些大的整锻转子不再打中心孔。现代大功率汽轮机趋向采用无中心孔的整锻转子。如哈尔滨汽轮机厂600MW超临界压力汽轮机的中压转子就是无中心孔的合金钢整锻转子。

无中心孔转子归纳起来有以下优点：
(1) 工作应力低；
(2) 安全性能好；
(3) 有利于使用更长的叶片；
(4) 可以延长机组的使用寿命；
(5) 有利于改善机组的启动性能，缩短启动时间；
(6) 造价便宜。

3. 组合转子

组合转子由整锻结构和套装结构组合而成，如图5-37所示。它兼有前面两种转子的优点，国产高参数大容量汽轮机的中压转子多采用这种结构。

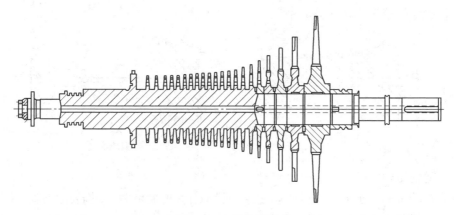

图5-37 组合转子

4. 焊接转子

汽轮机的低压转子直径大，特别是大功率汽轮机的低压转子质量大，叶轮承受很大的离心力。当采用套装结构时，叶轮内孔在运行中将发生较大的弹性形变，因而需要设计较大的装配过盈量，但这样又将引起很大的装配应力。若采用整锻转子，因其锻件尺寸太大，质量难以保证，为此采用分段锻造、焊接组合的焊接转子。它主要由若干个叶轮与端轴拼合焊接而成，如图5-38所示。

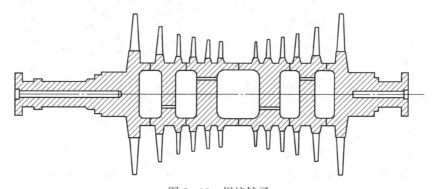

图5-38 焊接转子

焊接转子重量轻，锻件小，结构紧凑，承载能力高。与尺寸相同、带有中心孔的整锻转子相比，焊接转子强度高，刚性好，重量减轻 20%～25%。由于焊接转子工作可靠性取决于焊接质量，故要求焊接工艺高，材料焊接性能好。因此这种转子的应用受到焊接工艺及检验方法和材料种类的限制，随着焊接技术的不断发展，它的应用将日益广泛。我国生产的 125MW 和 300MW 汽轮机，以及引进的法国 300MW 汽轮机的低压转子均采用焊接结构。此外，反动式汽轮机因为没有叶轮也常用此类转子。如瑞士制造的 1300MW 双轴反动式汽轮机的高、中、低压转子均为焊接转子。

（二）鼓式转子

国产引进型 300MW 和 600MW 汽轮机为反动式汽轮机，采用的是鼓式转子。图 5-39 所示为高、中压转子，由 30Cr1Mo1V 合金钢整锻而成，各反动级动叶片直接装在转子上开出的叶片槽中。其高中压压力级反向布置，同时转子上还设有高、中、低压三个平衡活塞，以平衡轴向推力。低压转子由 30Cr2NiMoV 合金钢整锻而成，中部为转鼓形结构，末级和次末级为整锻叶轮结构，转子开有 ϕ90.5 的中心孔。

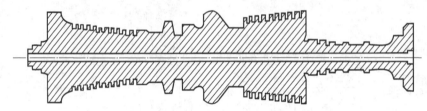

图 5-39 鼓式转子（国产引进型 300MW 的高中压转子）

二、叶轮的结构

冲动式汽轮机的转子上都有叶轮，用来装置动叶片并将叶片上的转矩传递到主轴上。

叶轮由轮缘和轮面组成，套装式叶轮还有轮毂。轮缘是安装叶片的部位，其结构取决叶根形式；轮毂是为了减小内孔应力的加厚部分；轮面将轮缘与轮毂连成一体，高、中压级叶轮上通常开有 5～7 个平衡孔，以疏通隔板漏汽和平衡轴向推力。

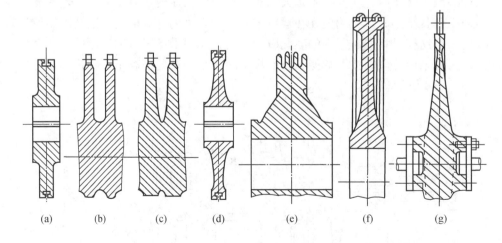

图 5-40 叶轮的结构形式
(a)、(b)、(c) 等厚度叶轮；(d)、(e) 锥形叶轮；(f) 双曲线叶轮；(g) 等强度叶轮

根据轮面的型线，叶轮可分为等厚度叶轮、锥形叶轮、双曲线叶轮和等强度叶轮等，如图 5-40 所示。

图 5-40 (a) 和 (b) 为等厚度叶轮，这种叶轮加工方便，轴向尺寸小，但强度较低，多用于叶轮直径较小的高压部分。其中图 5-40 (b) 为整锻转子的高压级叶轮，没有轮毂。对于直径较大的叶轮，常采用将内径处适当加厚的方法来提高承载能力，见图 5-40 (a)。图 5-40 (d) 和 (e) 为锥形叶轮，它加工方便，而且强度高，因此得到广泛应用。套装式叶轮几乎全是采用这种结构形式。双曲线叶轮如图 5-40 (f) 所示，与锥形叶轮相比，它的重量较轻，但强度并不一定比锥形叶轮高，而且加工复杂，故仅用在某些汽轮机的调节级中。等强度叶轮见图 5-40 (g)，它强度最高，但对加工要求高，多用于轮式焊接转子。

第六节 凝 汽 设 备

凝汽设备是凝汽式汽轮机必不可少的辅助设备，在电厂热力循环中起着循环冷源的作用，可降低汽轮机的排汽压力，增大汽轮机的理想焓降，提高电厂的循环效率。其任务一是建立和保持汽轮机排汽口的高度真空，以使蒸汽在汽轮机中有较大的理想焓降；二是回收乏汽的凝结水，作为锅炉给水循环使用。

凝汽设备主要包括凝汽器、抽气器、凝结水泵等，系统简图如图 5-41 所示。汽轮机的排汽（即乏汽）引入凝汽器 3 后，被循环水泵 4 输入的冷却水冷却。乏汽变成凝结水并汇集于凝汽器底部的热井内，然后被凝结水泵 5 抽出送往回热加热设备。

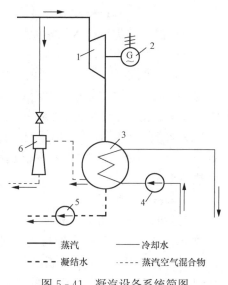

图 5-41 凝汽设备系统简图
1—汽轮机；2—发电机；3—凝汽器；4—循环水泵；5—凝结水泵；6—抽气器

由于凝汽器内的蒸汽凝结空间为汽水两相共存，故凝汽器压力为乏汽凝结温度所对应的饱和压力。在通常的循环冷却水温下，蒸汽的凝结温度若为 30℃，所对应的饱和压力则为 4.2kPa，远远低于大气压力，因此在凝汽器内形成了高度真空。由抽气器不断抽出从不严密处漏入凝汽器的空气和乏汽中的不凝结气体，以保持这一真空。

一、凝汽器

凝汽器结构如图 5-42 所示。凝汽器的外壳通常呈圆柱形、椭圆柱形或方柱形，大机组中一般采用方柱形外壳。由铜管或软管形成的冷却管束 2 装在两端的管板 3 上，并与两端水室相通。冷却水由进水管 4 经进水室进入下部的冷却管内，然后经回流水室 5 转向进入上部冷却管内，最后流入排水室，经出水管 6 流出。这种使冷却水转向往返一次的凝汽器称为双流程凝汽器；冷却水不经往返而从另一端直接流出的凝汽器称为单流程凝汽器。单流程和双流程凝汽器在大型机组中都有应用。

凝汽器汽侧分为主凝结区 10 和空气冷却区 8，其间用挡板 9 隔开。乏汽由进汽口 1 进入

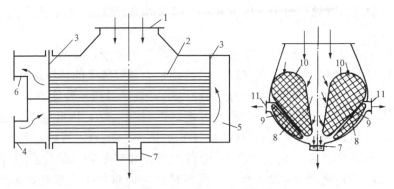

图 5-42 表面式凝汽器结构简图

1—乏汽入口；2—冷却管束；3—管板；4—冷却水进水管；5—冷却水回流水室；6—冷却水出水管；7—凝结水集水箱（热井）；8—空气冷却区；9—空气冷却区挡板；10—主凝结区；11—空气抽出口

主凝结区管外汽侧空间，在管束表面凝结，其凝结水汇集于热井 7 后，由凝结水泵抽走。未凝结的蒸汽及漏入的空气转向进入空气冷却区继续被冷却。空气冷却区约占总冷却管束的 8%～10%，其作用是通过使进入该区的蒸汽进一步凝结，来减轻抽气器的负荷。经过空气冷却区后，空气及少量的未凝结蒸汽一起被抽气器抽出。在抽气器的作用下，凝汽器内的蒸汽及空气向着抽气口方向流动。

因上述凝汽器汽侧为一相通的汽室，故称为单背压凝汽器。若将汽室在轴向中间处隔开成为两个互不相通的汽室，使汽轮机各排汽口的排汽分别引入对应的汽室凝结，冷却水则一次串行通过（即单流程）各汽室的管束。这样，由于冷却水进口侧水温低于出口侧，故进水侧汽室压力低于出水侧汽室压力，从而形成双背压凝汽器。因双背压凝汽器的折合压力一般低于单背压凝汽器压力，故可增大蒸汽在汽轮机中的理想焓降，提高机组的热效率。

二、多压式凝汽器

现代机组的单机功率不断增大，汽轮发电机组效率的微小改善便可获得可观的经济效益。单机功率的增大意味着进汽流量的提高，相应流经末级至凝汽器的蒸汽流量也明显增大，迫使机组采用 2 个或 3 个甚至 4 个低压部分。凝汽器的最大功能就是要使机组达到尽可能高的效率，而采用多压式凝汽器是提高凝汽器功能最有效的方法之一。

汽轮机组由于采用多背压运行，给电厂带来了较好的经济效益，以 600～1000MW 机组为例，可提高电厂经济性 0.2%～0.3%。

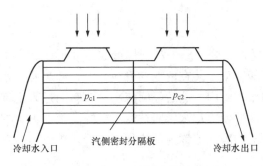

图 5-43 双压式凝汽器示意图

有两个以上排汽口的大容量机组的凝汽器可以制成多压式凝汽器。所谓多压凝汽器是指把凝汽器分隔成几个独立的互不相通的汽空间，每个汽空间与汽轮机的排汽口相连，冷却水依次串行流过各汽室，由于各汽室进口水温不同，所以每个汽空间的压力也不同，这样就构成了多压凝汽器。

图 5-43 是双压式凝汽器的示意图，冷却水由左侧进入，右侧排出，凝汽器汽侧用密

封的分隔板隔成两部分。冷却水的进口侧温度较低，汽侧压力 p_{c1} 也较低；冷却水出口侧温度较高，汽侧压力 p_{c2} 比也较高，这样汽轮机两个排汽口对应的凝汽器的压力就不同，从而构成了双压式凝汽器。以此类推，可以制成三压、四压凝汽器，在美国最多有六压凝汽器。

一定条件下，多压式凝汽器的平均压力比单压式凝汽器的低。这一平均压力是平均蒸汽凝结温度 $\bar{t}=\frac{1}{2}(t_{s1}+t_{s2})$ 所对应的饱和压力，t_{s1} 与 t_{s2} 是低压侧与高压侧的蒸汽凝结温度。从传热观点看，多压式凝汽器之所以能取得比单压式凝汽器为低的平均压力，一个原因是凝汽器的汽侧压力腔室分成多个之后，使沿冷却水管长度方向的热量更趋于均匀，单位冷却面积的热负荷更均匀，换热面能被充分利用；另一个原因是单压运行时冷却水的温升曲线呈抛物线状，若汽侧腔室分隔成无穷多个时，冷却水的温升曲线就接近于直线，各压力区的凝结过程是在较小的温差下进行的，沿冷却水管长度方向吸热均匀，对于同样的冷却面积，可以达到更大的传热量；而当传热量一定时，多压式凝汽器中的蒸汽就能在比单压式凝汽器更低的平均压力下凝结。

研究表明，多压式凝汽器更适用于像南方汽温高的地区、缺水地区用冷水塔冷却的机组，这代表了多压式凝汽器的主要运行领域。而对于采用天然水冷却的机组，像靠近北方冷却水温度较低的地区，凝汽器采用多压运行只是个别月份有收益，全年的经济性不一定好。

东芝 600MW 机组就配有一套双背压、双壳体、双进、双出、单流程凝汽器。凝汽器由日本东芝浜事业所制造，横向布置，用不锈钢波纹管与低压缸排汽口焊接相连。每台凝汽器分别通过四周和中央的五个刚性支座直接坐落汽轮机房零米层的基础上。凝汽器热井底部另加装 64 个固定支撑点，用于水压试验。

三、抽气器

抽气器的作用是将漏入凝汽器中的空气不断抽出，以保持凝汽器的真空和传热良好。抽气器可分为射流式抽气器和水环式真空泵两类。射流式抽气器按其工作介质又分为射汽抽气器和射水抽气器。射汽式和射水式抽气器分别在小型机组和 200MW 机组中应用广泛，而水环式真空泵则在 300MW 以上的机组中应用较为广泛。

射流式抽气器如图 5-44 所示，它由工作喷嘴 A、混合室 B 及扩压管 C 等构成。运行时，工作蒸汽或工作水经过喷嘴 A 后，形成高速汽（或水）流射入混合室 B。在混合室内造成低于凝汽器压力的高度真空，因此能够将凝汽器内的空气抽出到混合室。由凝汽器来的空气及蒸汽混合物被高速射流携带一起进入扩压管 C，在其内流速逐渐降低、压

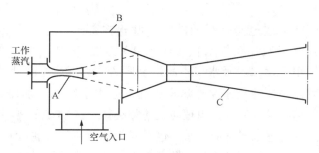

图 5-44 射流式抽气器工作原理图
A—工作喷嘴；B—混合室；C—扩压管

力不断提高，最后在略高于大气压力下向外排出。为了回收排出蒸汽的热量及凝结水，需使射汽抽气器出口的介质进入表面式换热器（冷却器）内被冷却，最后将空气排入大气。射水

抽气器不设冷却器，但需配置专门的射水泵，以提供一定压力的工作水。

与射流式抽气器相比，水环式真空泵的功耗低、运行维护方便，故在300MW以上的机组中得到广泛应用。水环式真空泵的结构原理如图5-45所示，其形状类似离心泵，叶轮偏心地安装在圆筒形泵壳内。叶轮旋转时，离心力作用使工作水形成旋转水环，水环近似与泵壳同心。水环、叶片与叶轮两端的侧板构成若干个小的密闭空腔。侧板上有吸入气体和压出气体的槽，故侧板又称分配器。在前半转，即由图中a处转到b处时，在水活塞的作用下空腔增大、压力降低，此时通过分配器吸入气体，在后半转，即从c处转到d处时，空腔减小、压力升高，通过分配器将气体排出。随气体排出的有一小部分水，经过分离后，这些水又送回泵内。为了保持恒定的水环，运行中需向泵内补充少量的水。

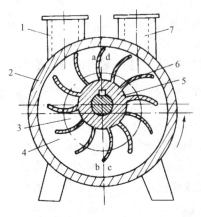

图5-45 水环式真空泵的结构原理图
1—吸气管；2—泵壳；3—空腔；4—水环；
5—叶轮；6—叶片；7—排气管

四、给水泵、凝结水泵及循环水泵

电厂的水泵很多，主要有给水泵、凝结水泵和循环水泵等。这些泵按其工作原理可分为离心式和轴流式两大类。离心式水泵的结构原理如图5-46所示，这是一个单级离心水泵，主要由叶轮和泵壳构成。叶轮上装有若干叶片，当叶轮内充满水并旋转时，叶片迫使水做回转运动。在离心力的作用下，水被甩向叶轮的外缘，即蜗壳内。在这一过程中，水被加速，即原动机带动叶轮旋转所消耗的机械功转变为水流的动能。甩向叶轮外缘的水在通流截面不断扩大的扩压通道内（即蜗壳内）流动时，速度降低，大部分动能转换成压力能，最后达到一定压力的水被引出泵体。对于电厂中实际采用的多级离心式水泵，可看作是多个单级离心泵的轴向串联。这样，从第一级的扩压段通道出来的水接着进入下一级叶轮，水依次流经各级叶轮逐级加压，最后水以规定压力流出泵体。在水被甩向外缘的同时，叶轮中部形成真空区域，在与水箱（或水井）压力差的作用下，水由吸水口不断地被吸入水泵，

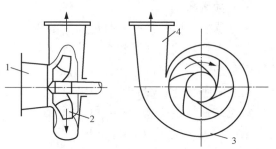

图5-46 离心式水泵结构原理
1—吸入口；2—叶轮；3—泵外壳；4—排出口

然后以高压输出水泵，这样就建立起水泵吸水、加压、输出的稳定工况。

轴流式泵的工作原理与上述相类似，区别在于离心泵是轴向进水、径向出水，而轴流泵则是轴向进水、轴向出水。这是缘于轴流泵的叶轮叶片与轮轴轴心有一定的螺旋角。叶片在旋转时，同时对流体产生轴向推力，促使流体沿轴向流动。

给水泵安装在除氧器给水箱的下方，为多级离心式水泵。其作用是将给水箱内的水加压引出，使其经各级高压加热器、锅炉省煤器后送到汽包。因此给水泵出口水压应为汽包压力、汽包所处位置相当的水柱高度静压与途经各换热设备及管路的流动阻力之和。

给水泵按其原动机的形式又分为汽动给水泵和电动给水泵。汽动给水泵是由一小汽轮机

拖动,小汽轮机的进汽为大汽轮机的中间抽汽。电动给水泵则由电动机带动。与电动泵相比较,汽动给水泵由于采用中间抽汽,故可相对节省厂用电,热经济性较高,并且调节特性较好。电动给水泵启动迅速、系统简单、设备投资少。我国300MW以上的大型机组一般采用两台汽动给水泵运行,一台电动给水泵备用。

凝结水泵的作用是将凝汽器热井的主凝结水引出、升压,经各级低压加热器后送往除氧器,故凝结水泵的出口水压应为除氧器压力、除氧器位置相当的水柱高度静压与途经各换热器、管路等的阻力之和。凝结水泵有卧式多级离心泵和立式多级离心泵两种,前者广泛应用于中小型机组,大型机组多采用立式多级离心凝结水泵。

布置于循环冷却水管路中的循环水泵,其任务是不断地把大量的冷却水加压输送到凝汽器中,去冷却汽轮机的乏汽。吸收了乏汽汽化潜热的冷却水被送往提供此冷却水的水源(如河流、水库或冷却塔水池等)。循环水泵一般采用多级轴流泵,但在300MW以上的大型机组中,有采用运行热效率较高、工作特性介于离心泵和轴流泵之间的斜流泵的趋向。

给水泵和凝结水泵因其入口前的水接近于饱和状态,为了防止水泵汽蚀,均应安装在远低于储水箱布置高度的位置上,以保证水泵进口处有一定的水柱静压。所谓汽蚀是指泵内压力最低处的水,其压力低于水温所对应的饱和压力时,水就会汽化,两相的水会在泵内产生强烈的水冲击,造成对泵叶的冲蚀现象。为防止汽蚀,除了在布置高度上注意外,还采用泵出口水的再循环及加前置泵等措施,以确保水泵的安全运行。

五、凝汽设备的运行

凝汽设备运行情况的好坏,主要表现在能否保持或接近最有利真空、使凝结水过冷度最小和保证凝结水品质合格。为了对凝汽器的启动和停用程序有一个初步了解,这里重点介绍凝汽器的启动和停用。凝汽器的启动包括启动前的检查和投运操作两部分。

(一) 启动前的检查与试验

凝汽器投运前的检查与试验是保证凝汽器顺利投入运行的重要步骤。凝汽器投运前的检查与试验项目规定如下:

(1) 凝汽器水压试验。可发现凝汽器冷却水管及与凝汽器相连的部分管道和附件是否泄漏。

(2) 电动阀的开关试验。循环水系统的电动阀试验与调整,与凝汽器相关的补水系统的电动阀、气动阀的试验及调整等,确保这些阀门动作灵活可靠,这对凝汽器运行有着重要的指导意义。

(3) 按照运行规程要求对凝汽器的汽、水系统的阀门进行检查,各阀门的开关状态应符合要求。一般汽侧放水门关,水侧入口门开,水侧出口门适当开启。

(4) 检查热工仪表在正确投入状态,如水位表,压力表、温度表等。

(5) 检查检修工作已结束,人孔门封闭,设备已回复,水压试验用的临时支撑物已去掉。

(二) 凝汽器的投运操作

凝汽器的投运分两个步骤,即水侧投运和汽侧投运。水侧投运在机组启动前完成,汽侧投运和机组启动同步进行。

1. 水侧投运

对单元制机组,水侧投运与循环水系统投运同步进行。在做好准备工作后,启动循环水泵，循环水系统及凝汽器水侧投运。对轴流式循环泵，凝汽器出口的闸门必须开启。在凝汽器循环水排水管的高位处，将排空气阀打开，以便将空气从循环水管道中排除，当放空气阀排出水时，即可将该阀关闭。在循环水系统中若装有抽气器，应投入抽气器将循环水系统中的空气抽出。

凝汽器通水后应检查人孔门等部位是否漏水。凝汽器水侧空气排尽后，调整凝汽器的出口水阀开度，保持正常的循环水流。

2. 汽侧投运

凝汽器的汽侧投运分清洗、抽真空、接带热负荷三个步骤。

(1) 清洗。凝汽器的汽侧清洗是保证凝结水水质合格的重要手段之一。清洗前应联系化学人员储备足够的补充水，并检查凝汽器的汽侧放水阀是否已关闭。清洗时，启动补水泵，开启凝结水补水阀，将水位补至一定程度后，开汽侧放水阀，继续进水冲洗凝汽器汽侧的冷却水管及室壁，直至水质合格。

(2) 抽真空。机组冷态启动时，应在锅炉点火前抽真空，已保证疏水的畅通和工质的回收，但也不宜过早。抽真空时，应检查真空破坏阀、汽侧放水阀等排大气阀是否已关闭，然后启动抽气设备开始抽真空，根据真空上升情况，判断真空系统是否正常。

(3) 接带热负荷。锅炉点火后，随着疏水和汽轮机旁路系统蒸汽的排入，凝汽器开始接带热负荷，到机组冲转并网后，凝汽器接带的热负荷才逐步增加。这一阶段，应注意循环水系统、抽真空系统和汽封系统的是否正常运行，监视凝汽器真空是否稳定，以保证机组整个启动过程的顺利进行。

(三) 凝汽器的停用

凝汽器的停用是在机组停机后进行，操作顺序是先停汽侧，后停水侧。凝汽器停用时要注意真空到零后开启真空破坏阀；排汽缸温度低于50℃后，方允许停循环水泵；为防止凝汽器局部受热或超压造成损坏，停运后应做好防止进汽及进疏水的措施，较长时间停用，还应做好防腐工作。另外，凝结水系统在运行时，应认真监视凝汽器水位，防止满水后冷水进入汽缸造成事故。

思考题

5-1 汽轮机的转动部分和静止部分分别由哪些部件组成？

5-2 汽缸的主要作用是什么？大功率、高参数汽轮机可否仍然采用单层结构缸？为什么？

5-3 大功率、高参数汽轮机采用双层缸有什么好处？

5-4 高参数汽轮机采用法兰螺栓加热装置有什么好处？

5-5 高压缸有哪几种支承方式？各有什么优缺点？

5-6 隔板有哪几种结构形式？各用于什么场合？

5-7 汽轮机设置隔板套有什么优缺点？

5-8 隔板在汽轮机中有哪几种支承和定位方式？

5-9 汽封的作用是什么？有哪几种类型？各有什么特点？

5-10 动叶片由哪几部分组成？常用的叶根形式有哪几种？各有什么特点？

5-11 转子的结构形式有哪几种，各有何特点？适用于什么场合？
5-12 叶轮有哪几种结构形式？各有什么特点？
5-13 凝汽设备的任务是什么？由哪些部件组成？
5-14 简述凝汽器的基本结构形式。
5-15 抽汽器的作用是什么，电厂中使用的抽汽器有哪些类型？
5-16 给水泵、凝结水泵、循环水泵的作用是什么？

第六章 汽轮机运行

汽轮机运行中所涉及的问题是非常广泛的，就运行工况来说，有启动工况、停机工况、带负荷运行工况及空负荷运行工况。即使在带负荷运行工况下，也还有设计工况和变工况之分。此外汽轮机的经济调度、汽轮机设备的事故处理及试验等也属于运行方面的内容。运行人员的首要任务是保证汽轮机的安全运行。在保证机组安全运行的前提下，不断提高设备运行的经济性也是运行人员的重要任务。

不同的汽轮机有不同的特点，即使是同一种类型的汽轮机也有不同的性能。因此必须根据具体情况（汽轮机的结构、形式、参数、功率和热力系统等）制订每一台汽轮机的运行规程，但就总体来看，汽轮机运行都是有其内在规律的。

第一节 汽轮机启停时的热状态

汽轮机的启动和停机过程，就是汽轮机部件的热力、应力和机械状态的逐渐变化过程。在这一阶段，启动不当最易发生事故。因此，必须明确设备的各个环节和部件所产生的物理过程。蒸汽进入汽轮机，首先对汽轮机的汽缸、转子等金属部件进行加热，这是一个非稳态传热过程。随着启动的进行，蒸汽温度逐渐升高，由于金属部件的传热有一定速度，所以蒸汽温升速度大于金属部件的温升速度，使金属部件产生内外温差，如汽缸壁内外温差、转子表面与中心孔温差等。这种温差的存在，使金属部件产生很复杂的现象，如热应力、热膨胀和热变形等，再加上部件原有的机械应力，这时某些部件所受应力将达到很大的数值。上述这种温差在启动过程中不断变化，从而使汽轮机的金属材料产生热应力、热膨胀和热变形，这些将给汽轮机的启停造成种种困难。当热应力、热膨胀、热变形超出允许范围时，这些部件将产生永久变形甚至更严重的损坏。

一、热应力的影响

金属与蒸汽的温度差使各金属部件受热不同，膨胀不均匀引起热变形，受约束的热变形就产生热应力。大型汽轮机工作环境恶劣（工质为高温高压的蒸汽），加上体积和尺寸较大，汽轮机本身承受着较大机械应力，因此更应该避免再发生较大的热应力。另外，还必须考虑在高温高压下部件材料的持久强度和蠕变强度的变化，使材料强度下降。汽轮机在启动加热时，汽缸内壁面受热膨胀，此时受到较低温度的外壁面的制约，内壁面为压应力，而外壁面被内壁面的膨胀所拉伸产生拉应力。在停机过程中，汽缸内壁面先冷却，内、外壁面所受应力方向与启动过程相反，因此汽轮机每启停一次，部件就受到压缩与拉伸的一次循环的交变应力。当汽轮机启停频繁时，就形成低周率的交变应力，在高温条件下，引起材料塑性变形。时间一长，表面就会产生裂纹，使汽缸或转子表面出现热疲劳损伤，以致发生转子断裂事故。因此启停过程中一定要监视好汽缸的内外温差，使之不超过允许值。

很显然，汽缸热应力的大小与启停时汽缸内表面受热或冷却的速度有关，汽缸受热或冷却的速度越快，汽缸内外的温差就越大，热应力就越大，反之越小。而汽缸受热或冷却的速度主要与汽轮机的启停速度有关，因此机组启停时只要控制好启停速度，就能有效地控制热应力。

蒸汽进入汽缸时，因汽缸结构不同，所以不同的蒸汽室表面传热系数就不同，使汽室及汽缸壁面所受温度情况较复杂，引起热应力较大，其中以高压缸的调节级和中压缸进汽处为最高。高压汽轮机由于其法兰厚度大于汽缸壁厚，刚性很大，法兰热阻也大，因此在法兰上常常出现最大温差，是热应力影响较大的区域。为了防止启动时热应力过大，在法兰上常常装有加热装置以预热法兰。必须指出，随着机组结构的完善，有些机组取消了法兰加热装置。

有些大型汽轮机高、中压转子采用整锻转子，直径较大，有较大的传热阻力，且高、中压转子受热温度较高，除主蒸汽加热外，还有端部汽封和隔板汽封漏入的蒸汽加热，所以转子各段加热条件不同，其在整个轴向温度场相差较大，但各段温差所引起轴向的温度应力相对转子径向温差却不大。转子径向温差较大，它发生在高温区，如端部汽封、进汽区和调节级区。所以大型汽轮机温差主要监视调节级汽室和中压缸第一级处。但转子温度测量较困难，实用上往往通过内缸内壁的温度进行间接监视。控制的温度差往往采用转子表面温度与该截面平均温度之差，即径向有效温差。

二、热变形的影响

汽轮机在启停过程中，金属部件受热不均匀引起热变形，造成通流部分径向间隙和轴向间隙的变化，使汽封片卡涩和摩擦，增大漏汽量，同时汽封片端部与主轴摩擦发热使主轴弯曲、主轴振动、叶片断裂。

转子本身因温度弯曲或自重弯曲，在转动时使径向间隙发生变化，在转子的凸出部分发生动静摩擦。另外，隔板和转子因加热速度不同也会引起径向间隙变化。转子弯曲最大部位通常在调节级前后，多缸机组则发生在高压转子的中部。转子的挠度可通过测量轴颈的挠度，然后根据轴长、支承点之间长度的比例关系折算求得最大挠度。所以一般转子的挠度可监视轴颈的挠度来决定，规定轴颈挠度不超过 0.05mm。

汽轮机的汽缸因为法兰较厚，内外壁温差较大，除产生热应力外，还因热变形而翘曲，使汽缸在横截面方向拱起，汽缸内截面呈椭圆形，也造成汽轮机动静之间的径向间隙变化，甚至发生卡磨现象。

当汽轮机在不稳定工况下运行时，由于上下汽缸的金属重量不同，下缸重量大，传热热阻大，下缸布置有抽汽管道等，而且上下缸保温与散热条件不同，因此往往造成下缸的温度较上缸低，上缸膨胀大于下缸，引起汽缸在轴向向上拱起，这种温差发生在调节级和中压缸第一级附近，引起轴端汽封和隔板汽封的卡涩。国产 N300 型汽轮机规定上下缸温差为 35℃，所以在启动过程中要控制温升，处理好疏水，以防止过大的热变形，并做好汽缸保温工作。

三、热膨胀的影响

汽轮机在启动过程中，汽缸和转子产生明显的热膨胀。汽轮机整个滑销系统的合理布置和应用就是为了能引导汽缸在各方向的自由热膨胀。汽缸和转子分别以各自的死点为基准进行有规则的膨胀。由于汽缸和转子的质量与蒸汽接触的表面积之比（即质面比）的不同，汽缸的质面比大于转子的质面比，且蒸汽对转子的表面传热系数大于对汽缸的表面传热系数，因此在加热初期转子受热速度较快，使汽缸与转子产生明显的温差，从而两者产生相对膨胀，使其在轴向的动静间隙发生变化。转子轴向膨胀大于汽缸轴向膨胀之差，叫做正胀差，反之称为负胀差。由于大机组汽缸的支承方式合理，径向胀差可以被抵消。影响此类胀差的因素很多：如主蒸汽的高参数，轴端汽封内蒸汽温度的不合理，汽缸热膨胀受阻，以及暖机时真空大小等。

根据以上汽轮机在启停中发生的种种热现象，必须对汽轮机的重要相关指标进行监控。为简化监控参数，必须找出有关指标之间的关系。监控汽轮机的主要指标有：

(1) 汽轮机的温度状态，包括导汽管和蒸汽室的金属温度，汽缸金属温度，并要求导汽管与汽缸的温度相匹配，且要与相应饱和蒸汽温度相适应，以防止进汽过冷或汽缸进水。

(2) 采用转子和汽缸的相对膨胀来控制汽轮机通流部分与汽封之间的轴向间隙变化；采用汽缸绝对膨胀控制滑销系统的正常工作，防止破坏设备的同轴性引起振动。

(3) 用汽缸上、下缸温差，控制汽缸热弯曲，防止造成汽封径向间隙改变。

(4) 控制汽缸壁温差和法兰宽度方向温差，防止热应力过大。

(5) 为了监督启动的工况，应测量蒸汽温度，包括进入阀门蒸汽室和调节级汽室的蒸汽温度，进入汽封和加热法兰的蒸汽温度等。

总之，汽轮机的启动、停机和变工况运行是汽轮机金属部件受热状态变化的过程，也就是一个复杂的应力状态过程，必须根据制造厂对设备运行的要求和工厂运行规程进行控制运行。

第二节 汽轮机的寿命

大容量火电机组汽轮机转子的热应力控制和运行寿命管理是机组安全运行的基础。汽轮机的服役年限一般为 30 年。汽轮机在整个服役年限内，要经历长期的高温连续运行和多次的启停及负荷变化，因此，其零部件的材料性能会发生很大变化，以致出现裂纹，最终导致断裂。为了确保汽轮机的安全经济运行，必须了解影响汽轮机寿命的因素，进行科学的管理。

一、汽轮机寿命的概念

汽轮机转子因为处于高速旋转和高温运行的状态下，与汽缸等其他零部件相比，其工作条件更为恶劣，因此，汽轮机寿命指的就是转子寿命。

汽轮机寿命一般分为无裂纹寿命和剩余寿命两种。所谓无裂纹寿命是指从汽轮机初次投运到转子出现第一道工程裂纹（约 0.5mm 长，0.15mm 深）所经历的运行时间。转子出现第一道工程裂纹并不意味着其寿命的终结，还有一定的剩余寿命。剩余寿命又称致裂寿命，而且这一部分寿命在总寿命中占有相当大的比例，只有当裂纹发展成临界裂纹时，才会出现裂纹失稳扩展，造成转子断裂。所以，剩余寿命是指从产生第一条工程裂纹开始直到裂纹扩展到临界裂纹为止所经历的安全工作时间。无裂纹寿命和剩余寿命之和就是转子的总寿命。

二、汽轮机的寿命损耗

影响汽轮机寿命的因素有很多，如高温蠕变、热脆性、热疲劳以及高温介质的氧化和腐蚀等，其中，主要的影响因素是长期高温运行产生的蠕变寿命损耗以及启停、负荷变化时的热疲劳寿命损耗。此外，机组事故情况下甩全负荷被迫带厂用电时，由于转子表面受到急剧冷却，在转子表面将会产生很大的热应力，也会引起较大的寿命损耗。

1. 高温蠕变寿命损耗

金属在高温和应力的作用下,即使应力不超过金属在该温度下的许用应力,随着时间的增加,仍会发生缓慢而连续的塑性变形,这种现象称为高温蠕变。汽轮机的高温蠕变寿命损耗主要发生在带负荷连续运行的稳定工况下。在带负荷稳定运行工况下,由于汽轮机的工作温度很高,加之进入汽轮机的蒸汽具有很高的压力,在汽缸、转子等零部件上会形成很大的机械压应力,因而发生蠕变,损耗寿命。

金属在蠕变过程中,塑性变形不断增加,最终将导致在工作应力下的断裂。图 6-1 为某汽轮机转子材料 CrMoV 钢的蠕变断裂时间曲线,曲线中的参变量为转子工作温度。从图 6-1 中可以看出,在同一温度水平下,转子承受的应力越大,蠕变速度越快,蠕变断裂时间越短;同一应力水平下,转子工作温度越高,蠕变断裂时间越短。通常规定,汽轮机运行 10 万 h 后,其总的变形量不得超过 0.1%。

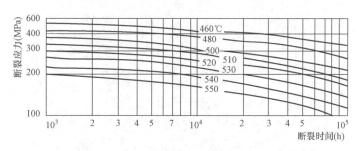

图 6-1 某转子 CrMoV 钢蠕变极限曲线

2. 热疲劳寿命损耗

热疲劳是指金属材料在加热、冷却的循环作用下,由于交变热应力的反复作用,最终产生裂纹或破坏的现象。汽轮机在启停和工况变化过程中,转子所承受的是交变热应力,在这种交变热应力的作用下,经过一定周次的循环,就会在金属表面出现疲劳裂纹并逐渐扩展以致断裂。这种交变热应力的特点是,应力水平高、交变循环周期长、频率低、疲劳裂纹萌发的循环次数少,故称为低周疲劳。

启、停和工况变化时产生的热应力与对应工况下的金属温度变化率和变化量有关,通过控制启、停和负荷变化时的温度变化速率,可以将热应力限制在允许范围内。图 6-2 为某 600MW 汽轮机高压转子疲劳寿命损耗曲线,根据启、停和负荷变化时不同的金属温度变化率与温度变化量,可以确定每次启停的转子寿命损耗百分比,也可由选定的寿命损耗百分比在曲线上查得应选用的温度变化率。

图 6-2 中右上角有一个中心应力极限区,启、停时,转子疲劳寿命损耗率曲线不允许进入该区域内,以防发生转子脆性断裂事故。转子材料的脆性断裂与其工作温度及所承受的应力大小有关。随着金属材料工作温度的下降,其冲击韧性将有所降低,材料的许用应力随之降低。当温度低至某一值时,由于许用应力的下降,在一定的应力作用下,金属材料将发生脆性破坏。金属材料冲击韧性显著下降时所对应的温度称为脆性转变温度(FATT),一般高中压转子为 120~140℃,低压转子为 0℃。

大容量汽轮机冷态启动时,都明确规定不允许刚定速就进行实际超速试验。原因是转子刚定速后,不仅其表面与中心存在较大的温差,受到较大热应力的作用,而且刚定速后,转子中心处的温度可能低于材料的脆性转变温度,许用应力大大下降。此时若进行超速试验,各项叠加的应力会造成转子材料的破坏。为此，一般规定，大容量机组在定速后，应先带部分负荷运行数小时，再将负荷减到零，解列发电机，然后进行超速试验。

需要指出的是，在图 6-2 寿命损耗曲线上所标注的数值是启动和停机（或负荷升降）这样一个完整热循环的转子寿命损耗百分比，如 0.001%。计算一次启动的寿命损耗率，一般取曲线上所标数值百分比的 1/2。通常，在启停和增减负荷期间，因承受离心力的原因，转子比汽缸零部件的应力值要大，因此对转子的热应力问题应非常重视。

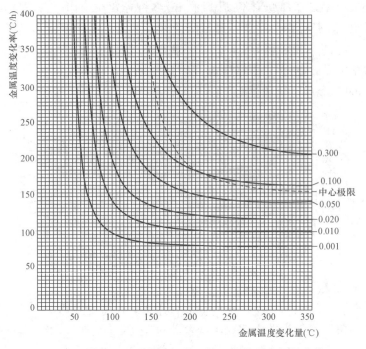

图 6-2 某 600MW 汽轮机高压转子疲劳寿命损耗曲线

三、汽轮机的寿命管理

汽轮机寿命管理的任务是正确评价汽轮机零部件的寿命（包括无裂纹寿命和剩余寿命），合理分配机组服役年限内各种工况下的寿命损耗率，延长汽轮机的使用寿命，避免灾难性事故的发生。

汽轮机寿命管理包含两层内容：第一是在服役年限内，如何合理分配、使用汽轮机寿命，制订汽轮机寿命分配方案以指导运行，取得最大的经济效益；第二是进行汽轮机寿命的离线或在线监测，在汽轮机启停和变负荷运行时，控制蒸汽温度和负荷的变化率，控制汽轮机零部件的热应力，使机组的寿命损耗不超过其预分配值，在机组规定的使用年限内，实现最佳的安全经济运行。

1. 汽轮机寿命分配

汽轮机的寿命分配方案与机组接带负荷的性质有密切的关系。

对于带基本负荷的机组，汽轮机寿命的损耗主要为高温蠕变寿命损耗和因正常检修启、停的低周疲劳寿命损耗。若年平均运行以 7000h 计算，30 年内共计蠕变寿命损耗约占总寿命的 25%。此外，考虑不确定因素（如负荷、蒸汽参数波动、事故带厂用电运行等）的损耗后，剩余小于 75% 的寿命可分配给汽轮机启、停时使用。接带基本负荷的机组，终生启、停次数少,因此每次启、停的寿命损耗率可以分配得较大,以缩短机组启、停时间,增加运行时间,多发电。对于调峰机组,除检修、维护需要的正常启、停外,还应根据电网的要求安排一定次数的热态启动和一定范围内的负荷变动。在分配寿命损耗时,既要考虑汽轮机寿命的合理损耗,又要考虑到电网的调峰需要。

2. 汽轮机寿命监测

汽轮机寿命分配虽然为运行人员预先给定了运行方案及寿命损耗率,但是,在实际工作过程中,由于不可预测的因素存在,可能导致实际寿命损耗率与预测值有较大偏差,因此,有必要对汽轮机寿命进行监测。

汽轮机寿命监测就是定期或不定期地对汽轮机寿命的实际损耗情况进行核算,以确保机组的安全运行。

监测的方法有离线监测与在线监测两种。

(1) 离线监测。一方面,定期对汽轮机转子的蠕变损耗进行统计计算;另一方面,在每次启、停机之后或负荷大幅变动之后,根据调节级出口的蒸汽温度变化曲线,查取各个阶段的温度变化量和温度变化率,计算其热应力以及寿命的损耗率或直接在转子寿命曲线上查取极限疲劳循环周次,从而计算出寿命的损耗率。

(2) 在线监测。将调节级出口蒸汽压力、温度、汽轮机转速等相关参数转化为数字信号输入微机,微机按预先给定的数学模型以时间为第二变量进行追踪计算,求出监督部位的热应力及相应的寿命损耗率,随时将计算结果输送到终端或进行显示、打印,实时指导运行人员进行参数调整。

第三节 汽轮机的启动与停机

一、汽轮机启动

汽轮机从静态升速到额定转速,并将负荷逐渐增加到额定负荷的过程,称为汽轮机的启动。汽轮机的启动过程实质上是汽轮机的加热过程,在启动过程中汽轮机各部件的温度将发生剧烈的变化,即从室温或较低温度加热到带对应负荷下的温度。因此,必须限制金属温度变化率,保证在机组安全的前提下,缩短启动时间、减少启动的损失。汽轮机的启动方式大致可以分为三类。

(一) 按主蒸汽参数分类

1. 额定参数启动

额定参数启动指在整个启动过程中,从冲转直至汽轮机组带额定负荷,电动主汽门前的蒸汽压力和温度始终保持为额定值,通过调整调节汽门的开度来适应机组在启动过程中不同阶段的要求。这种方式由于热经济性差、金属部件加热不均以及热冲击较大,一般适用于小型汽轮机,而大容量机组已不再采用。

2. 滑参数启动

滑参数启动指在启动过程中,电动主汽门前的蒸汽压力和温度随机组转速或负荷的变化而滑升。对喷嘴调节的汽轮机,定速后调节阀保持全开,完全靠蒸汽参数的调整来适应机组启动过程中不同阶段的要求。这种启动方式的特点是热经济性好,金属部件加热均匀,并且金属温度随蒸汽温度的逐步升高而升高,不会受到强烈的热冲击,有利于设备安全。现代大型汽轮机已广泛采用滑参数启动方式。

（二）按启动前汽轮机金属温度的高低分类

可以分为冷态、温态和热态启动。启动前汽轮机的金属温度标志点，常用高压转子和中压转子的表面温度。由于高速旋转的转子表面温度难以测取，故一般用汽轮机第一级（调节级）汽室处和中压缸静叶支持环上热电偶测出的温度来代表上述标志点的温度。启动前标志点金属温度低于150～180℃的启动，为冷态启动；标志点金属温度在180～350℃之间的启动，为温态启动；标志点金属温度高于350℃的启动为热态启动。四种600MW汽轮机启动状态划分温度见表6-1。

表6-1　　　　　　　　600MW汽轮机启动状态划分温度表　　　　　　　　（℃）

状态名称	机组名称	WH名称	东芝公司	G/A公司	ABB公司
冷状态	高压缸第一级金属温度	<121	<270	≤190	<100
	中压缸第一级金属温度			≤150	
温状态	高压缸第一级金属温度		270～350	190～300	>100
	中压缸第一级金属温度			150～290	
热状态	高压缸第一级金属温度	>121	350～400	300～430	>350
	中压缸第一级金属温度			290～430	
极热状态	高压缸第一级金属温度		>400	>430	
	中压缸第一级金属温度			>430	
备注					高压转子温度探针温度

（三）按控制进汽的阀门不同分类

1. 调节汽门启动

采用该方法启动时，电动主汽门和自动主汽门保持全开，进入汽轮机的蒸汽量由依次开启的调节阀控制。它易于控制启动过程的蒸汽量，但高压缸尤其是调节汽室处受热不均匀，热应力、热变形较大。

2. 自动主汽门的旁路门启动

采用该方法启动时，调节阀和自动主汽门保持全开，进入汽轮机的蒸汽量由电动主汽门的旁路门控制。它可使高压缸尤其是调节汽室处受热均匀，热应力、热变形较小。但由于电动主汽门的旁路门没有自动控制装置时，需要到现场人工操作，不能实现遥控，因此现代大机组一般不采用。

3. 自动主汽门启动

采用该方法启动时，电动主汽门和调节门全部开启，进入汽轮机的蒸汽量由自动主汽门的预启门控制。它可使高压缸尤其是调节汽室处受热均匀，热应力、热变形较小。

（四）按冲转时进汽方式分类

对于中间再热式汽轮机，按冲转时的进汽方式不同，可分为高、中压缸启动和中压缸启动两种方式。

(1) 高、中压缸启动。高、中压缸启动时，蒸汽同时进入高压缸和中压缸冲动转子。高中压缸合缸的汽轮机采用这种启动方式可使分缸处均匀受热，减少热应力并能缩短启动时间。

(2) 中压缸启动。中压缸启动冲转时，高压缸不进汽，利用高、低压旁路系统，由中压调节汽阀控制，从中压缸进汽冲转汽轮机，随后汽轮机升速、暖机，达到额定转速并网后，机组带初始负荷，达到规定的切换负荷时，进行切缸操作，汽轮机转由高压调节阀控制进汽，中压调节阀逐渐全开，随后按高中压缸联合进汽方式升负荷至额定值。采用中压缸启动方式时，在中压缸冲转前，通常在锅炉升温升压的同时进行盘车状态下的高压缸预暖。高压缸的合理预暖可有效地减小高压缸和高压转子的热应力，控制启动过程中汽轮机的胀差在正常范围内，从而有效地缩短启动时间。实际的汽轮机启动，往往是上述几种启动方法的组合。

(五) 单元制机组汽轮机启动的主要步骤

(1) 锅炉点火前，汽轮机的检查准备。

(2) 锅炉点火后，汽轮机启动前的准备。

(3) 汽轮机冲转、升速和暖机。

(4) 发电机并网、机组带负荷。

启动过程中需要注意的是：在汽轮机升速过程中，应检查各轴承回油温度正常，润滑油温控制在35～45℃。同时应严密监视振动的变化，不要在临界转速区域停留。注意监视轴向位移、胀差、机体总膨胀、轴承温度、轴封油压等参数的变化。

二、汽轮机停机

汽轮机停机是将带负荷的汽轮机卸去全部负荷，然后切断汽轮机进汽，发电机从电网中解列，切断进汽使转子静止。

汽轮机停机过程是汽轮机部件的冷却过程。停机中的主要问题是防止机组各部件因冷却快或不均匀引起的较大热应力、热膨胀和热变形等。它所处的应力状态与启动时相反，因此停机时也应保持必要的冷却工况，防止事故发生。

汽轮机停机一般来说可分为正常停机和事故停机。

(一) 正常停机

1. 额定参数停机

额定参数停机是当设备和系统有某种情况需要短时停机，很快就要恢复运行。因此要求停机后汽轮机部件金属温度水平较高，在停机过程中，锅炉的蒸汽压力和温度保持额定值。停机时将额定参数下运行的汽轮机逐渐关小调节汽门，逐步地、分段地减少负荷。减负荷的速度要根据汽轮机金属允许的温度，一般要求金属降温速度不超过1℃/min，降负荷到空转，发电机解列，打闸停止进汽。在汽轮机转子停止转动时，投入盘车装置，直到汽轮机冷却为止。

额定参数停机过程中减负荷时，应注意相对胀差的变化，因为随着蒸汽量的减少，高中压缸前汽封漏汽量亦减少，轴封温度降低，转子轴封段冷却收缩，引起前几级轴向间隙减小，可能出现较大负胀差。为此，应尽量保持向前轴封送入较高温度的蒸汽。负胀差大时应停止减负荷，待胀差减小后，再减负荷。

2. 滑参数停机

在调节阀门接近全开情况下,滑参数停机采用降低新汽压力和温度的方式降负荷,锅炉和汽轮机的金属温度也随之相应下降。此种停机的目的是将机组尽快冷却下来,一般用于计划大修停机,以求停机后缸温下降,提早开工。如果作为调峰机组,或消除设备缺陷,停机时间不长,为了缩短下一次启动时间,停机过程就应与上述情况有所区别。为了使下次启动快些,不要使机组过分冷却,应尽量使蒸汽温度不变,利用降低锅炉汽包内蒸汽压力的方法降低负荷。在减负荷时通流部分的蒸汽温度和金属温度都能保持较高的数值,达到快速减负荷停机。

(二) 事故停机

汽轮机运行中可能由于某些零部件的长期摩擦或在启动、停机、切换中操作不当,或因气候、电网等因素的影响,造成设备脱离正常运行状态而出现严重威胁人身和设备安全的情况时,运行人员应立即进行事故停机。

汽轮机的事故停机,是在机组个别部件发生故障或者受到这种故障威胁时进行的。事故停机是在事前没有准备操作程序下进行的。打掉危急保安器的挂钩,然后将发电机从电网上解列。汽轮机事故停机分破坏真空和不破坏真空两种情况。

1. 破坏真空

破坏真空是通过专用的阀门,向凝汽器内输入空气的方法,然后停止运行中的抽气器。破坏真空的目的在于增加摩擦损失和鼓风损失,从而减少转子的惰走时间。如不破坏真空,汽轮机转子要转动很长时间(25～35min),其原因是当主汽门和调节阀门关闭之后,汽轮机所有的汽缸均处于真空状态,转子在密度非常低的工质里转动。当空气进入凝汽器,然后进入汽轮机汽缸,摩擦损失和鼓风损失要增加许多倍,增加了制动因素。汽轮机转子惰走时间与不破坏真空停机转子惰走时间相比,至少短一半。

这种停机方法的缺点是向刚才还在运行的汽轮机注入冷空气,会引起转子和汽缸内表面急剧冷却。因为密度较大的空气和压力为 0.000 343～0.004 9MPa 的蒸汽相比,前者对缸壁的表面传热系数要大。通流部分这样急剧的冷却是不可取的,对大容量高压和超临界压力汽轮机更是如此。因此,若无特殊需要,不宜采用破坏真空停机。只有当转子惰走有可能助长事故扩大时,才采用这种停机方法。

2. 不破坏真空停机

与破坏真空停机相比,事故停机时,适当开启真空破坏门,使汽轮机转子转速、轴封压力、凝结器真空同时到零,这样方便观察汽轮机转子与静止部分有无摩擦现象,并与上次停机时状况相比,作为检修时的参考资料。

(三) 单元制机组汽轮机停机的主要步骤

(1) 停机前的准备。

(2) 根据燃烧情况减少给煤量,机组减负荷。

(3) 发电机解列,汽轮机打闸。

(4) 记录转子惰走时间。

(5) 投入连续盘车。

(6) 汽轮机停运后的相关操作。

停机过程中需要注意的是:控制降温、降压速度。主、再热蒸汽降温速度应小于 1℃/

min，降压速度小于 0.1MPa/min，以保证汽缸金属温降率不大于 1℃/min。控制主、再热蒸汽的过热度大于 50℃，严防汽轮机发生水冲击事故。主、再热蒸汽温差应小于 30℃，再热蒸汽温度下降速度应尽量跟上主蒸汽温度下降速度。滑停过程中，应严密监视汽轮机各主要参数的变化，如上下缸温差、胀差、总胀、轴向位移、振动、轴承金属温度和回油温度等。滑停过程中不允许进行汽轮机的超速试验。滑停时由于主蒸汽参数较低，要进行超速试验就必须关小调节汽阀以提高压力，有可能使主蒸汽温度低于对应压力下的饱和温度，此时开大调节汽阀做超速试验，可能使大量凝结水进入汽轮机造成水冲击事故。

第四节 汽轮机正常运行与监督

汽轮机运行中，应保证汽轮机在正常情况下，经济安全运行所必要的主蒸汽参数。当电网功率变化时，保证汽轮机能适应电网的最大负荷和最小负荷所应采取的措施。当发生异常情况时，能进行判断和处理。对单元机组要保证汽轮机和锅炉的协调一致。同时，值班人员需对各个运行参数进行监视，掌握其变化趋势，分析其变化原因，及时调整，避免超限，要力求在较经济的工况下运行；另外，还要通过对设备的定期巡查，掌握运行设备的健康状况，及时发现威胁设备安全运行的隐患，做好事故预防，避免设备损坏。

某一参数发生变化时，就应检查与其相关的参数变化是否正常，判定该参数的变化本身是否属于正常变化，以及该项参数变化引起的连锁反应是否正常。

对汽轮机组的运行过程中出现的各种报警信号，运行人员应特别重视，及时采取相应行动。有时机组的某个项目会经常出现误报警，对这种缺陷应及时消除，决不允许轻易将报警停用。

运行值班人员在定期巡回检查中通过眼看、手摸、耳听、鼻嗅来检查设备运行情况。运行人员应按规定的路线和规定的内容进行检查，做到认真细致不漏项。现代机组的仪表保护装置虽已有了很大发展，但还不能完全代替现场检查。但要注意，不允许在违反安全工作规程的情况下进行检查。

一、汽轮机运行中的监视

1. 负荷与主蒸汽流量的监视

机组负荷变化的原因有两种：一种是根据负荷曲线或调度要求由值班员或调度主动操作；另一种是由电网频率变化或调节系统故障等原因引起的。

如果负荷变化与主蒸汽流量变化不对应，一般是由主蒸汽参数变化、真空变化、抽汽量变化等引起的。遇到对外供给抽汽量增大较多时，应注意该段抽汽与上一段抽汽的压差是否过大，以免隔板应力超限、隔板挠度增大，造成动静部件相碰的故障。

当机组负荷变化时，对给水箱水位和凝汽器水位应及时检查调整。

随着负荷变化，各段抽汽压力也要变化，由此影响到除氧器、加热器、轴封供汽压力的变化，故对这些设备也要及时调整。轴封压力不能维持时，应切换汽源，必要时对轴封加热器的负压要及时调整，负压过小，可能使油中进水；负压过大会影响真空。增减负荷时，不需调整循环水泵运行台数，注意给水泵再循环门的开关或调速泵转速的变化，高压加热器疏水的切换，低压加热器疏水泵的启停等。

2. 主蒸汽参数的变化

一般主蒸汽压力的变化是锅炉出力与汽轮机负荷不相适应的结果,而主蒸汽温度的变化,则是锅炉燃烧调整、减温水调整、燃料水比不当所致。主蒸汽参数发生变化时,将引起汽轮机的功率和效率变化,并且使汽轮机通流部分的某些部件应力和机组的轴向推力发生变化。汽轮机运行人员虽然不能控制汽压、汽温,但应充分认识保持主蒸汽初参数合格的重要性,当汽压、汽温的变化幅度超过制造厂允许的范围时,应要求锅炉恢复正常的蒸汽参数。

主蒸汽压力升高时,如其他参数和调节汽阀开度不变,则汽轮机的蒸汽流量增加,机组的焓降也增加,使机组负荷增大。如保持机组负荷不变,则此时应关小调节汽阀,这样主蒸汽流量将减少,汽耗率降低,热耗率也降低,机组经济性提高。但汽压升高时,不能在调节级的最大压差工况(第一组调节门全开)下运行,否则会使调节级动叶过负荷。汽压如果升得过高,超过锅炉安全门动作压力,就要威胁到机组的安全,同时蒸汽管道及汽门室、法兰螺栓应力就要增大,超过受压容器允许的应力时,就有发生爆破的危险。在超压下长期运行,会缩短零件寿命。

主蒸汽压力降低时,汽轮机焓降减小,经济性降低。另外,不要以为滑压运行也是属于汽压降低汽温不变的运行工况,就认为汽压降低对汽轮机运行没有危险。如汽压降低时,汽轮机调节汽阀开度保持不变,则对汽轮机是安全的;但如果企图保持原来的额定出力,则会引起调节级理想焓降减小,末级焓降上升,同时由于蒸汽流量也增加,故末级隔板和动叶的应力上升较多。因此,当主蒸汽压力降低时有必要限制汽轮机出力,至少蒸汽流量不应超过设计最大流量。

汽温升高时,因蒸汽理想焓降增加及排汽温度降低而有利于提高汽轮机的热效率。但从设备可靠性和使用寿命方面看,汽温高于允许值,无论是在幅度上还是在累计时间上都必须严格加以限制。否则汽温过高,一方面使材料强度降低,另一方面使零件超量膨胀,引起间隙或装配紧力的改变。由此对汽轮机的主汽阀、调节汽阀、高压内缸前几级静叶和动叶都将造成较大的危害。在高温条件下,金属材料的蠕变速度加快,将引起设备损坏或使用寿命缩短。

运行中主蒸汽温度降低对汽轮机安全与经济都是不利的。一方面由于汽温降低,蒸汽的理想焓降减小,排汽湿度增大,效率降低;另一方面,汽温降低时若仍维持额定负荷,则蒸汽质量流量的增加对末级叶片极为不利;汽温降低还使汽轮机各级反动度增大,轴向推力增大。

3. 再热蒸汽参数的监视

再热蒸汽压力是随着蒸汽流量变化而改变的,运行人员对不同负荷下的再热蒸汽压力应有所了解。再热蒸汽压力不正常升高,一般是中压调节汽阀脱落,或调节系统发生故障,使中压调节汽阀或自动主汽阀误关等引起。应迅速处理,设法使其恢复正常。

再热蒸汽温度主要取决于锅炉的特性和工况。再热蒸汽温度变化对中压缸和低压缸的影响,类似于主蒸汽温的变化,在此不再赘述。

4. 真空的监视

真空是影响汽轮机经济性的主要参数之一,运行应保持真空在最佳值。真空降低,即排汽压力升高时,汽轮机总的焓降将减少,在进汽量不变时,机组的出力将下降。如果真空下降时维持满负荷运行,蒸汽流量必然增大,可能引起汽轮机前几级过负荷。真空严重恶化时，排汽室温度升高，还会引起机组中心变化，从而产生较大的振动。所以运行中发现真空降低时要千方百计找到原因并按规程规定进行处理。末级长叶片对允许的最低真空也有严格规定。

5. 胀差的监视

正常运行中，由于汽缸和转子的温度已趋于稳定，一般情况胀差变化很小，但决不能因此而放松对它的监视。当机组运行中蒸汽温度或工况大幅度快速变动时，胀差变化有时也是较大的。如机组参与电网调峰时，负荷变化速率较大，主蒸汽、再热蒸汽温度短时间内有较大的变化，汽缸夹层内由于导汽管泄漏有冷却蒸汽流动，汽缸法兰结合面漏入冷空气，汽缸下部抽汽管道疏水不畅，等等，都将引起胀差的变化。特别是在高压加热器发生满水，使汽缸进水时，胀差指示很快就会超限，应引起注意。

6. 对其他表计的监视

正常运行中，运行人员监盘时，还要注意监视润滑油温、油压、轴承金属温度、各泵电流等。如果发生异常，要及时发现，正确处理。

二、汽轮机运行中的监督

1. 汽轮机通流部分结盐垢的监督

定期监督汽轮机通流部分可能堆积的盐垢，是汽轮机安全和经济运行的必要条件。喷嘴和叶栅通道结有盐垢，将导致通道截面积变窄，而结垢级各级叶轮和隔板压差增大，焓降增加，应力增加，使隔板挠度增大，同时引起汽轮机推力轴承负荷增大。汽轮机的配汽机构也可能结垢，使主汽阀和调节汽阀卡涩，在甩负荷时将导致汽轮机严重超速事故。

在凝汽式汽轮机中，通流部分结垢监视，是根据调节级压力和各段抽汽压力（最后一、二级除外）与流量是否成正比的变化判断的。一般采用定期对照分析调节级压力相对增长率的方法。

传统规定，冲动式机组调节级压力相对增长率不应超过 10%，反动式机组不应超过 5%。近代大型冲动式汽轮机常带有一定的反动度，因此该增长率控制应较纯冲动式机组更严格，制造厂对此都有严格规定。

有时压力升高也可能是其他原因造成的，如某一级叶片或围带脱落堵到下级喷嘴上，一、二段抽汽压力同时升高，说明是中压调节汽阀或高压缸排汽止回阀关小，加热器停运等情况。这就需要根据当时情况做全面分析，特别是要看压力高的情况是突变的还是渐变的。

汽轮机通流部分结垢的原因，主要是由蒸汽品质不良引起的，而蒸汽品质的好坏又受到给水品质的影响，所以要防止汽轮机结垢，首先要做好对给水和蒸汽品质的化学监督，并对汽、水品质不佳的原因及时分析，采取措施。

2. 轴向位移的监督

汽轮机转子的轴向位移，是用来监督推力轴承工作状况的。近来一些机组还装设了推力瓦油膜压力表。运行人员根据这些表计监视汽轮机推力瓦的工作状况和转子轴向位移的变化。

汽轮机轴向位移停机保护值一般为推力瓦块乌金厚度减去 0.1～0.2mm，其意义是当推力瓦乌金熔化磨损而瓦胎金属尚未触及推力盘时即跳闸停机，这样推力盘和机组内部都不致损坏，机组修复比较容易。

推力瓦工作失常的初期，较难从推力瓦回油温度来判断。因为油量很大，反应不灵敏，推力瓦乌金温度表能较灵敏地反映瓦块温度的变化；但是运行机组推力瓦块乌金温度测点位置及与乌金表面的距离均使测得温度不能完全代表乌金最高温度，因此各制造厂根据自己的经验制订了限额。油膜压力测点能够立即对瓦块负荷变化作出反应，但对油膜压力的安全界限数值目前还不能提出一个共同的标准。

当轴向位移增加时，运行人员应对照运行工况，检查推力瓦温度和推力瓦回油温度是否升高及胀差和缸胀情况。如证明轴向位移表指示正确，应分析原因，并申请做变化负荷试验，做好记录汇报上级；并应针对具体情况，采取相应措施加以处理。

3. 汽轮机的振动及其监督

不同机组、同一台机组的不同轴承，自有其振动特点和变化规律，因此运行人员应经常注意机组振动情况及变化规律，以便在发生异常时能够正确判断和处理。

带负荷运行时，一般定期在机组各支持轴承处测量汽轮机的振动。振动应从垂直、横向和轴向三个方面测量。垂直和横向测量的振动值视转子振动特性而定，也与轴承垂直和横向的刚性有关。每次测量轴承振动时，应尽量维持机组的负荷、参数、真空相同，以便比较，并应做好专用的记录备查，对有问题的重点轴承要加强监测。运行条件改变、机组负荷变化时，也应该对机组的振动情况进行监视和检查，分析振动不正常的原因。

正常带负荷时各轴承的振动在较小范围内变化。当振动增加较大时（即使在规定范围内），应汇报上级，同时认真检查主蒸汽参数、润滑油温度和压力、真空和排汽温度、轴向位移和汽缸膨胀的情况等。如发现不正常的因素，应立即采取措施予以消除，或根据机组具体情况改变负荷或其他运行参数，以观察振动的变化。

大容量汽轮机越来越注重提高其支撑质量和刚性，转子轴颈和轴承之间油膜对振动的阻力不可忽视，使轴承振动往往不能反映汽轮机转子的真正振动情况。为此，现代汽轮机大都配有直接测量轴颈振动的装置，现场经验证明，轴颈振动不但比轴承振动更能灵敏地反映汽轮机振动情况，而且还可利用轴颈振动值和轴承振动值与相位的差，进一步分析机组振动的原因。

第五节　汽轮机的调节与保护

一、汽轮机调节的任务

由于电能还不能大量储存，电负荷不断变化，所以汽轮机都配有调节系统，使汽轮发电机组的发电量随时满足电用户的需要。电力供应除了保证供电的数量之外，还应保证供电的质量。供电质量指标有电压和频率，二者都和汽轮发电机的转速有关，而频率则直接取决于转速。为此在运行中，必须控制转速为额定值，以保证供电质量。这些就是汽轮机调节系统的任务。

若不考虑摩擦阻力影响，汽轮发电机组的转速主要是由作用在转子上的蒸汽主力矩 M_t 和发电机的反抗力矩 M_g 的平衡关系所决定的，用公式描述为

$$M_t - M_g = I\frac{d\omega}{dt} \tag{6-1}$$

式中　I——汽轮发电机转子的转动惯量；

　　　$\dfrac{d\omega}{dt}$——转子的机械角加速度。

式 (6-1) 说明，只有当蒸汽主力矩和反抗力矩相平衡，即 $M_t - M_g = 0$ 时，角加速度 $\dfrac{d\omega}{dt} = 0$，转子的转速才能维持不变。而 M_t 和 M_g 分别取决于进汽量和电负荷，因此汽轮机调节的任务具体表现为，根据电负荷的大小自动改变进汽量，使蒸汽主力矩随时与发电机的反抗力矩相平衡，以满足外界电负荷的需要，并维持转子在额定转速下稳定运行。

二、汽轮机调节系统的形式

汽轮机调节系统按其结构特点可划分为液压调节系统和电液调节系统两种形式。

（一）液压调节系统

早期的汽轮机调节系统主要由机械部件与液压部件组成，主要依靠液体作为工作介质来传递信息，因而被称为液压调节系统。又由于它只根据机组的转速变化来进行自动调节，因而又被称为液压调速系统。这种调节系统的调节精度低，反应速度慢，运行时工作特性是固定的，不能根据转速变化以外的信号调节需要来进行及时调整，而且调节功能少，所有这些与当时技术条件和对机组调节品质的要求有关。但由于它的工作可靠性高且能满足机组运行调节的基本要求，所以在 20 世纪 80 年代以前投产的机组上应用较多。

（二）电液调节系统

随着机组容量的不断增大、蒸汽参数的逐步提高、中间再热循环的广泛采用以及机组运行方式的多样化，对机组运行的安全性、经济性、自动化程度以及多功能调节提出了更高的要求，仅依靠原有的液压调节技术已不能完全适应。于是电液调节系统应运而生。该系统主要由电气部件、液压部件组成，具有电气部件测量与传输信号方便，信号的综合处理能力强，控制精度高，设备操作、机组调整方便，调节参数修改便利等优点。液压部件用作执行机构（阀门的驱动装置）时充分显示出响应速度快、输出功率大的优越性，是其他类型执行机构所无法取代的。

1. 功频电液调节系统

早期的电液调节系统是以模拟电路组成的模拟计算机为基础，引入功率、频率两个控制信号的电液调节系统，常称为功频电液调节系统，又被称为模拟电液调节系统，也称为功频模拟电液调节系统。

2. 数字电液调节系统

随着数字计算机技术的发展及其在电厂热工过程自动化领域中的应用，开发了以数字计算机为基础的数字式电液调节系统（digital electric hydraulic control，DEH），也可简称为数字电调。前期的数字电调大多以小型计算机为主机构成，后期随着微机的出现以及微机技术的发展，数字电调改用以微机为主机，因此可称为微机型电调。

三、汽轮机调节系统的基本原理

当汽轮发电机组在某一负荷下稳定运行时，如果遇到外界干扰，如外界电负荷增大或减小，则上述平衡状态被破坏，机组转速随之减小或增大。这一转速变化信号会及时传给调节系统的转速感受（或测量）部件，进而导致调节系统其他构件的一系列连锁反应，最终改变进汽量，使蒸汽主力矩与反抗力矩达到新的平衡，即机组在新的负荷下稳定运行，这就是调节系统的基本原理。

虽然不同的汽轮机具有不同的调节系统，但它们的基本原理是相同的，现以图 6-3 所示简单调节系统来说明汽轮机的调节原理。

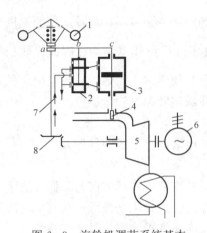

图 6-3 汽轮机调节系统基本结构原理图

1—调速器；2—错油门；3—油动机；4—调速器门；5—汽轮机；6—发电机；7—高压油管；8—传动齿轮

当外界负荷发生变化，例如负荷增加时，机组转速随之下降，转速感受元件飞锤受到的离心力相应减小，带动滑环 a 下移，滑环 a 的位移量代表了转速变化的大小。随着滑环 a 的下移，杠杆 abc 以 c 点为支点逆时针偏转，b 点下移，从而带动错油门的滑阀下移，打开通往油动机的两个油口。压力油经下油口进入油动机活塞的下腔室，而油动机活塞的上腔室此时与错油门的上油口（即泄油口）相连通。在上、下油压差的作用下，油动机活塞向上移动，开大调节汽门，汽轮机的进汽量增加，蒸汽主力矩 M_t 增大。

在油动机活塞上移的同时，反馈杠杆 bc 带动滑阀向上移动（即杠杆 abc 以 a 为支点顺时针偏转，b 点上移），使滑阀复位回到原来的中间位置，切断去油动机的压力油通路，油动机活塞便停止移动，这时调节系统稳定在一个新的平衡位置，汽轮发电机组在新的电负荷和与其相适应进汽量的平衡工况下运行。这种使错油门滑阀复位的现象称为反馈，反馈的作用是使调节系统稳定在新的平衡工况，并具备再次调节的能力。

对于机组确定的调节系统，上述一次调节后新平衡工况下的转速与原平衡工况（或其他平衡工况）下的转速并不相同，分别对应于各自平衡工况下的机组负荷 P。这种不同稳定工况下转速 n 与机组负荷 P 之间的单值对应关系，如图 6-4 中的 AB 线所示，称为调节系统的静态特性。这种平衡工况下转速发生变化的调节称为有差调节。

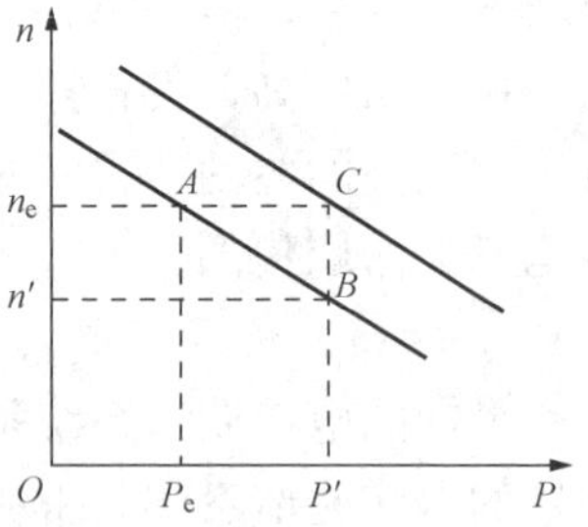

汽轮机调节系统均属有差调节，但不同的汽轮机，在同样大的功率变化时，其转速变化并不相同，即调节系统静态特性线的斜率不同。这一特点用速度变动率说明。所谓速度变动率是指汽轮机由满负荷减至零负荷时的转速改变值与额定转速 n_e 的比值，用 δ 表示，即

$$\delta = \frac{n_{max} - n_{min}}{n_e} \times 100\% \tag{6-2}$$

图 6-4 调节系统的静态特性

显然，δ 值较大时，静态特性线较陡；δ 值较小时，静态特性线较平缓。

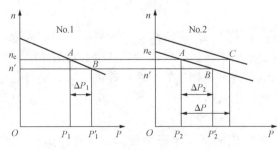

图 6-5 并网机组的一次调频和二次调频

速度变动率 δ 的大小决定了并网机组的一次调频能力。所谓一次调频，是指电网中并列运行的诸机组在电网负荷变化引起电网频率改变时，各机组按其静态特性线自动承担一定的负荷变化的调节过程。图 6-5 所示为并网运行的 1 号和 2 号两机组，分别带负荷 P_1 及 P_2 在额定转速 n_e 下运行时的调频情况。当外界负荷增加

ΔP 时，两机组各自完成一次调频，分别增加负荷 ΔP_1 和 ΔP_2，且 $\Delta P_1 + \Delta P_2 = \Delta P$，均稳定在 n'（$< n_e$）转速下（工况点为 B）运行。可见速度变动率 δ 大的 1 号机组所承担的负荷变化小，这种机组一般在电网内带基本负荷。速度变动率 δ 小的 2 号机组承担负荷变化，即一次调频的能力大，这种机组常在电网内做调峰机组。

由于汽轮机为有差调节，故机组在一次调频后的转速不能维持在额定值 n_e。为满足供电质量及其他运行要求，在调节系统中均设有使静态特性线上、下平移的附加装置——同步器，用以改善调节系统的静态特性。同步器的作用如下：

(1) 对单机运行的机组，当外界负荷变化导致转速改变时，通过动作同步器可调整其转速回复到额定值 n_e，如图 6-4 所示，在 P' 负荷下，工况点由 B 移到 C。

(2) 对并网运行机组，见图 6-5，当电网负荷变化而各机组进行一次调频后，若电网频率改变超过允许范围，则按要求操作调峰 2 号机组的同步器，向上平移其静态特性线，使网内频率恢复到正常值；而承担基本负荷的 1 号机组则回到原基本负荷下工作，同时调峰 2 号机组功率进一步提高，承担全部电网负荷的增加量，这一过程称为二次调频。

另外，在机组启动时，通过同步器调节其空转转速，使其与电网同步。

四、功频电液调节系统及 DEH 控制系统简介

汽轮机调节系统的类型很多，但任何调节系统都是由测速机构、信号放大机构、执行机构及反馈机构组成的。在图 6-3 所示的机械调节系统中，上述几种机构相应为调速器飞锤、错油门、油动机和反馈杠杆。如果将测速机构由调速器飞锤改为调速泵或电子测速元件，而放大执行机构仍为错油门和油动机，则相应称为液压调节系统和电液调节系统。这些系统是随着机组容量增大及运行调节要求的提高而相继出现的。当然，这些调节系统要比图 6-3 所示的复杂得多。

在电液调节系统中，测取的信号除了机械（或液压）调节系统所测的转速信号外，还增加了测功信号，即测量发电机的有功功率，故又称为功频电液调节系统。

图 6-6 为功频电液调节系统的基本工作原理图。系统可分为电调和液动放大两部分，其中电调部分包括测频、测功和校正单元（PID）；液动放大部分包括滑阀和油动机。两部分之间用电液转换器相连。测频单元相当于原来调节系统的调速器，用来感受转速变化并输出一相当的直流电压信号。测功单元用来测取发电机的有功功率，并成比例

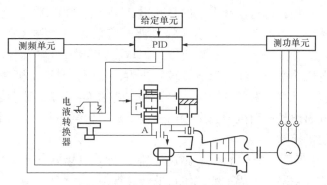

图 6-6 功频电液调节系统原理

地输出一直流电压信号，作为系统的负反馈信号，以保持转速偏差与功率变化之间的固定比例关系（即静态特性反映的关系）。校正单元（PID）是一个具有比例、微分和积分作用的控制器，其作用是将测频、测功及给定信号进行比较，并进行微分和积分运算，同时加以放大后输出。电液转换器是将 PID 输出的电信号转换成滑阀及油动机所能接受的液压控制信号，它是电调和液动放大两部分之间的联络部件。给定单元相当于原来调节系统的同步器，由它给出电压信号去人为地控制调节系统。液动控制部分的滑阀和油动机仍然属于调节系统

的执行机构。

该系统在外界负荷变化时的调节过程为：当机组转速随外界负荷增大而下降时，测频单元感受到这一转速偏差，并输出一个经过处理、与之成正比例的正直流电压信号，输入 PID 校正单元，经 PID 处理后输入电液转换器，在电液转换器中转换成的油压信号使滑阀下移，油动机活塞则上行开大调节阀门，使进汽量与外界负荷相适应。在机组电功率增大后，测功单元感受到这一变化，便输出一负的直流电压信号，此信号输入 PID。如若这一负电压信号与测频单元输出的正电压信号相等，则其代数和为零，说明机组的实发功率等于外界负荷，这时 PID 的输出值保持不变，调节过程结束。外界负荷减小时的调节过程与上述相反。

采用测功单元后还可以消除新汽压力变化对功率的影响，其动作过程为：由于主蒸汽压力降低，在同样的阀门开度下，机组的实发功率减小，这时测功单元输出的电压信号减小，因此在 PID 入口仍有正电压信号存在，使 PID 输出继续增大，调节阀开度继续增大，直到测功单元输出的电压信号增大到与测频单元输出的电压信号完全抵消，即 PID 入口信号代数和为零时才停止动作。上述动作过程保证了频率偏差与功率的对应关系，即保证了一次调频能力不变，这是仅有测频功能的调节系统无法满足的。

另外，利用测功单元和 PID 控制器的特性还可补偿中间再热机组的功率滞后。对于中间再热汽轮机来说，由于存在再热器及连接管道这一庞大的中间再热蒸汽容积，所以高压调节阀开度随频率偏差变化后，占全机功率三分之二或更多的中、低压缸功率要滞后一段时间，造成一次调频能力变差。增加了测功单元后，如当外界负荷增加、机组转速下降时，测频单元输出的正电压信号作用于 PID，调节阀开大，使高压缸功率增加，此时由于中、低缸功率的滞后，测功单元的输出信号很小，不足以抵消测频单元输出的正电压信号，这时高压调节阀继续开大，即产生过开。高压缸因调节阀过开而产生的过剩功率刚好补偿中、低压缸所滞后的功率。当中、低压缸功率滞后消失时，测功单元的作用使高压调节阀关小，回复到与外界负荷相适应的开度设计值，调节过程结束。这样就保证了机组的一次调频能力不变。

随着自动控制水平的不断提高，目前 300MW 以上的大型机组已普遍采用数字电液控制系统。该种系统与上述功频电液调节系统的主要区别在于用数字计算机代替 PID 控制器，调节算法程序存于计算机中。当转速、功率及给定信号等（该系统的输入信号除了频率、发电机功率外，还有调节级级后压力，此压力与汽轮机功率成正比）输入计算机后，计算机按程序计算结果，其输出信号经过某些中间环节处理后输入电液伺服阀（或称电液转换器），进而通过油动机控制主汽门及调节阀（包括再热主汽门及调节阀）。每个阀门均由单独的油动机控制。

DEH 系统由于采用数字控制（即控制以软件实现），因此系统硬件电路简化，且控制灵活。它除了完成一般汽轮机的转速调节、负荷调节外，还可按不同工况根据汽轮机的热应力及其他辅助要求进行自动升速、并网、加负荷等，使汽轮机的启停达到自动化、最优化；并能对机组的主辅运行参数进行巡测、监视、报警和记录，确保汽轮机长期安全经济运行，为实现整个电厂的全盘自动化创造了条件。

五、汽轮机的保安系统

汽轮机是高速旋转的精密设备，运行中任何异常情况的发生，都将导致设备的损坏。因此，在汽轮机的调节系统中均配有危急保安控制系统，其作用是对汽轮机的转速、轴向位移、排汽口真空、润滑油压和抗燃油压（调节系统用油）等参数进行测量、监视、限值判断。当任何一项测量值超出允许范围时,通过中间转换及执行机构使汽轮机的所有进汽阀关闭,迫使汽轮机停机,以保证设备的安全。

DEH 系统中的危急保安控制一般又分为以下三个系统:

(1) 机械超速保护及手动脱扣保护系统。机械超速保护系统由飞锤式危急遮断器及与其相配合的油路所构成。飞锤径向安装在主轴内,如图 6-7 所示。飞锤的重心 O_1 与主轴中心 O 之间存在一偏心距 e,当飞锤随同主轴高速旋转时,离心力使飞锤欲往外飞出。若调节系统失灵或机组突然甩负荷,使转子转速达到 $(1.10\sim 1.12)n_e$ (n_e 为额定转速)时,飞锤的离心力大于其锁紧弹簧的约束力,飞锤末端迅速飞出,撞击在危急遮断油路的脱扣板上,使危急油路泄压,主汽阀及调节汽阀关闭,汽轮机紧急停机,达到了保护设备的目的。

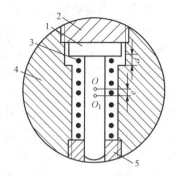

图 6-7 飞锤式危急保安器结构简图
1—螺钉状飞锤;2—固定螺母;
3—锁紧弹簧;4—汽轮机主轴;
5—调整螺母;
e—偏心距;d—间隙

(2) 电气信号危急跳闸保护系统。使该系统动作的信号有超速 $110\%n_e$、凝汽器低真空、轴向位移大使推力轴承轴瓦磨损、低润滑油压、低抗燃油压、电厂遥控跳闸等。上述信号均通过电气元件测量输出。当其中任何一参数超过规定范围时,其电气信号作用于危急跳闸油路的电磁阀上,使危急跳闸油路的高压抗燃油泄压,各主汽阀、调节阀关闭,强迫汽轮机停机。

(3) 超速防护系统。当系统测量的超速电气信号超过规定值而使超速防护油路的电磁阀动作时,仅暂时关闭高、中压调节阀,待电网故障消除后,高、中压调节阀仍继续开启。当超速是由电网部分故障、机组负荷大幅度下降而造成,为避免机组从电网解列后再重新并网困难的问题以及机组解列后电网不稳定,超速防护系统才动作。

超速保护是汽轮机最重要的保护,故采取上述多通道保护措施,以确保汽轮机的安全。

六、汽轮机的油系统

汽轮机油系统的作用主要是供给汽轮机、发电机各轴承润滑油,调节保安系统控制压力油和发电机氢密封系统的密封油等。300MW 以上大型机组的调节保安系统,其控制用油约为 14MPa 的高压抗燃油,各轴承润滑用油则采用约 1MPa 的低压汽轮机油,因而形成两个独立的油系统。

润滑油系统主要由主油泵、油箱、启停及事故油泵、射油器、冷油器、排油烟风机及净化装置等组成。在机组正常运行时,主油泵出口油流主要分向三路:一路为发电机氢密封系统(密封油);二路为保安系统的机械超速保护及手动脱扣保护装置(动作油);三路为经射油器、冷油器后去冷却、润滑各轴承及盘车齿轮等。

主油泵装在汽轮机前端的伸长轴上,由主轴直接带动,在汽轮机启停及事故情况下应开启备用油泵(包括轴承油泵、密封油备用泵及事故直流油泵),以保证上述油路的正常供油。

润滑油油箱一般为圆筒卧式油箱,安装在厂房零米地面汽轮发电机组前端。油箱顶部焊有圆形顶板,其上装有上述各备用油泵及排油烟风机等。油箱内装有射油器、电加热器及其连接管道、阀门等,油箱底部设有排油孔,与主油泵进口管相连接。

射油器是将小流量的高压油转化为大流量低压油的装置。主要由喷嘴、混合室及扩压管组成。喷嘴进口与主油泵出口管相连,因油通过喷嘴时加速,故在喷嘴出口的混合室中形成低压，以此将油箱中的油吸入混合室。混合后的油流经扩压管后油速降低、油压提高。射油器出口的油分成两路：一路经表面式冷油器冷却后去轴承润滑油母管；另一路向主油泵进口管供油。

高压抗燃油系统用来提供调节保安系统控制所需的高压抗燃油。该系统主要由油箱、油泵、高低压蓄能器、精密滤油器、冷油器、阀门及管路组成。此系统一般设计成双回路，即由布置在油箱下方的两台电动油泵组成两个独立的、相互备用的供油回路。一路故障时，另一路可自动启动。为了不使油泵长期处于高压载荷下工作，油泵出口的油除直接去调节保安系统高压油母管外，还进入与此母管相连的充氮式高压蓄能器。当高压蓄能器内油压达到所需的动力油压时，卸荷阀动作，使油泵出口的油回流至油箱，而由高压蓄能器向调节保安系统提供动力油。此时油泵仅在很低的压力下运行，节约了厂用电，并延长了油泵寿命。当高压蓄能器的油压逐渐降低后，卸荷阀复位，切断油泵通向油箱的回油，重新向高压抗燃油母管及高压蓄能器供油加压。充氮式低压蓄能器与回油母管相连，用以吸收并暂存汽轮机甩负荷时油动机活塞下部的大量泄油，以使进汽阀迅速关闭。另外，为将抗燃油温度限制在规定范围，回油母管上装有冷油器，油箱内设有电加热器。在高压油母管上还装有精密滤油器，以保证抗燃油的品质，延长其使用寿命。

思考题

6-1 何谓汽轮机的胀差？胀差的正负值是如何规定的？

6-2 转子的热弯曲是如何产生的？如何测量和限制转子的热弯曲？

6-3 汽轮机有哪些类型的启动方式？

6-4 汽轮机正常运行中应做好哪些监视监督工作？

6-5 汽轮机调节系统的任务是什么？什么是调节系统的静态特性？

6-6 同步器可以完成哪些工作？

6-7 汽轮机保安系统起什么作用？

6-8 汽轮机油系统由哪些部件组成？

6-9 汽轮机寿命管理主要包含哪两层内容？

6-10 温态、热态启动时冲转参数选择的原则是什么？

6-11 什么是汽轮机的寿命？影响汽轮机寿命的因素主要有哪些？

6-12 简述影响转子与汽缸胀差变化的主要因素。

6-13 汽轮机在启动、停机过程中，上下汽缸温差产生的原因有哪些？如何控制其大小？

6-14 什么是汽轮机的启动过程？按照不同的分类方法，汽轮机的启动方式有哪些？

6-15 简述汽轮机冷态滑参数启动过程的主要步骤。

6-16 什么是汽轮机的停机过程？停机方式主要有哪些？分别适用于什么情况下？

6-17 简述滑参数停机的主要步骤及注意事项。

第七章 发电厂的热经济性

在火电厂的发电成本中，燃料费用所占份额通常都在70%左右，发电煤耗率的大小对电厂的经济效益起着决定性的作用。减少电厂能量转换过程中的各种能量损失，提高电厂设备对燃料热能的利用率（通常称其为热经济性），具有特别重大的意义。

评价热力发电厂的热经济性，其目的是分析比较热力发电厂各种不同的热力循环形式、循环参数、热力系统连接方式的热经济性，以便在热力设备及热力系统的制造、安装、设计、运行和检修等工作中采取有效措施，减少燃料消耗，推进节能工作。

第一节 凝汽式发电厂的各种热损失和效率

一、朗肯循环及其热经济性

现代汽轮机发电厂所应用的各种复杂的热力循环都是在朗肯循环的基础上逐步改善而形成的，朗肯循环是研究这些复杂循环的基础。因此，我们从研究朗肯循环入手来研究发电厂的热经济性。朗肯循环的热力系统如图7-1所示。

1. 朗肯循环工作过程

朗肯循环的工作过程包含了四个热力过程，即工质在锅炉中定压加热、汽化、过热的过程；蒸汽在汽轮机中绝热膨胀做功的过程；汽轮机的排汽在凝汽器中定压凝结放热的过程；排汽的凝结水在水泵中绝热压缩的过程。

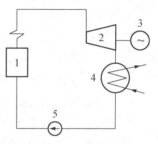

图7-1 朗肯循环热力系统图
1—锅炉；2—汽轮机；3—发电机；
4—凝汽器；5—水泵

从能量转换的角度看，完成了三个阶段的转换，即在锅炉设备中燃料的化学能向蒸汽热能的转变；汽轮机设备中蒸汽热能向机械能的转变；发电机设备中机械能向电能的转变。

2. 朗肯循环热效率

朗肯循环热效率 η_t 表示1kg蒸汽在汽轮机中产生的理想做功 w_a 与循环吸热量 q_0 之比，也可以用吸热过程和放热过程的平均温度来表示，表达式为

$$\eta_t = \frac{w_a}{q_0} = 1 - \frac{T_C}{T_1} \tag{7-1}$$

式中 w_a——循环理想功，kJ/kg；
  q_0——循环吸热量，kJ/kg；
  T_C——放热过程平均温度，K；
  T_1——吸热过程平均温度，K。

朗肯循环热效率反映了纯凝汽式电厂理想冷源热损失的大小，η_t 值为40%～45%。

二、凝汽式发电厂的各种热损失和热效率

在发电厂的实际生产过程中，由于热力过程的不可逆性，存在着各种不同的能量损失。评价其热经济性的主要方法有热效率分析法和做功能力分析法。下面以简单、直观的热效率

分析法分析发电厂中存在的各种热量损失。

1. 锅炉热损失及锅炉效率

火电厂的燃料在锅炉内燃烧，燃料的化学能转变为烟气的热能。烟气流过锅炉各受热面，又把热量传递给水和蒸汽。在锅炉内主要的热损失有排烟热损失、化学不完全燃烧热损失、机械不完全燃烧热损失、散热损失及灰渣带走的物理热损失等。锅炉各种热损失中，排烟热损失所占的比例最大，为锅炉总能量损失的 40%～50%。

锅炉效率 η_b 反映了锅炉设备对热量利用的程度，其大小为锅炉设备输出的有效利用热量与输入热量之比。现代大型电站锅炉的热效率达 90% 以上。

2. 管道热损失及管道效率

锅炉生产的蒸汽通过主蒸汽管道进入汽轮机，蒸汽做功后排放到凝汽器，被循环水冷凝而成凝结水，凝结水经过升压，再通过给水管道返回锅炉重新吸热。工质通过这些汽水管道时，不免要散失一部分热量，主要表现在管道散热和工质泄漏两个方面。

管道效率 η_p 反映管道的完善程度，它等于汽轮机设备的热耗量与锅炉热负荷之比。现代发电厂的管道效率可达 99% 以上。

3. 汽轮机设备中的冷源损失及汽轮机内效率

蒸汽在汽轮机内膨胀做功时要产生能量损失，如进汽调节机构的节流损失、喷嘴损失、动叶损失、叶高损失、漏汽损失、湿汽损失、叶轮摩擦损失及余速损失等，这些损失使同样 1kg 蒸汽的做功量减少，蒸汽做功能力的下降造成机组对能量的有效利用程度降低。由于这部分损失是蒸汽在汽轮机中工作时产生的，故把这部分损失称为汽轮机的附加冷源损失。我们用汽轮机相对内效率 η_{oi} 反映汽轮机内部构造的完善程度和这种损失的大小，它等于蒸汽在汽轮机中的实际做功与理想做功之比。现代大型汽轮机相对内效率为 87%～90%。

蒸汽在汽轮机中做功后进入凝汽器，被冷凝成凝结水，这个过程中被冷源带走的热量是不可避免的。我们把这部分由冷源带走的不可避免的热量损失称为汽轮机的固有冷源损失。固有冷源损失的大小取决于热力循环的形式和参数，通常用循环热效率 η_t 来反映热力循环的形式与循环参数的先进性程度，它等于循环理想做功与循环吸热量之比。

汽轮机的相对内效率与循环热效率的乘积称为汽轮机的绝对内效率 η_{ri}，其值在 35%～49%。

4. 汽轮机的机械损失及机械效率

汽轮机各轴承的摩擦阻力、汽轮机调节系统和油系统的运转部件要消耗一部分内功，这便是汽轮机机械部分的能量损失。汽轮机机械效率 η_m 反映这部分能量损失的大小，它等于汽轮机输出的有效功率与内功率之比。现代大型汽轮机的机械效率一般为 96%～99%。

5. 发电机的能量损失及发电机效率

发电机的损失包括机械方面的轴承摩擦损失、通风耗能和电气方面的激磁铁芯与线圈发热耗能，用发电机效率 η_g 来评价此项损失的大小，它等于发电机输出的电功率与汽轮机有效功率之比。发电机效率与发电机的冷却方式有关，现代大型机组发电机效率可高达 99%。

上述能量损失的总和就是整个火力发电厂的总能量损失。用凝汽式发电厂总效率 η_{cp} 来反映总损失的大小，它等于发电厂发出的电能与燃料供给的热量之比，也等于前述中几个效率之乘积，其表达式为

$$\eta_{cp} = \frac{3600 P_e}{B Q_{net}} \tag{7-2}$$

$$\eta_{cp} = \eta_b \eta_p \eta_{oi} \eta_t \eta_m \eta_g \tag{7-3}$$

式中　P_e——发电机输出电功率，kW；

　　　B——锅炉燃料消耗量，kg/h；

　　　Q_{net}——锅炉燃料低位发热量，kJ/kg；

　　　3600——电—热当量，1kW·h 相当于 3600kJ 的热量。

纯凝汽式电厂总效率在 25%~35% 之间。火电厂对燃料的有效利用程度很低，主要原因是汽轮机的冷源损失太大。可见汽轮机冷源损失的大小变化将直接影响整个机组的经济运行，同时冷源损失也成为分析机组经济性的一个重要参量。

第二节　提高热力发电厂热经济性的主要途径

提高热力发电厂的经济性可以减少燃料消耗，节约能源资源。其主要方法可以从改变蒸汽初、终参数和改进循环结构两方面考虑。

一、提高蒸汽初参数和降低终参数

蒸汽初、终参数改变将对机组热经济性产生影响，具体来说对循环热效率和汽轮机相对内效率影响最为明显。通常我们从分析这两个效率的变化来反映蒸汽参数改变对机组热经济性的影响。

（一）提高初参数对热经济性的影响

1. 提高初温度

在初压力和排汽终参数不变的情况下，提高蒸汽初温度可以提高整个循环过程的平均吸热温度，从而使循环热效率 η_t 提高。

在初温度提高的情况下，进入汽轮机的蒸汽比体积增大，使进汽体积流量增加。在其他条件不变时，需要加大汽轮机的高压部分叶片高度，从而使漏汽损失相对减少；同时随着初温度的提高，汽轮机的排汽湿度减小，湿汽损失也会降低，所以，提高蒸汽的初温度使汽轮机的相对内效率 η_{oi} 提高。

2. 提高初压力

在一个极限值范围内单纯提高蒸汽初压力，可以提高机组的循环热效率，但随着蒸汽初压力的提高，循环热效率提高的相对幅度在减小。也就是说，在超过某一个极限压力以后，如果再提高蒸汽初压力反而使循环热效率下降。但是，这个极限压力，在工程上已没有实际意义，因为目前应用的初压力数值，都还在这个极限压力以内。通过表 7-1，可以对这个结论加以理解。表 7-1 所示为 $t_0 = 400℃$，$p_c = 0.004MPa$，$h_c = 120kJ/kg$ 情况下计算得到的循环热效率与初压力的对应关系表。

表 7-1　　　　　　　　循环热效率与初压力的对应关系表

p_0(MPa)	h_0(kJ/kg)	h_{ca}(kJ/kg)	$w_a = h_0 - h_{ca}$ (kJ/kg)	$q_0 = h_0 - h_c$ (kJ/kg)	$\eta_t = w_a/q_0$ (%)	$\delta\eta_t$(%)
4.0	3211	2039	1172	3091	38.0	
8.0	3128	1918	1220	3008	40.5	6.58

续表

p_0(MPa)	h_0(kJ/kg)	h_{ca}(kJ/kg)	$w_a = h_0 - h_{ca}$ (kJ/kg)	$q_0 = h_0 - h_c$ (kJ/kg)	$\eta_t = w_a/q_0$ (%)	$\delta\eta_t$(%)
12.0	3057	1832	1225（最大）	2937	41.7	2.96
16.00	2956	1759	1197	2836	42.2	1.19
20.0	2839	1683	1156	2719	42.6（最高）	0.948
24.0	2654	1985	669	2534	42.1	

从表 7-1 可以看出，随着初压力 p_0 的提高，循环热效率将不断增加。当 p_0 达到 20MPa 时循环热效率最大，再提高 p_0，反而会使循环热效率下降。同时随着初压力的进一步提高，循环热效率提高的幅度在下降，p_0 从 4.0MPa 提高到 8.0MPa 时效率增效最为明显，提高的相对幅度达 6.58%；当 p_0 达到 20MPa 时，提高的相对幅度下降到了一个百分点以下，为 0.948%。

在蒸汽初温度和排汽终参数不变的情况下，提高蒸汽初压力会使汽轮机相对内效率下降。因为在其他条件不变时，蒸汽初压力提高了，蒸汽比体积会减小，进入汽轮机的体积流量减小，级内叶栅损失和级间漏汽损失相对增大；同时汽轮机末端由于蒸汽湿度增加导致湿汽损失加大。机组容量不同时，提高蒸汽初压力对汽轮机相对内效率的影响程度也会不一样。机组容量越小，汽轮机相对内效率随蒸汽初压力提高而降低得越快。

3. 同时提高蒸汽初压力、初温度

从前面的分析可知，同时提高蒸汽初压力、初温度，对整个循环的热效率是有利的，但对汽轮机绝对内效率的影响呈不同方向的变化。对于大容量汽轮机，当蒸汽初参数提高时，相对内效率可能降低的数值不是很大，提高蒸汽初参数能保证设备有较高的热经济性；对于小容量汽轮机，由于蒸汽体积流量小，蒸汽初参数提高时，汽轮机相对内效率的降低会超过循环热效率的提高，此时，设备的热经济性是降低的。所以这时提高蒸汽初参数反而有害，因为它不但使设备复杂，造价提高，而且还要消耗更多的燃料。这就涉及使机组效率最高的最有利初压力，从图 7-2 可以得出如下结论：机组容量不同，使机组效率下降的最有利初压力也会不同。容量越大，最有利初压力越高；在同一机组容量下，蒸汽初温度

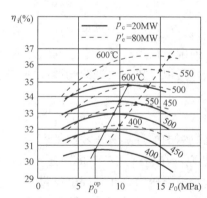

图 7-2 最有利初压力 p_0^{op} 与初温度 t_0 和机组容量的关系

越高，最有利初压力也越高。

为了使汽轮机组有较高的绝对内效率，在汽轮机组的进汽参数与容量的配合上，必然是"高参数必须是大容量"。在实际应用中，汽轮机的蒸汽参数是采用配合选择的，称之为配合参数。所谓配合参数就是保证汽轮机排汽湿度不超过最大允许值所对应的蒸汽的初温度和初压力。

蒸汽初参数的合理选择是一项复杂的技术经济问题。因为蒸汽参数与电厂的热经济性、

安全可靠性、动力设备制造成本、运行费用以及产品系列等因素有关，因此应按汽轮机、锅炉、给水泵、回热装置的成套设备等，统筹兼顾，综合考虑，进行全面的技术经济分析比较后才能加以确定。一般地说，提高蒸汽初参数而节省的燃料费用，应在规定的年限内能够补偿由于参数的提高所增加的设备投资费用。

4. 提高蒸汽初参数受到的限制

（1）提高蒸汽初温度受到的限制。提高蒸汽初温受动力设备材料强度的限制。当初温度升高时，钢材的强度极限、屈服点及蠕变极限都会降低得很快，而且在高温下，由于金属发生氧化、腐蚀、结晶变化，动力设备零件强度大大降低。在非常高的温度下，即使高级合金钢或特殊合金钢也无法应用。此外，从设备造价角度看，合金钢，尤其是高级合金钢比普通碳钢贵得多。由此可知，进一步提高蒸汽初温度的可能性主要取决于冶金工业在生产新型耐热合金钢及降低其生产费用方面的进展。

（2）提高蒸汽初压力受到的限制。提高蒸汽初压力主要受到汽轮机末级叶片容许的最大湿度的限制。在其他条件不变时，对于无再热的机组随着初压力的提高，蒸汽膨胀到终点的湿度是不断增加的。这一方面会影响到设备的经济性，使汽轮机的相对内效率降低，同时还会引起叶片的侵蚀，降低其使用寿命，危害设备的安全性。为了克服湿度的限制，可以采用蒸汽的中间再热来降低汽轮机的排汽湿度。

（二）降低终参数对电厂热经济性的影响

在蒸汽初参数一定的情况下，降低蒸汽终参数，将使循环放热过程的平均温度降低，理想循环热效率将随着排汽压力的降低而增加。

在决定热经济性的三个主要蒸汽参数即初压、初温和排汽压力中，排汽压力对机组热经济性影响最大。经计算表明在蒸汽初参数为 9.0MPa、490℃时，排汽温度每降低 10℃，热效率增加 3.5%。排汽压力从 0.006MPa 降低到 0.004MPa，热效率增加 2.2%。由此可知，排汽压力愈低，工质循环的热效率愈高。

图 7-3 表示循环热效率随排汽压力 p_c 变化而变化的曲线。排汽压力降低，对汽轮机相对内效率不利。随着排汽压力的降低，汽轮机低压部分蒸汽湿度增大，影响叶片的寿命，同时增大湿汽损失，使汽轮机相对内效率下降。过分地降低排汽压力，则会使热经济性下降。因为随着排汽压力的降低，排汽比体积增大，在余速损失一定的条件下，就得用更长的末级叶片或多个排汽口，凝汽器尺寸增大，投资增加。若排汽面积一定，则排汽余速损失会增加。当 p_c 降至某一数值时，带来的理想内功的增加等于余速损失增加时，p_c 达到极限背压。当 p_c 小于极限压力后，再降低 p_c 则会使机组热经

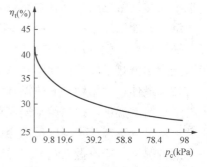

图 7-3 排汽压力与理想循环热效率关系曲线

济性下降。因此，在极限背压以上，随着排汽压力 p_c 的降低热经济性是提高的。

实际情况下，汽轮机排汽的饱和温度必然大于以下两个极限：理论极限，即排汽的饱和温度必须等于或大于自然水温，绝不可能低于这个温度；技术极限，即冷却水在凝汽器内冷却汽轮机排汽的过程中，由于冷却蒸汽的凝汽器冷却面积不可能无穷大的缘故，排汽的饱和温度应在自然水（冷却水）水温的基础上加上冷却水温升和传热端差。

值得注意的是，在发电厂实际运行中，汽轮机末级通流截面的大小已定，它已限制了蒸汽的体积流量，当排汽压力降低至低于极限压力时，蒸汽膨胀就有一部分要在末级叶片以后进行，它并不能增加出力，只能增大余速损失，实际上是无益的。它进一步给我们指出了最佳真空的意义：在运行中凝汽器的真空并不一定是愈高愈好，只有在末级叶片极限压力以内这个说法才是正确的。

二、改进循环结构

改进循环结构可以改善机组的热经济性，具有以下方法。

（一）回热循环

给水回热加热是指在汽轮机某些中间级抽出部分蒸汽，送入回热加热器，对锅炉给水进行加热的过程，与之相对应的热力循环叫回热循环。图 7-4 所示为单级回热的热力系统图。

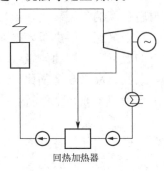

图 7-4 单级回热的热力系统图

1. 给水回热加热的意义

与纯凝汽式机组相比较，给水回热加热的意义在于：一方面回热抽汽减少了进入凝汽器的凝汽量，降低了汽轮机冷源损失；另一方面回热提高了锅炉给水温度，使工质在锅炉内的平均吸热温度提高，使锅炉的传热温差降低。同时，汽轮机抽汽加热给水的传热温差远比锅炉中利用烟气加热给水的传热温差小得多，由温差换热引起的做功能力损失量就会减小。换句话讲，同样的初蒸汽参数和流量下，回热可以使机组产生更多的输出功率。

由于给水温度的提高而使回热循环吸热过程平均温度提高，进而使理想循环热效率也增加。因此在朗肯循环基础上采用回热循环，能够提高电厂的热经济性。

2. 影响给水回热加热过程热经济性的因素

（1）多级回热给水总焓升（温升）在各级加热器间的分配。电厂机组的实际应用中均采用多级回热加热给水。各级回热加热器间不同的热负荷分配方法，对机组热经济性产生的影响也不一样。常见的分配方法有焓降分配法、几何级数分配法和平均分配法。

焓降分配法就是将每一级加热器的焓升取作等于前一级至本级的蒸汽在汽轮机中的焓降；平均分配法就是每一级加热器内水的焓升相等，在汽轮机设计时多采用这种方法；几何级数分配法就是各加热器间给水的绝对温度呈几何级数分配。

（2）最佳给水温度。回热循环汽轮机绝对内效率为最大值时对应的给水温度称为热力学上的最佳给水温度。提高给水温度可提高循环过程平均吸热温度，从而提高回热系统的热经济性；但过分提高给水温度反而会因为回热抽汽压力增加而减少了抽汽做功量，在机组功率一定的情况下，排汽做功量增加导致排汽的冷源损失加大。因此理论上分析存在一个最佳给水温度。

工程应用中，经济上的最佳给水温度值与整个装置的综合技术经济性有关。给水温度的提高，将使锅炉设备投资增加，或使锅炉排烟温度升高从而降低了锅炉效率。例如，在提高给水温度时，若锅炉受热面不变，则省煤器吸热量减少，锅炉排烟热损失增加，使锅炉效率下降，有可能使整个电厂效率降低。若排烟温度和锅炉效率不变，则省煤器受热面必须增加，从而使设备投资增加。因此，经济上最有利的给水温度的确定，应在保证系统简单、工作可靠、回热的收益足以补偿和超过设备费用的增加时，才是合理的。实际给水温度值要低于理论上的最佳值，通常可以取为理论最佳温度的 65%～75%。表 7-2 列出了国产机组的实际给水温度与蒸汽初参数和回热级数的关系。

表 7-2　　　　　　　国产机组的实际给水温度与蒸汽初参数和回热级数的关系

初参数		容量	回热级数	给水温度	热效率相对增长
p_0（MPa）	t_0（℃）	P_e（MW）	z	t_{fw}（℃）	（%）
2.35	390	0.75, 1.5, 3.0	1~3	105	
3.34	435	6, 12, 25	3~5	145~175	6~7
8.83	535	50, 100	6~7	205~2225	8~9
12.75	535/535	200	8	220~250	11~13
13.24	550/550	125	7	220~250	14~15
16.18	535/535	300, 600	8	250~280	15~16
24.22	538/566	600	8	280~290	

（3）回热级数。机组实际应用中均采用多级回热加热，在相同的给水温度和机组功率下，与单级回热相比，多级回热由于更多地采用了多级较低压力的回热抽汽分段加热给水，从而减少了凝汽做功量，使冷源损失减少。理论上分析，采用回热级数越多，机组回热经济性越好，但热经济性提高的幅度在下降，回热的综合效果在削弱。工程上考虑到设备投资、场地布置、系统的复杂性、运行的安全可靠性等原因，具体采用多少回热级数要通过技术经济比较后确定。参照表 7-2，可以清楚国产机组的回热级数情况。

（二）蒸汽中间再热

蒸汽中间再热就是将汽轮机高压部分做过功的蒸汽从汽轮机某一中间级引出，送到再热器中再次加热，提高温度后，又引回汽轮机中继续膨胀做功的热力过程。与之相对应的循环称为再热循环。图 7-5 所示为蒸汽中间再热系统。

1. 蒸汽中间再热的意义

采用蒸汽中间再热是为了提高发电厂的热经济性和适应大机组发展的需要。再热过程可以减小汽轮机排汽湿度，改善汽轮机末几级叶片的工作条件，提高汽轮机的相对内

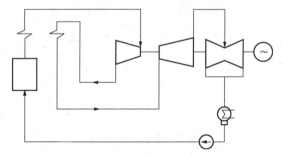

图 7-5　蒸汽中间再热系统

效率。同时由于蒸汽再热，使工质的做功能力增强，在汽轮发电机组输出功率不变的情况下，则可减少汽轮机总汽耗量。此外蒸汽中间再热后改善了汽轮机末端叶片的湿度环境，使我们能够采用更高的蒸汽初压力，增大单机容量，向大容量机组发展。但是，采用中间再热将使汽轮机的结构、布置及运行方式更加复杂，金属消耗及造价增大，对调节系统要求更高，设备投资和维护费用增加，因此，通常只在 100MW 以上的大功率、超高参数汽轮机组上才采用蒸汽中间再热。

2. 再热的热经济性

采用中间再热使资金投入更多、系统变得更加复杂、运行维护费用增加。解决的办法只有通过提高机组的热经济性来补偿。经分析，机组再热提高热经济性必须满足一个条件，即再热后形成的附加循环的热效率一定要高于基本朗肯循环的热效率，类似新同学的平均分必须高于原班同学的平均分方可使总平均分提高的情况。

3. 再热参数的选择

为了满足上述再热机组提高热经济性的必要条件,就涉及再热参数的选择问题。再热参数包括再热后的蒸汽温度、再热前抽取点的蒸汽压力、再热蒸汽在再热过程中的压力损失。

提高再热后温度可以提高整个循环的吸热过程平均温度,从而提高机组的循环热效率,同时使排汽湿度下降,更有利于汽轮机设备的经济性并改善其工作条件。因此,与提高主蒸汽的初温度相类似,提高再热后蒸汽温度对机组热经济性总是有利的,但受金属材料性能的限制。用烟气再热法再热时,再热后蒸汽温度通常等于主蒸汽的初温度。

再热压力选取存在一个高于上述必要条件下的压力最佳值,再热压力选择过高,附加循环热效率虽然提高了,但附加循环的吸热量的下降又可能导致整个再热循环热效率下降,同时汽轮机排汽湿度加大使汽轮机相对内效率下降。当再热温度等于蒸汽初温度时,最佳再热压力为蒸汽初压力的18%~26%。当再热前有回热抽汽时,取18%~22%;再热前无回热抽汽时,取22%~26%。

再热压损是指蒸汽在再热前后的管道和再热器中,因蒸汽流动而造成的阻力损失。显然,压力损失越大,能量损耗越多,对机组热经济性越不利。加大管径和保证安全可靠性条件下尽可能减少管道附件等措施可以减小再热压力损失,但需要增加投资。再热压损通常取再热前蒸汽压力的8%~12%。

4. 再热方法

依据加热介质的不同,再热方法有如图7-6所示的烟气中间再热、蒸汽中间再热和载热质中间再热三种形式。

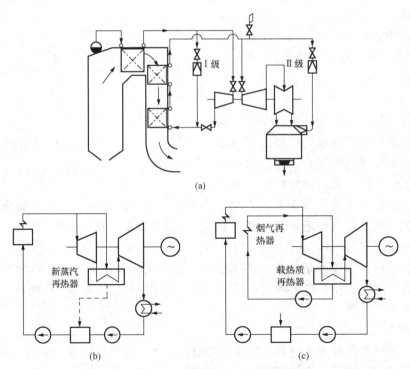

图7-6 不同再热形式的系统连接
(a) 烟气再热;(b) 蒸汽再热;(c) 载热质再热

烟气再热法是最广泛使用的一种再热方法，它是将在汽轮机中做过部分功的蒸汽，经冷段管道引至布置在锅炉烟道中的再热器中，被烟气再次加热的蒸汽经再热热段送到汽轮机中、低压缸继续膨胀做功。这种再热方法，可使蒸汽温度加热到 550~600℃，能使总的热经济性相对提高 6%~8%；但是，往返于机、炉之间的长管道中的蒸汽因流动形成的压损使再热的经济效益减少 1.0%~1.5%，同时再热管道中储存的大量蒸汽，在汽轮机突然甩负荷的情况下，可能引起汽轮机超速。为了保证机组的安全，在采用烟气再热的同时，汽轮机必须配置灵敏度高和可靠性大的调节系统，并增设必要的旁路系统。

蒸汽再热是指利用汽轮机的新汽或抽汽为热源来加热再热蒸汽。一般情况下，热经济性只能提高 3%~4%。蒸汽再热的特点是再热器简单、便宜，可以布置在汽轮机旁边，再热管道短，再热压损小，再热汽温的调节比较方便。蒸汽再热在核电站中得到了广泛应用。

中间载热质再热法综合了烟气再热法和蒸汽再热法的优点，是一种有发展前途的再热方法。它需要两个换热器，载热质在布置于烟道的换热器中吸收热量后，传递给布置在汽轮机附近的蒸汽换热器中需要再热的蒸汽。这种再热法对载热质有很多要求：高温下化学性能稳定，对设备无侵蚀、无毒，传热性能好而比体积小等。

(三) 热电联产

在发电厂中利用在汽轮机中做过功的蒸汽（可调节抽汽或背压排汽）的热量集中供给热用户，发电厂这种在生产电能的同时又集中向用户供应热能的生产过程称为热电联产（联合能量生产）。这种形式的发电厂称为热电厂。

按照不同的分类方法，热电厂供热系统可以分为表 7-3 所示的类型。

表 7-3　　　　　　　　　　　供热系统的类型

序号	供热系统类型		主要功能
1	按热电厂性质分类	区域性热电厂供热系统	满足区域内生产和人民生活需要的热能
		企业自备热电厂供热系统	满足本企业生产和生活需要的热能
2	按载热质分类	蒸汽供热系统	以蒸汽为载热质向用户输送热量
		热水供热系统	以热水为载热质向用户输送热量
3	按汽轮机型式分类	背压汽轮机供热系统	常用于企业自备电厂
		低压可调节抽汽汽轮机供热系统	抽汽压力为 0.12~0.25MPa，常用于城市区域性民用供热
		高、低压可调节抽汽汽轮机供热系统	抽汽压力为 0.78~1.27MPa 和 0.12~0.25MPa，常用于工业区域，同时向生产和生活供热
4	按热网供热方式分类	闭式供热系统	只向热用户提供载热质所携带的部分热量
		半开式供热系统	向热用户提供载热质所携带的部分热量和部分载热质
		开式供热系统	向热用户提供全部载热质和热量

图 7-7 为背压式汽轮机供热系统，它利用其全部排汽对外供热，是一种简单纯粹的联合能量生产形式。这种生产方式存在着电负荷随热负荷的变化而变化的缺点，因此，一般电厂不单独采用此方式。目前热电厂多采用图 7-8 (a) 所示的调节抽汽式汽轮机或图 7-8

(b) 所示的背压式与凝汽式汽轮机并列运行的联合能量生产系统。

热电厂以水作为供热系统的载热质时，采用逐级加热方式，以提高热电厂的能源效率。如图 7-9 所示热网水加热系统，通常采用四级串联加热器加热，热网回水经凝汽器内加热管束 2 后首先进入凝结水冷却器 8，然后依次流经基本加热器 7 和 6，最后到达高峰加热器 11。基本加热器承担热网的基本负荷，高峰加热器则承担高峰负荷。高峰加热器可由锅炉新汽经减温减压装置后作为加热蒸汽，或采用高峰热水锅炉。

热电厂以蒸汽作为载热质时，有如图 7-10 所示的 4 种供汽方式，即：

（1）通过减温减压装置由锅炉直接供汽；

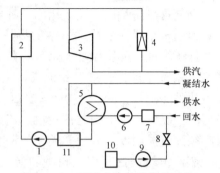

图 7-7 背压式汽轮机供热系统
1—锅炉给水泵；2—锅炉；3—背压式汽轮机；
4—减温减压器；5—热网加热器；6—循环水泵；7—除污器；8—压力调节阀；
9—补给水泵；10—热网补给水箱；
11—给水混合器

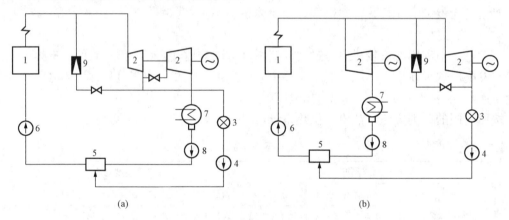

图 7-8 联合能量生产系统图
(a) 调节抽汽式；(b) 背压式与凝汽式汽轮机并列运行
1—锅炉；2—汽轮机；3—热用户；4—热网水回收水泵；5—加热器；
6—给水泵；7—凝汽器；8—凝结水泵；9—减温减压器

（2）通过射汽增压器供汽；

（3）由汽轮机抽汽或排汽直接供汽；

（4）通过蒸发器供二次蒸汽。

第 3 种方式的热经济性最高，供热量可以在热电厂获得最高的发电量；第 4 种方式需增加蒸发器等设备和投资，热经济性不如第 3 种方式，但适用于用户端凝结水损失最大或受到污染的场合；第 1 种方式的热经济性最差，仅做备用；当抽汽压力低于用户要求时，可采用第 2 种方式，它与第 1 种方式相比，可以节约新汽量。

热电联产具有节约燃料、减轻环境污染、改善劳动条件、提高供热质量等优点，利用大型电站锅炉的热电联合供应能量方式正成为集中供热的发展趋势。

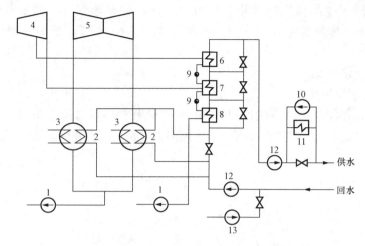

图 7-9 热网水加热系统

1—凝结水泵；2—凝汽器内加热管束；3—凝汽器；4—汽轮机中压缸；5—汽轮机低压缸；
6、7—基本加热器；8—凝结水冷却器；9—疏水器；10—循环泵；11—高峰加热器；
12—热网水泵；13—热网补给水泵

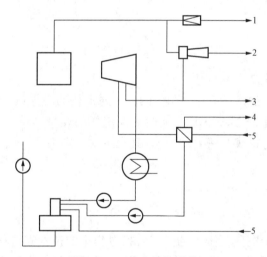

图 7-10 蒸汽供热系统

1—通过减温减压器由锅炉直接供汽；2—通过射汽增压器供汽；3—汽轮机
抽汽供汽；4—通过蒸发器供二次蒸汽；5—返回的凝结水

第三节 热力发电厂的主要经济指标

热力发电厂的主要热经济指标有能耗量、能耗率及效率，又可分为汽轮发电机组热经济指标和全厂热经济指标两类。

一、汽轮发电机组热经济指标

汽轮发电机组作为锅炉设备的蒸汽用户和热能用户要消耗一定的蒸汽量和热量，每产生 1kW·h 电能所消耗的蒸汽量和热量即为汽轮发电机组的汽耗率和热耗率。汽轮发电机组热经济指标间接反映了冷源损失的大小和机组设备性能的完善程度。如某电厂 N600-17.75/540/540 型机组设计热耗率为 7842.6kJ/(kW·h)；某 N600MW 机组原则性热力计算机组汽耗量为 2100.0t/h。

二、全厂热经济指标

1. 全厂热耗量和热耗率

发电厂热耗量是指某一时段内燃料在锅炉中燃烧释放热量总量，单位为 kJ。

发电厂热耗率是指电厂每生产 1kW·h 电能时需要消耗的热能量，单位为 KJ/(kW·h)。它们的表达式为

$$Q_{cp} = BQ_{net} = \frac{Q_0}{\eta_b \eta_p} \tag{7-4}$$

$$q_{cp} = \frac{Q_{cp}}{P_e} = \frac{3600}{\eta_{cp}} = \frac{q_0}{\eta_b \eta_p} \tag{7-5}$$

式中　Q_0——汽轮发电机组热耗量，kJ/h；

　　　P_e——汽轮机轴端输出功率，kW·h。

2. 厂用电率

厂用电率是指电厂在生产过程中自身用电量（厂用电量）与同期发电量之比，其表达式为

$$\xi_{ap} = \frac{P_{ap}}{P_e} \times 100\% \tag{7-6}$$

3. 全厂煤耗量和煤耗率

全厂煤耗量是指电厂生产 P_e(kW·h) 的电能时消耗的燃煤量。

煤耗率是指电厂每生产 1kW·h 电能时需要消耗的煤量，单位为 kg/(kW·h)。煤耗率还有实际煤耗率 b 和标准煤耗率 b_b 之分，其表达式分别为

$$b = \frac{B}{P_e} = \frac{3600}{Q_{net}\eta_{cp}} \tag{7-7}$$

$$b_b = \frac{3600}{29270\eta_{cp}} \approx \frac{0.123}{\eta_{cp}} \tag{7-8}$$

标准煤耗率表明整个电厂范围内的能量转换过程中的技术完善程度，也反映其管理水平和运行水平，同时也是厂际、班组间的经济评比、考核的重要指标之一。

思 考 题

7-1　朗肯循环的工作过程是怎样的？说明电厂的能量转换过程。

7-2　火力发电厂在生产过程中有哪些能量损失？哪种能量损失最大？

7-3　影响机组热经济性的主要因素有哪些？从哪些途径去考虑提高电厂的热经济性？

7-4　什么是烟气中间再热？烟气再热法有何特点？

7-5　什么是给水回热加热？给水回热加热有何意义？

7-6　什么是发电厂的厂用电率？什么是发电厂的煤耗率？

第八章 发电厂的热力及辅助生产系统

第一节 原则性热力系统

一、发电厂原则性热力系统的概念

发电厂热力部分的主、辅设备按照热力循环顺序用管道和附件连接起来所构成的系统称为发电厂的热力系统。当我们用规定的符号来表示热力设备及它们之间的连接关系时就构成了相应的热力系统图。热力系统按其应用目的和编制原则的不同,分为原则性热力系统和全面性热力系统两种。

在热力设备中工质按热力循环顺序流动的系统称为原则性热力系统,其实质是用原则性热力系统来表明工质的能量转换及其热量利用过程,反映出电厂能量转换过程的技术完善程度和热经济性的高低,并通过计算可以确定各设备的汽水流量及电厂的热经济指标等。正确地拟定、分析和论证原则性热力系统,是发电厂设计和技术改进中的一项重要内容。

原则性热力系统只表示出工质流动过程发生压力和温度变化时所必需的各种热力设备。同类型同参数的设备只表示一个,备用的设备和管道不予绘出,附件一般均不表示。

原则性热力系统主要由下列各局部热力系统组成:锅炉、汽轮机及凝汽设备的连接系统,凝结水和给水回热加热系统,除氧器系统,补充水系统,废热回收系统及供热机组的对外供热系统等。

二、原则性热力系统举例

国产引进 N600-16.67/537/537 型机组原则性热力系统如图 8-1 所示。该机组配备 HG-2008/18.6 亚临界压力强制循环汽包炉。汽轮机为单轴高、中、低(双缸)四缸四排汽一次再热反动式凝汽式,四排汽进入两个凝汽器。该机组有八级不调整抽汽,回热系统为"三高四低一除氧"。三台高压加热器全部设内置式蒸汽冷却器和疏水冷却器,其疏水逐级自流至除氧器。除氧器及给水箱为卧式滑压运行,给水系统配有电动前置泵 TP 和汽动调速给水泵 FP,驱动小汽轮机 TD 的汽源为第四段抽汽,其排汽直接引入主凝汽器。低压加热器全部设置内置式疏水冷却器,疏水逐级自流,最后进入热井。H7 和 H8 分为 A、B 两组置于 CA 和 CB 两台凝汽器颈部。补充水进入凝汽器。汽轮机的凝结水全部经过精处理,设有除盐设备 DE 和升压泵 BP。如果采用中压除盐设备 DE 时,其升压泵 BP 可以取消,此时应采用中压凝结水泵。锅炉采用一级连续排污利用系统,扩容器 CV 分离出的蒸汽送入高压除氧器。

该机组在额定工况时热耗率为 $q=8204.03 kJ/(kW·h)$,锅炉效率为 $\eta_b=92.3\%$ 时全厂发电标准煤耗率为 $b_b=310.6 g/(kW·h)$。

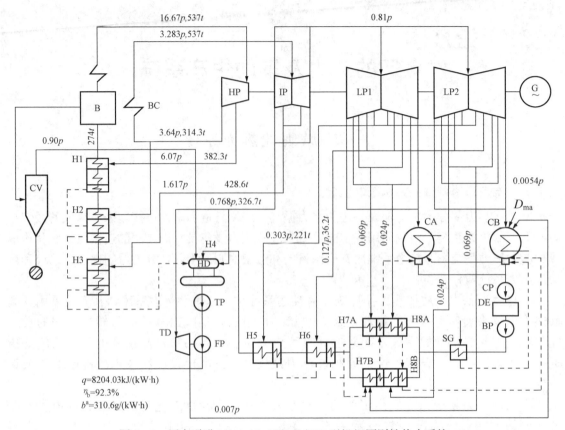

图 8-1 国产引进 N600-16.67/537/537 型机组原则性热力系统

第二节 给水回热加热系统

一、回热加热器

回热加热器是发电厂热力过程中重要的热力辅助设备，回热循环提高机组热经济性就是通过回热加热器对锅炉给水进行加热，以提高给水温度来实现的。

（一）回热加热器类型及应用

回热加热器按照传热方式的不同，可以分为混合式和表面式两种。

1. 混合式加热器

热源（汽轮机抽汽）通过直接接触将热量传递给作为冷源的锅炉给水。因为抽汽和给水的直接混合接触，使得加热后的出水温度能够达到抽汽压力下的饱和温度，不存在传热端差，设备热经济性高，同时加热器内部金属耗量少，结构简单。但是在混合式加热器之后需设置给水泵和备用水泵，不仅增加了电耗，还使系统变得复杂，降低了系统的安全可靠性能。同时考虑到水泵的汽蚀问题需要将加热器安装在一定的高度，进而使厂房成本、运行维护费用增加。

2. 表面式加热器

表面式加热器的工作原理是：热源抽汽通过金属壁面将热量传递给主凝结水或给水。由于通过金属壁面传热，存在传热热阻，被加热的水（即冷源）总不能被加热到回热加热器工作压力下所对应的饱和温度,回热加热器工作压力下所对应的饱和温度与冷源出水温度之差值称为表面式加热器传热端差。端差的存在降低了回热加热设备的热经济性,同时表面式加热器内部结构复杂,金属耗量增加,但整个回热系统变得简单、能耗减少、可靠性增加。

在实际的回热系统应用中,更多地只采用了一个混合式回热加热器,它既作加热级又为给水除氧,其余加热器均采用表面式加热器。

回热加热器还可以按布置方式分为卧式和立式;按水侧压力大小分为高压加热器和低压加热器。

(二)表面式回热加热器的疏水连接方式

表面式回热加热器中,抽汽在加热器汽侧释放热量被凝结成水后需要排放,排放的方式有以下几种。

1. 疏水逐级自流

这种疏水排放方式是依靠各加热器间的汽侧压力差形成流动的动力,如图 8-2 (a)、(b)、(c) 所示。高压加热器的汽侧凝结水即疏水逐级排放到除氧器;低压加热器的疏水逐级排放最后流入凝汽器。疏水逐级自流方式系统简单、可靠。但高压力级的疏水流入带来的热量将会对低压力级加热器的抽汽形成"排挤"现象,在保持汽轮机输出功率不变的情况下,这种逐级"排挤"导致进入凝汽器的凝汽流量增加而增加冷源损失,使机组热经济性下降。为了减弱这种"排挤"现象,改善设备热经济性,可在加热器间设置疏水冷却器或在加热器内部设计疏水冷却段。同时还应考虑在机组低负荷时加热器间压差动力不足的疏水排放,疏水在疏水管中可能形成汽液两相流动引起的不安全等问题。

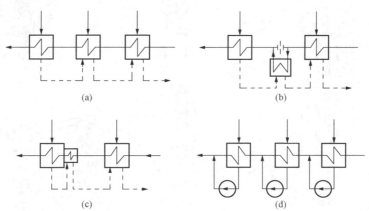

图 8-2 表面式加热器的疏水连接方式
(a) 疏水自流连接方式;(b) 外置式疏水冷却器的连接方式;
(c) 内置式疏水冷却器的连接方式;(d) 疏水泵的连接方式

2. 采用疏水泵输送

回热加热器的汽侧抽汽冷凝后的凝结水,也可以通过疏水泵的方式进行排放。最常见的就是将疏水通过疏水泵,打入到本级加热器出口的水侧管道中,如图 8-2 (d) 所示。由于这种方式增加了疏水泵及备用疏水泵,使得电耗、投资、运行维护费用增加,系统复杂,可靠性降低,但其热经济性比疏水逐级自流排放方式要高。在实际的应用中,加热器的疏水排放方式往往是以上几种方式的综合应用。我们可以通过前面讲述的原则性热力系统图去加深理解实际的疏水连接。

(三) 回热加热器结构

按照被加热水引入和引出加热器的方式，表面式加热器可分为水室结构和联箱结构两大类。

水室结构采用管板—U形管束连接方式，联箱结构采用联箱与蛇形管束或螺旋形管束相连接的方式。

1. 管板—U形结构

(1) 加热器工作原理。如图8-3所示，来自汽轮机某一中间级的抽汽从加热器下壳体的中上部引入，热源抽汽在U形管束外面对管束内给水或凝结水进行对流传热，释放热量后的抽汽所形成的凝结水（称为疏水）在加热器底部汇集，和相邻高压力级的疏水一起经疏水管道排至下一个相邻的低压力级加热器。被加热的给水或凝结水引入到进口水室，在进口水室内分配给各个U形管，在U形管内通过金属壁面吸收管外蒸汽的热量而获得温升，最后经出口水室汇集之后进入下一个高压力级加热器的水侧。低压加热器水侧主凝结水流动动力来自凝结水泵；高压加热器水侧给水流动动力来自给水泵。

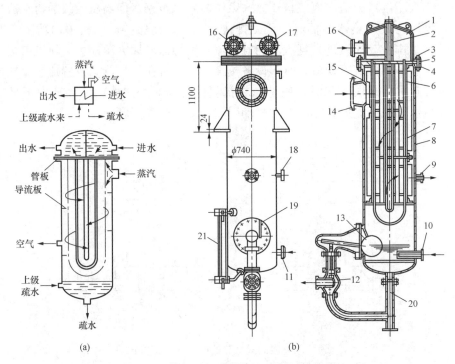

图8-3 管板—U形管束立式低压加热器
(a) 面式加热器图例（上部）及结构；(b) 结构图外形及剖面
1—水室；2—拉紧螺栓；3—水室法兰；4—筒体法兰；5—管板；6—U形管束；7—支架；8—导流板；
9—抽空气管；10、11—上级加热器来的疏水入口管；12—疏水器；13—疏水器浮子；
14—进汽管；15—护板；16、17—进、出水管；18—上级加热器来的空气入口管；
19—手柄；20—排疏水管；21—水位计

(2) 主要结构部件及作用。

水室：冷流体集散地，也是区别于螺旋管式加热器的一个关键部件，将冷源分配给各个U形管，然后将吸热后的冷源从各U形管汇集。根据加热器应用的不同，水室与加热器主体的连接可分为法兰螺栓连接和焊接结构。

管板：用于管束固定，同时将水室和加热器主体隔开，和管束一起在加热器内部形成加热器的汽侧和水侧。管板由于要承受水室压力和一定的管束重量，因此对管板具有一定的厚度要求。

管束：受热面，被加热的水在管束内通过金属壁面吸收来自汽侧抽汽的热量而获得温升。在高、中压机组的高、低压加热器中，管束与管板的固定方法常采用胀管法连接。在超高压及以上机组的高压加热器，由于水侧压力高达 18.0MPa 以上，管板很厚，采用胀管法连接很难保证严密性，因此广泛采用氩弧焊和爆胀法胀管等新工艺。

水位计：测定加热器汽侧疏水水位，作为加热器运行参数。疏水水位过低过高均不利于设备的经济性和安全性。

抽空气管：为保证工质品质和利于传热，加热器启动时和运行中用于加热器内氧气及其他气体排出。

护板：保护抽汽进入口附近的管束，避免蒸汽的直接冲刷。

疏水装置：加热器运行时及时排出加热器汽侧凝结水（即疏水），维持加热器汽侧水位和工作压力。

（3）主要特点及应用。管板—U 形结构加热器的主要特点是管板较厚，可达 300～500mm，较薄的管束与之连接时存在热应力引起的胀差问题，不同的胀差可能导致管板与管子连接处泄漏；同时由于管束较长，运行中容易因为工况波动而引起管束振动，振动引起管束间相互影响导致寿命下降，甚至引起管束泄漏，泄漏的高压力水冲刷临近管束而使泄漏事故扩大。

法兰连接的立式管板—U 形结构加热器多应用于水侧压力在 7.0MPa 以下，即各类机组的低压加热器或中压电厂的高压加热器。大容量机组的高压加热器常采用如图 8-4 所示的卧式结构形式。该加热器工作原理和主要结构部件与图 8-3 相似，不同之处在于布置上为卧式，利于强化传热效果，壳体采用全焊接结构，水室采用人孔盖式密封水室。

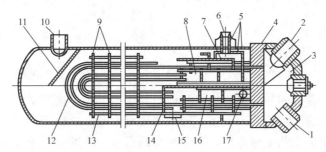

图 8-4　卧式管板—U 形管式高压加热器结构图

1、2—给水进、出口；3—水室；4—管板；5—遮热板；6—蒸汽进口；7—防冲板；8—过热蒸
汽冷却段；9—隔板；10—上级疏水进口；11—防冲板；12—U 形管；13—拉杆和定距管；
14—疏水冷却段板；15—疏水冷却段进口；16—疏水冷却段；17—疏水出口

2. 联箱—螺旋管式加热器

图 8-5 所示为前苏联机组广泛使用的螺旋管式加热器，也被我国的 50、100MW 机组采用。

联箱螺旋管式加热器的换热面由许多螺旋管（四盘的为圆形螺旋管束，两盘的为椭圆螺旋管束）组成，全部管束放在圆柱形壳体内。

四盘螺旋管式加热器的全部管束对称地分为四部分，每部分由若干组水平螺旋管组成。给水由一对直立的集水管送入螺旋管组中，并经曲折流动后由另外的一对直立集水管导出，每个双层螺旋管的管端都焊接在邻近的进水和出水集水管上，水的进、出都通过外壳盖上的连接管。加热蒸汽经加热器中部连接管送入，并在外壳内部先向上升，而后下降，顺着一系列水平的导向板改变流动方向，同时冲刷管组的外表面。

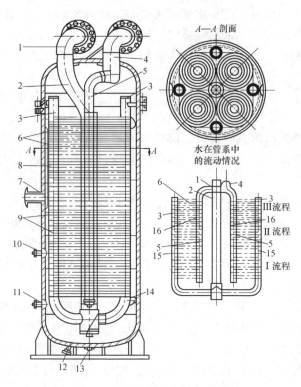

图 8-5 联箱螺旋管式加热器

1—进水总管弯头；2—进水总管；3—进水配水管；4—出水总管弯头；5—出水配水管；6—双层螺旋管；7—进汽管；8—蒸汽导管；9—导向板；10—抽空气管；11、12—连接管；13—排水管；14—导轮；15、16—配水管内隔板

联箱式加热器与管板式加蒸器相比，其焊口数目多，对焊接质量要求高，一旦疏忽容易造成焊口漏水；且金属消耗量较大，体积较大，效率也较低，检修、堵管比较困难。但由于它取消了管板，使制造工艺变得简单，安全性也提高了。特别是联箱壁厚要比管板厚度薄得多，管系的弹性又好，故对变参数运行及调峰的适应性很强。近年来，国外高参数大容量机组采用联箱型给水加热器的数量在增加。

二、回热加热器在系统中的连接

回热加热器在系统中的连接可以从汽侧连接和水侧连接两方面来考虑，下面以具体的图例来介绍回热加热器在机组中的连接形式。

（一）汽侧连接

1. 回热抽汽系统

回热抽汽系统主要考虑加热器在不同工况下的加热蒸汽汽源的供应以及这部分的安全性

问题，如图 8-6 所示。

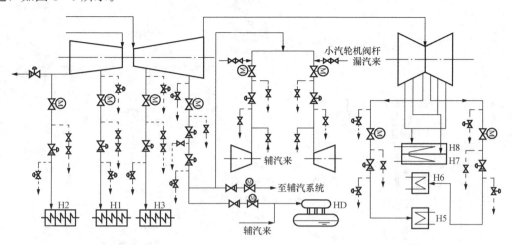

图 8-6　N300MW 机组回热抽汽系统

全机共有八级不调整抽汽。高压缸共两级抽汽，第一段抽汽向高压加热器 H1 供汽，第二段抽汽采用高压缸排汽向高压加热器 H2 供汽。中压缸共两级抽汽，第三段向高压加热器 H3 供汽，第四段向除氧器 HD、主给水泵汽轮机和辅助蒸汽联箱供汽。低压缸共四级抽汽，分别向低压加热器 H5～H8 供汽。在第一到第六段抽汽管道上，均装设了电动截止阀和气动止回阀，在加热器需解列时用于隔断加热器汽侧和防止工质倒流回汽轮机；抽汽管道上的每个阀门前后，均设有水排放管，用于机组启动时排放各种疏水和加热器故障时可能导致的抽汽管道超压而迅速排放抽汽管内积水；同时考虑了滑压运行除氧器在启动和低负荷时的备用汽源，即通过辅助蒸汽系统供汽。在第七、八级抽汽管道上未装任何阀门，其原因是：需要这两级抽汽的低压加热器 H7、H8 安装在凝汽器颈部，抽汽压力已经很低，即使机组甩负荷，蒸汽倒流入汽轮机，因蒸汽做功能力较小，引起超速的可能性不大，并且在加热器疏水和主凝结水管道上采取了防止汽轮机进水的措施，这样就可省去不易加工制造且布置安装不便的大口径阀门，同时节约投资。

2. 疏水与放气系统

疏水与放气系统主要考虑加热器汽侧抽汽凝结水和空气在各种情况下的排放问题，其连接管路如图 8-7 所示。

正常运行时，高压加热器疏水逐级自流到除氧器，机组低负荷至高加疏水不能自流入除氧器时，在低压加热器疏水泵通流量允许的情况下，可通过支管排放到最高压力级的低压加热器。高压加热器管系破裂或疏水装置故障出现加热器高水位时，高压加热器疏水经事故疏水管排放到事故疏水扩容器后进入凝汽器。启动疏水在初期可直接排至地沟，水质合格后，经疏水调节阀汇集到启动疏水扩容器。低压加热器的正常疏水用疏水调节阀逐级自流入低压加热器 H7，与 H7 疏水一起经过水封式疏水调节装置作用排入疏水系统的专用水箱，再通过疏水泵打入到低压加热器 H7 出口的主凝结水管道。低压加热器 H8 的疏水，经 U 形水封管直接排入凝汽器。低压加热器 H5 的疏水绕过低压加热器 H6 至低压加热器 H7，低压加热器 H6 与 H7 的疏水直接排至疏水箱。当疏水泵发生事故时，疏水箱的疏水可经多级 U 形水封管排入凝汽器。

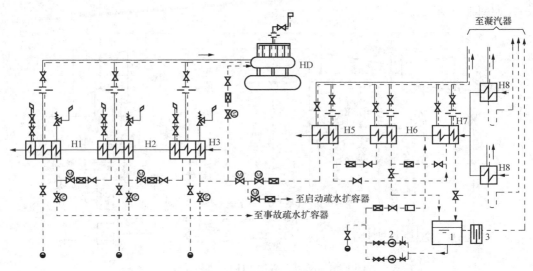

图 8-7 N300MW 机组疏水与放气系统
1—疏水箱；2—疏水泵；3—多级水封管

加热器汽侧空气存在不利于设备换热效果，汽侧空气分压力越大，加热器水侧出水温度降低越多；同时空气浓度越大，在高温高压条件下对设备腐蚀越严重。基于这些考虑，加热器设置有排气系统。每台加热器汽侧均设有启动排气和连续排气装置。启动排气用于机组启动和水压试验时迅速排气；连续排气用于机组正常运行时加热器内不凝结气体的排放。高压加热器的启动排气为对空排放，其连续排气管分别从各加热器引出，经一只节流孔板和一只隔离阀进入放气母管后，接入除氧器。低压加热器的启动排气经并联空气母管排入凝汽器。低压加热器 H5、H6、H7 的连续排气也是通过一只节流孔板和一只隔离阀进入母管，再接入凝汽器。低压加热器 H8 的排气直接进入凝汽器。节流孔板用于限制排气量，防止排气量过大，气体带蒸汽进入除氧器或凝汽器，使热经济性下降。同时排气母管要具备较大管径，以保证足够通流能力，避免出现放气系统形成循环回路。在汽侧压力大于大气压的加热器和除氧器上，均设有安全阀，作为超压保护。所有加热器水侧备有手动操作向空排气阀，以便加热器充水时排去水室中空气。

（二）水侧连接

1. 主凝结水系统

主凝结水管道系统是指汽轮机排汽冷凝而成的凝结水，由凝结水泵提供动力，经过轴封加热器和低压加热器最后送至除氧器所经过的设备及管路。主凝结水系统重在描述这部分凝结水流程及流经各加热器水侧时所必须考虑到的系统安全性和可靠性问题。

图 8-8 所示为 N200MW 机组主凝结水系统。考虑凝结水泵运行的可靠性，凝结水泵一般设置为两台，容量均为 100%，一台运行，一台备用。为防止凝结水倒流，泵出口须装设有止回阀。考虑加热器故障需水侧隔离时不至于中断除氧器供水而将事故扩大，在加热器水侧设置有大或小旁路，两台及以上加热器共用一个旁路，称为大旁路，只对一个加热器进行水侧隔离的旁路，称为小旁路。在需要水侧隔离的加热器进出口的管路上还设置有进出口截止阀，旁路上设电动截止阀。

考虑到凝结水泵不汽蚀所必需的最小流量和轴封加热器有足够的冷却流量，在轴封加热

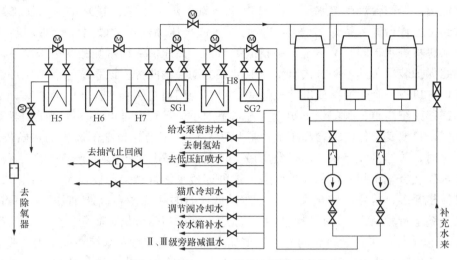

图 8-8 N200MW 机组主凝结水系统

器 SG1 之后的主凝结水管道上,设置有一根小流量的再循环管。

凝结水由于有较好的水质,还设有很多引向其他用途的支管,如再热机组旁路的减温水、控制用液压水、冷却水等。化学补水通常补入凝汽器,以补充热力循环过程中的汽水损失。

2. 主给水系统

主给水管道系统系指除氧器除去不凝结气体后的给水,由给水泵提供动力,经过高压加热器组后送至锅炉省煤器所流经的设备及管路。给水管道系统主要作用是通过给水泵把除氧水升压,用高压加热器把水加热之后,经管路把除氧水安全可靠地送往锅炉,同时提供各种减温水。给水管道输送的工质流量大,压力高,对全厂的安全、经济运行影响很大。给水管道系统事故会使锅炉给水中断,造成紧急停炉或降负荷运行,甚至使锅炉发生严重事故以致长期不能运行。因此,要求给水管道系统在发电厂任何运行方式和发生任何故障的情况下,都要能保证不间断的向锅炉供水。

给水管道系统有单元制、集中母管制、切换母管制三种形式。下面以大容量机组广泛采用的单元制给水管道系统为例进行简要分析。图 8-9 为国产 N300MW 机组的单元制给水管道系统。给水

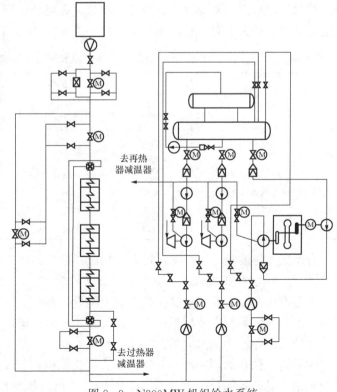

图 8-9 N300MW 机组给水系统

由给水箱流出，经两台汽动给水泵（各自为50%锅炉最大给水流量）送入高压加热器，经过简化的给水操作台送入锅炉省煤器中。为了保证高压加热器故障时能及时切断加热器水侧，防止汽轮机进水，同时又不至于中断锅炉给水，高压加热器水侧旁路都采用了高压加热器自动旁路保护装置，其控制方式有水压液动和电动控制两种。该系统全部高压加热器共用一个旁路，进口设一个四通阀或电动三通阀，出口为四通止回阀或快速电动闸阀，称为大旁路。这种连接系统简单、阀门少、初投资省、阻力小、运行安全可靠。但高压加热器设备有效利用率低，只要其中任何一台高压加热器出现故障，都会导致全部高压加热器停止运行。给水走旁路时，热经济性最差，运行费用最大。若每台高压加热器各设置一个单独的旁路，每个旁路水侧装有三个阀门，称为小旁路。这种连接系统复杂、初投资大、阀门多、薄弱环节多、事故机会多、检修工作量大、安全性最低，有时切除两台高压加热器时不能保证满发；但该系统运行较灵活，运行费用最低。通过上面的粗略分析，高压加热器的投运率如果能达到90%以上，则采用大旁路的优点就更加突出，否则小旁路系统在经济上要合算一些。

在300MW机组建设早期，小旁路采用得多一些，而近年来，随着技术的进步和高压加热器投入率的提高，绝大多数电厂采用大旁路系统。

三、回热加热器运行

从前面的知识可知，锅炉给水回热加热可以提高机组的热经济性，而作为回热系统重要辅助热力设备的回热加热器，其运行的好坏也一定关系到机组的安全和经济运行。特别是高压加热器因为工质流量大、参数高，事故发生率较高，高压加热器停运以后，由于锅炉给水温度降低而增加了锅炉燃料消耗量，降低了机组热经济性，同时还可能导致高参数直流炉的水冷壁超温和汽包炉的过热蒸汽温度提高。低压加热器停用，减少了抽汽做功的量，增加了凝汽做功量，从而导致凝汽流量增加，冷源损失增加；同时低压加热器停用使汽轮机末段蒸汽流量增加，加大了对汽轮机叶片的浸蚀。表8-1反映了高压加热器停用对机组的影响。

表8-1 不设高压加热器而增加的热耗值和煤耗率

参数指标 机组型号	给水温度 （℃）	切除高压加热器 后给水温度 （℃）	标准煤耗 增加值 [g/（kW·h）]	热耗增加值 （%）	每年多耗标准煤 （t）
N25-3.33（35）/435	164.2	104.2	15	3.5	2630
N50-8.83（90）/535	222	158	8.4	2.73	2940
N100-8.83（90）/535	222	158	7.0	1.9	4900
N125-13.24（135）/550/550	239	158	7.4	2.3	6500
N200-12.75（130）/535/535	240	158	10.6	3.3	12720
N300-16.18（170）/537/537	268.6	172.2	8.4	2.6	15120

为保证加热器安全经济地运行，在加热器的运行中，应注意以下几个方面的问题。

1. 启、停及变工况时温度变化率的合理控制

热力设备在温度变化时都存在热应力问题，热应力受到约束时会对设备产生破坏作用。设备的不同部件其温度变化不一样，也会因为热应力问题使设备受到损坏。特别是像高压加热器这种工作环境，给水流量大、温度和压力高，在给水温度变化较大时，管板和管束因为壁厚的不同，受到的热冲击不一致，可能引起管板和管子连接处发生泄漏。显然，不同的温度变化率，对设备的折寿也会不同，从表8-2可以加深理解。

表 8-2　　　　　　　　　　　加热器使用寿命与温升率

温升率（℃/min）	13.2	7.4	3.7	1.9
循环次数（使用寿命）	1250	20000	300000	∞

2. 疏水水位的控制

表面式加热器汽侧抽汽的凝结水（即疏水）水位应在正常范围内。疏水水位过高，受热面被疏水淹没，致使淹没部分管束传热效果下降，加热器水侧出口水温降低，设备热经济性变差，而抽汽因为不能很好地被凝结，导致汽侧压力增大，危及设备安全。疏水水位过低，加热器汽侧蒸汽可能会和疏水一起随疏水管排放到低压力级的加热器，这种现象不但不能维持本级加热器汽侧压力，引起本级加热器热经济性下降；同时，因为疏水管的汽液两相流动而形成对疏水管冲刷，甚至引起管系振动；下一级加热器因为疏水带汽后更多热量的输入，减少了低压力级抽汽的使用，也会影响到设备的热经济性。

疏水水位过高可以从疏水装置、管板及管束泄漏、加热器负荷三个方面去分析和排查，当然首先应检查水位计是否完好工作。若疏水装置正常而疏水水位急剧上升，则管束泄漏的可能性较大，应迅速解列该加热器，进行检修。管板与管束连接处泄漏不像管束泄漏那么快速和容易将事故扩大，轻微的管板泄漏引起的水位变化可以进行调节。若因过负荷引起疏水水位变化，减低负荷便可很好地将水位控制在正常值。疏水水位过低主要从疏水阀的合理开度去考虑。

3. 出口传热端差

加热器出口传热端差是指加热器汽侧压力下的饱和温度与加热器水侧出口水温之间的差值。传热端差是加热器运行中一个重要的监视指标。端差越大，机组热经济性就越差。当加热器端差过大时，应从以下几个方面着手进行分析：加热器传热面结垢、汽侧聚集了不凝结气体、疏水水位过高淹没管束、加热器水侧旁路关闭不严、抽汽管道上阀门卡涩或开度不够等。

4. 停机保护

为了防止加热器管系的锈蚀，加热器停用后的防腐工作是十分重要的。加热器管系锈蚀的主要原因是氧化，因此，防腐措施就是保证管系与空气隔绝。

运行过程中加热器短期停运时，在汽侧充满蒸汽和适当地调节水侧给水的 pH 值，可以起很好的保护作用。

加热器停用时间较长时，必须提供更持久性的保持措施。例如，采取充氮和使用其他合适的化学抑制剂。对碳钢管束给水加热器可采用如下措施：壳侧（即蒸汽侧）充氮，在长期停用期间，须完全干燥后充入干的氮气；水室（即水侧）当机组停机时，加大联氨注入量。

第三节　给水除氧系统

一、给水除氧的目的、方法及热力除氧原理

1. 给水除氧的必要性、任务和方法

为了保证发电厂的安全、经济运行，供给锅炉的给水不仅要除去盐分，还要除去溶解于水中的气体。给水中氧来源主要有以下几个方面：敞口容器溶入，化学补水带入，低真空系统漏入等。给水中含有氧及其他不凝结气体后，会对机组安全经济运行产生影响。溶于水中的氧气会对热力设备及汽水管道产生强烈的腐蚀作用，特别是在高温高压的参数环境下，腐

蚀尤其强烈。水中二氧化碳的存在也会加速这种氧腐蚀。氧腐蚀通常发生在给水管道和省煤器内。同时氧腐蚀后沉积形成的氧化物盐垢及蒸汽凝结时析出的不凝结气体使热阻增加，妨碍热交换设备的传热，降低传热效果。对高参数机组，高压蒸汽溶盐能力增强，使汽轮机叶片和通流部分更易形成氧化物的沉垢，引起推力增加出力下降，降低汽轮机的经济性。

给水除氧的目的是：除去给水中溶解的氧及其他气体，防止热力设备及管道的腐蚀和传热恶化，保证热力设备安全、经济地运行。

给水除氧的方法有化学除氧和物理除氧两种。化学除氧是利用易和氧发生化学反应的药剂，如亚硫酸钠 Na_2SO_3（用于中参数电厂）或联胺（N_2H_4），使之和水中溶解的氧产生化学反应，达到除氧的目的。化学除氧能彻底除去水中的游离氧，但不能除去其他气体，所生成的氧化物还会增加给水中可溶性盐类的含量，且药剂价格昂贵，中小型电厂不采用。在要求彻底除氧的亚临界和超临界参数电厂，在热力除氧后一般再用联胺补充除氧。

物理除氧就是将给水中的氧气及其他不凝结气体从水中机械迁移出来的一种物理过程。热力除氧是广泛应用的一种物理除氧法。

2. 热力除氧原理

热力除氧的基本原理建立在亨利定律和道尔顿定律这两个基本定律基础之上。

亨利定律指出：在一定温度条件下，当溶于水中的气体与自水中逸出的气体处于动态平衡时，单位体积中溶解的气体量与水面上该气体的分压力成正比，与该气体在水中的质量溶解系数成正比，与水面上气体的全压力成反比。

道尔顿定律表明：混合气体的全压力等于各组成气体的分压力之和。在除氧器中，水面上气体的全压力应等于水蒸气的分压力和各种气体分压力之和。

从这两个定律我们可以看到：要减少水中某种气体的溶解量，可以通过减小水面上该气体的分压力或增大其他气体的分压力来实现。而热力除氧的基本原理就是：给水在除氧器中被定压加热，水的蒸发过程不断加强，水面上蒸汽的分压力逐渐加大，相应地水面上其他气体的分压力不断减小，溶于水中的其他气体在不平衡压差作用下从水中离析，水中该气体分压力不断减小。当该气体水面上的分压力和溶于水中的该气体分压力相等时，该气体就在新的平衡状态下保持单位时间溶入水中的数量与自水中离析出来的数量相等。如果把给水加热至除氧器压力下的饱和温度，则水面上水蒸气的分压力接近或趋于水面上的全压力，其他气体的分压力趋近于零，于是水中的气体在不平衡压差作用下，将从水中逸出而被除掉。除氧器运行中如果出现加热不足即"欠热"，则除氧效果会迅速恶化，图 8-10 反映了加热不足与除氧效果恶化的关系。热力除氧法不但能够除氧，还能除去其他气体。

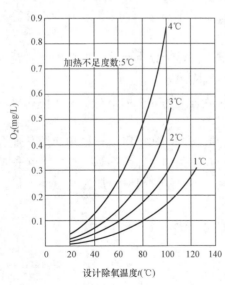

图 8-10 水中残余氧量与加热温度不足的关系

二、除氧器构造

除氧设备可根据不同的方法分类。

(1) 按工作压力可分为真空式、大气式和高压除氧器。真空式除氧装置布置在凝汽器底部两侧,利用汽轮机排汽加热凝结水即可以初步除氧;大气式除氧器的工作压力选择略高于大气压(0.118MPa),以使离析出来的气体靠此压差自动排出除氧器,相应的饱和水温度为104.25℃;高压除氧器的工作压力一般为0.343~0.784MPa,我国定压运行高压除氧器选为0.588MPa,相应的饱和水温度为158℃,滑压运行高压除氧器最高工作压力为0.733~0.784MPa。

(2) 按被除氧水的播散方式可分为喷雾填料式(喷雾膜式)、淋水盘式(细流式)、喷雾淋水盘式等。按布置方式分为立式和卧式两种。

下面从播散方式分析除氧设备的构造。由于淋水盘式和喷雾式除氧器难以实现深度除氧,除氧效果较差,目前电厂较少采用,这里主要介绍在现代大容量机组上普遍采用的高压喷雾填料式和喷雾淋水盘式除氧器。

图8-11所示为高压喷雾填料式除氧器,其工作过程可以分成两个阶段。

第一阶段发生在喷嘴附近区域即喷嘴区的初步除氧。凝结水由除氧器中部中心管进入,再由中心管流入环形配水管2,在环形配水管上装若干喷嘴3,水经喷嘴雾化,形成表面积很大的小水滴。加热蒸汽从塔顶部经加热蒸汽管1(很多汽孔)进入喷雾层,喷出的蒸汽对雾状小珠进行第一次加热。水流间传热面积很大,水被迅速地加热到除氧器压力下对应的饱和温度,水中溶解的气体有80%~90%以小气泡形式逸出,进行初期除氧。

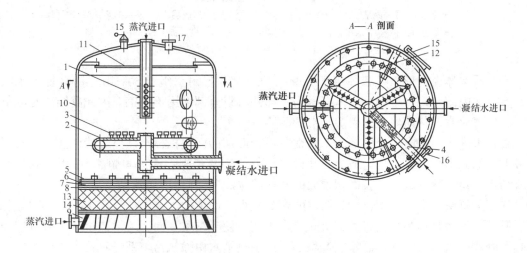

图8-11 高压喷雾填料式除氧器
1—加热蒸汽管;2—环形配水管;3—喷嘴;4—高压加热器疏水进水管;5—淋水区;6—支承卷;7—滤板;8—支承卷;9—进汽室;10—筒身;11—挡水板;12—吊攀;13—不锈钢Ω形填料;14—滤网;15—弹簧安全阀;16—人孔;17—排气管

第二阶段发生在填料层区的深度除氧。残留有10%~20%气体的水体在自重作用下进入填料层13,经填料层区的分散作用形成很大的水膜。水膜的表面张力减小,使残余气体很容易扩散到水的表面。自除氧器底部进入的二次加热蒸汽向上流动,迅速带走水膜表面的残余气体。分离出来的气体和少量蒸汽(占加热蒸汽量3%~5%)从除氧器顶部排气管17排走。

喷雾淋水盘式除氧器工作原理与喷雾填料式极其相似,有立式和卧式布置两种形式。如图8-12所示为300MW机组卧式喷雾淋水盘式除氧器结构图。它由除氧器本体、凝结水进水室、喷雾除氧层、深度除氧层及各种进汽管和进水管组成。

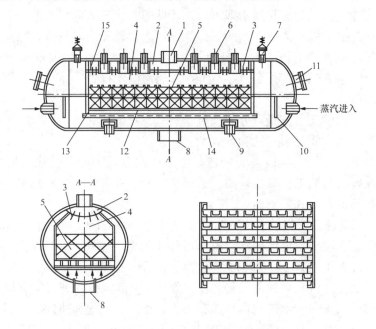

图 8-12 卧式喷雾淋水盘式除氧器结构图
1—凝结水进水管；2—凝结水进水室；3—恒速喷嘴；4—喷雾除氧层；5—淋水盘箱；6—排气管；
7—安全门；8—除氧水出口；9—蒸汽连通管；10—布汽板；11—搬物孔；12—栅架；
13—工字钢；14—基面角铁；15—喷雾除氧段人孔门

除氧器本体由圆形筒身和焊接于两端的两只椭圆形封头组成，采用不锈钢复合钢板制成，除氧器内部凡是与不凝结气体接触的零部件材料全部采用不锈钢，因此凝结水在除氧器内不产生氧化铁，从而保证了锅炉给水的品质。

凝结水进水室是由一个弓形的不锈钢罩板和两端的两块挡板与筒体焊接而成的。在弓形罩板上沿除氧器长度方向均匀地分布几行，每行均装设有若干只恒速喷嘴，喷嘴的作用是将主凝结水雾化，使其成为比表面积很大的"雾状水滴"，强化传热效果。

深度除氧层是由两块侧包板和两端的密封板焊接而成的，该段装有布水槽、淋水盘箱和下层栅架。淋水盘箱中交错布置有十几层小槽钢，使凝结水在向下流动的过程中被分成无数水膜。卧式淋水盘式除氧器的除氧过程如下：主凝结水由除氧器上部进水管进入进水室，经喷嘴雾化进入喷雾除氧层。加热蒸汽由除氧器下部两端进管进入，经布汽板分配后均匀地从栅架底部进入深度除氧层，再向上流入喷雾除氧层。在喷雾除氧层完成初期除氧，在深度除氧层进行深度除氧。离析出的气体通过除氧器上部六只排气管排入大气。除氧后的水从除氧器的下水管进入除氧水箱。卧式除氧器与立式除氧器相比较有以下优点：

（1）卧式除氧器卧坐在除氧器给水箱上，所占空间小。

（2）与除氧水箱的连接安全可靠。卧式除氧器与给水箱的连接只通过下水管和蒸汽连通管对接，工地焊接工作量小。

（3）卧式除氧器与系统管道的连接均采用焊接短管，可在出厂前进行水压试验，来验证除氧器的强度和密封性能，从而保证了制造质量。

（4）简化系统，为实现除氧器滑压运行和自动控制创造了条件。因卧式除氧器可在其顶部沿长度方向布置成一个较长的弓形面积的凝结水进水室，这样才有可能布置较多的喷嘴。而系统中只设一根凝结水进水总管即可控制凝结水流量，使被除氧的凝结水量随机组负荷的变化而改变，从而实现了除氧器滑压运行。这样就改变了立式除氧器在滑压运行时要求凝结水分路进除氧器的状况，简化了系统，且操作方便，亦为实现除氧器全自动控制创造了有利条件。

三、除氧器的热力系统

除氧器在回热加热系统中是一个混合式加热器，通过抽汽加热来除氧，因此其出口处需设置给水泵，以适应负荷变动时对给水量的波动，且又不间断地向锅炉供水。在除氧器下部和给水泵前必须装设一个给水箱。除氧器的连接系统是指连接除氧器及其给水箱的汽、水管道系统。其基本要求是：①保证除氧器压力稳定，有稳定的除氧效果；②防止给水泵汽蚀，要求给水箱水位稳定；③具有较高的回热经济性。为了满足上述要求，使进入除氧器的水与给水泵出口的水量保持相等，则给水箱的水位可以稳定，这要求系统较简单，容易实现。

除氧器的运行方式有定压和滑压两种。定压运行在抽汽管上装设有压力调节阀，以保持除氧器压力恒定，不随机组负荷变化而变化。在系统连接上，要考虑低负荷时维持工作压力恒定的汽源。滑压运行是指除氧器运行时其压力不恒定，随机组负荷与抽汽压力的变化而变化，启动时除氧器保持最低恒定压力，负荷增加达到额定负荷时，其压力达到最高的工作压力。

如图 8-13 所示为中、小型电厂多采用的母管制电厂除氧器的全面性热力系统。除氧器采用定压运行方式。为使除氧器压力和水位稳定，采用全厂除氧器并列运行方式。除氧器被看作是全厂的公用设备，图 8-13 中除氧器为大气式除氧器。与除氧器运行有关的汽、水管路，疏水箱疏水泵来水、化学补充水、排污扩容蒸汽管和给水箱出水、低压给水母管等采用集中母管，其他如回热抽汽管、高压加热器疏水管、主凝结水和给水泵再循环管等管路，在必要时可切换成单独运行。两台相邻除氧器给水箱汽侧用汽平衡管、水侧用水平衡管连接，管子具有足够的直径以保证水箱水位稳定。图 8-13 中的抽汽母管可兼做低负荷切换及相互

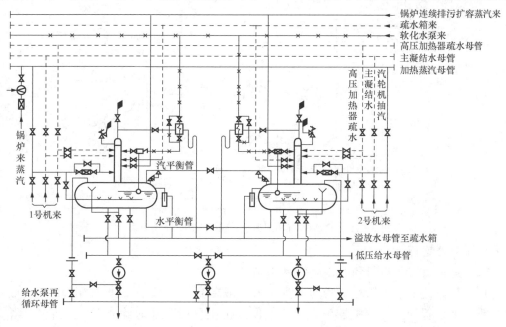

图 8-13 母管制电厂除氧器的全面性热力系统

备用汽源。在锅炉运行、汽轮机未启动或停用时，可采用锅炉的饱和蒸汽或新蒸汽经减温减压后做备用汽源，直接连在抽汽母管上。

图 8-14 为 300MW 单元机组滑压运行除氧器全面性热力系统。该除氧器的加热汽源取自第四段抽汽，抽汽管上无压力调节阀。除氧器滑压运行范围为 0.147～0.865MPa。低负荷及启动汽源为辅助蒸汽联箱来蒸汽，其切换管上设压力调节阀，以维持启动和低负荷时除氧器定压运行。向辅助蒸汽联箱供汽的汽源为启动锅炉和冷再热蒸汽。除氧器水箱内设有再沸腾管，还设置启动循环泵。除氧器排汽启动时排大气，启动带负荷后排至凝汽器。主凝结水、门杆和轴封漏汽、高压加热器疏水和连排扩容蒸汽接至除氧器。另外启动时除氧器的水来自化学除盐水，机组停运时除氧器的放水至定期排污扩容器。为防止给水泵汽蚀，给水泵前均设置有前置泵。如遇机组甩负荷除氧器暂态过程，防止给水泵汽蚀，在三台给水泵进口处设置注入"冷水"（即主凝结水）的管路，以加速给水泵入口水温的下降。300MW 机组设置两台 50％最大给水量的汽动调速泵经常运行，一台 50％最大给水量的电动调速泵备用。备用泵兼锅炉启动时上水用，给水泵出口止回阀上装有给水泵再循环管，启动和低负荷时将给水再循环至给水箱。为保证除氧器和给水箱工作安全，在除氧器和给水箱上方两侧各装一只安全阀。

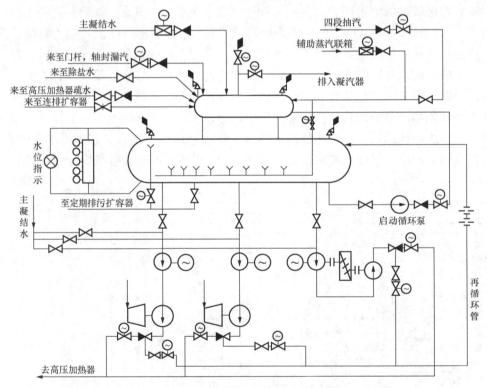

图 8-14 300MW 单元机组除氧器的全面性热力系统

四、除氧器运行

除氧器运行有定压运行和滑压运行两种方式。

定压运行方式要求供给除氧器的抽汽压力一般要高出除氧器工作压力 0.2～0.03MPa，再经抽汽管上设置的压力调整器节流，才能保证机组负荷变化时除氧器的工作压力恒定不变。定压运行的抽汽因节流而降低了机组的热经济性。当机组在低负荷运行，本级抽汽压力不能满足除氧器工作压力需要时，需切换至较高压力的上一级抽汽，热经济损失将更大。虽然有上述缺点，但因除氧器工作压力稳定，保证了良好的除氧效果和给水泵的安全运行，因此在电厂中广泛应用此种方式。

滑压运行除氧器的工作压力是随机组负荷改变而改变的，因此在其加热蒸汽管道上不设压力调整器，从而避免了运行中抽汽的节流损失。除氧器滑压运行亦存在一些缺点：滑压运行时，除氧器内给水温度的变化速度，总是滞后于其压力的变化。当机组负荷增大时，除氧器水温不能及时达到新负荷工作压力下的饱和状态，出现"欠热"，致使除氧效果恶化。当机组负荷减小时，除氧器水的温降迟缓，使水温高于除氧器新负荷工作压力下对应的饱和温度，这虽然对除氧效果有利，但对安装于除氧器下方的给水泵则容易产生汽蚀，影响给水泵的安全运行。

为此，工程应用中，在除氧器内装设再沸腾器来解决机组负荷突增时除氧效果恶化的问题；采取提高除氧器安装高度，给水泵前设置前置泵，加速给水泵入口处的换水速度等措施，以防止在机组负荷突然减少时给水泵产生汽蚀的问题。

除氧器的正常运行应以保证良好稳定的除氧效果和除氧器及其系统的安全运行为主要目的。除氧器在运行中，由于机组负荷、蒸汽压力、进水温度、给水箱水位等因素的变化，都会影响给水除氧效果和除氧器系统的安全运行。因此，在除氧器运行实际过程中，在主要监视给水溶氧量、除氧器压力、给水温度和给水箱水位等指标的同时，还应能通过分析及时排除除氧器的各类故障，表8-3列出了除氧器运行中的常见故障和处理方法。

表 8-3　　　　　　　　　　除氧器运行中的常见故障和处理方法

序号	故障类型	故障内容	处理方法
1	除氧器压力升高	运行中压力升高	关小压力调节阀和进汽电动阀
		压力升高水位降低	说明进水量减小，应先查明是凝结水故障，还是其他给水系统的故障所引起的，并采取相应措施解决
		压力调节阀和进汽阀关闭后，压力继续升高	应检查是否有其他汽源大量进入，此时应检查关小连续排污进汽阀或高压加热器疏水阀，并应检查稳压联箱是否有进汽，如有，则应关闭
		上述三项措施无效，压力继续升高	立即降低机组负荷，避免压力继续升高
2	除氧器压力降低	运行中压力降低	开大压力调节阀，如调节阀失灵，则应开启调节阀的旁路阀
		由于机组负荷减小，而使汽压降低	联动高一级抽汽或投入厂用辅助汽源。滑压运行时，待机组负荷降至一定程度后，再将汽源切换至厂用辅助汽源
		因抽汽管道泄漏，进汽阀误关或安全阀的错误动作而使压力降低	找出原因，采取措施
		进水温度过低，水量过大而使压力降低	开大进汽阀，关小进水阀，并设法提高水位

续表

序号	故障类型	故障内容	处理方法
3	除氧器水位过高	水位超出正常规定范围	关小水位调节阀,停止其他补充水,如调节阀失灵,应关闭调节阀前后的隔离阀
		给水泵跳闸或锅炉给水系统阀门关闭而引起水位过高	改为手动调整,并查明原因,采取措施
		水位超过自动溢流阀动作值,而溢流阀未动作	改用手动,必要时打开除氧器至凝汽器放水阀或给水箱的放水阀
		水位继续上升	应关闭排汽止回阀和抽汽电动隔离阀,如有连锁时,应检查连锁动作是否良好
4	除氧器水位过低	水位低于正常规定范围	开大水位调节阀无效时,再开启调节阀的旁路阀
		凝结水系统故障而引起水位过低	迅速恢复通水,如无法在短时恢复,则应减低机组负荷或停机
		给水系统或锅炉大量漏水而造成水位过低	查明原因,采取措施
		水位仍下降至危险水位	连锁停给水泵,如连锁失灵,应立即手动停给水泵
5	含氧量不合格	除氧器出水含氧量超出规定范围	检查运行方式有无变化,如属凝结水温度低,则提高凝结水温度;在水温无法提高时(例如低加停用时),可加大进汽量
		进水含氧量过高	找出原因,采取措施。如属补水回收水含氧量过高,则改变运行方式
		一、二次加热蒸汽分配不合理而引起溶氧量过高	适当调整一、二次加热蒸汽的分配比例或适当调整排氧阀开度,以使除氧达到最佳效果
		含氧量长期较高而找不出确切原因	在机组大修时检查除氧头内部状况,并进行检修。不允许在含氧量不合格的情况下长期运行
6	除氧器和汽水管路发生振动和冲击	除氧器振动	根据当时运行方式分析水量、水位、疏水量、负荷是否过大,以及除氧头内部是否发生损坏等。一般应适当降低负荷、汽压,放慢升温、升压速度,减少进水量,手动调节水位等
		启动投入时进汽管发生冲击	可能是管道疏水不充分引起,应加强疏水,适当降低汽温,待暖管充分后再升压
		水源瞬时中断,蒸汽发生倒回	应立即关闭水门,待正常后再缓慢开启
		汽水强烈冲击,管道或部件破裂	进行隔绝,无法隔绝而又威胁安全时应停机

第四节 发电厂其他热力系统

一、主蒸汽系统

主蒸汽系统是指从锅炉过热器出口联箱至汽轮机进口主汽阀的主蒸汽管道、阀门、疏水装置及通往其他设备的蒸汽支管所组成的系统。对于再热式机组，还包括从汽轮机高压缸排汽至锅炉再热器进口联箱的再热冷段管道、阀门及从再热器出口联箱至汽轮机中压缸进口阀门的再热段管道、阀门。

发电厂主蒸汽系统具有输送工质流量大、参数高、管道长且要求金属材料质量高的特点，它对发电厂运行的安全、可靠、经济性影响很大，所以对主蒸汽系统的基本要求是系统力求简单，安全、可靠性好，运行调度灵活，投资少，运行费用低，便于维修、安装和扩建。

火电厂常用的主蒸汽系统有以下几种形式：

1. 集中母管制系统

如图 8-15（a）所示，其连接上的特点是"先集中后分配"，即发电厂所有锅炉的蒸汽先引至一根蒸汽母管集中后，再由该母管"分配"给汽轮机和其他用汽设备。

集中母管上用两个串联的分段阀，将母管分成两个以上区段，它起着减小事故范围的作用，同时也便于分段阀和母管本身检修而不影响其他部分正常运行，提高了系统运行的可靠性。正常运行时，分段阀处于开启状态，母管处于运行状态。

该系统比较简单，布置方便，但运行调度还不够灵活，缺乏机动性。当任一锅炉或与母管相连的任一阀门发生事故，或母管分段检修时，与该母管相连的设备都要停止运行。因此这种系统通常用于锅炉和汽轮机台数不匹配，而热负荷又必须确保可靠供应的热电厂以及单机容量为 6MW 以下的电厂。

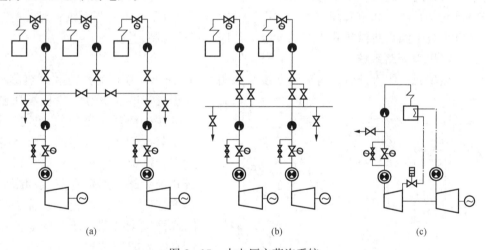

图 8-15 火电厂主蒸汽系统
(a) 集中母管制系统；(b) 切换母管制系统；(c) 单元制系统

2. 切换母管制系统

如图 8-15（b）所示，其连接上的特点是每台锅炉与其相对应的汽轮机组成一个单元，同时在单元之间装有联络母管，每一单元与母管相连通，且装设有三个切换阀门。为了便于母管检修或电厂扩建不致影响原有机组的正常运行，机炉台数较多时，也可考虑用两个串联的关断阀将母管分段。母管管径一般是按通过一台锅炉的蒸发量来确定的，通常处于热备用状态，若分配锅炉负荷时，则应投入运行。

联络母管及切换阀的作用是当某单元锅炉或汽轮机设备发生事故或检修时，可通过这三个切换阀门由母管向其他用汽设备、相邻机组供汽或使用相邻锅炉的蒸汽，保证了停机不必停炉或停炉不必停机的可靠性问题。同时还可充分利用锅炉的富余容量，实现较优的经济运行。

该系统的优点是正常时机炉成单元运行，需要时又可切换运行，既有较高的运行灵活性，又有足够的运行可靠性。不足之处在于系统本身较为复杂，阀门多，发生事故的可能性较大；管道长，金属耗量大，投资高。所以，该系统适宜装有高压供热式机组的发电厂和中、小型发电厂采用。

3. 单元制系统

如图 8-15（c）所示，其连接特点是每台锅炉与相对应的汽轮机组成一个独立单元，各单元间无母管横向联系，单元内各用汽设备的主蒸汽支管均引自机炉之间的主汽管。

单元制系统的优点是：①系统简单、管道短、阀门少（有些引进型 300、600MW 机组取消了主汽阀前的电动隔离阀），故能节省大量高级耐热合金钢；②事故仅限于本单元内，全厂安全可靠性较高；③控制系统按单元设计制造，运行操作少，易于实现集中控制；④工质压力损失少，散热小，热经济性较高；⑤维护工作量少，费用低；⑥无母管，便于布置，主厂房土建费用少。其缺点是：①单元之间不能切换，单元内任一与主汽管相连的主要设备或附件发生事故，都将导致整个单元系统停止运行，缺乏灵活调度和负荷经济分配的条件；②负荷变动时对锅炉燃烧的调整要求高；③机炉必须同时检修，相互制约。因此，对参数高、要求大口径高级耐热合金钢管的机组，且主蒸汽管道系统投资占有较大比例时，应首先考虑采用单元制系统。如装有高压凝汽式机组的发电厂，可采用单元制系统；对装有中间再热凝汽式机组或中间再热供热式机组的发电厂，应采用单元制系统。

二、再热机组旁路系统

中间再热单元机组大部分装有旁路系统，如图 8-16 所示。连接主蒸汽和再热蒸汽冷段的蒸汽管道（绕过汽轮机高压缸）称为高压旁路或Ⅰ级旁路；连接再热器热段蒸汽管和凝汽器的蒸汽管道（绕过汽轮机中、低压缸）称为低压旁路或Ⅱ级旁路；连接主蒸汽和凝汽器的蒸汽管道（绕过汽轮机）称为整机旁路或Ⅲ级大旁路。所有的旁路中都装设有减温减压装置，以适应不同管道和设备对流动介质的不同要求。

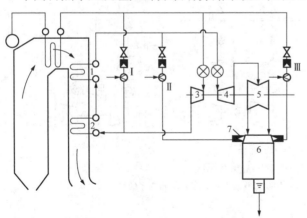

图 8-16 再热机组三级旁路系统
Ⅰ—高压旁路；Ⅱ—低压旁路；Ⅲ—整机旁路
1—高温再热器；2—低温再热器；3—高压缸；4—中压缸；
5—低压缸；6—凝汽器；7—扩容式减温减压器

旁路系统是为了适应再热机组启、停和事故处理时特定情况下的需要而设置的。从实质上讲，旁路系统就是再热机组启、停和事故情况下的一种调节和保护系统。旁路系统的作用体现在这几方面：缩短启动时间，改善启动条件，延长汽轮机寿命，保护再热器，回收工质，降低噪声，减少安全门动作次数，延长使用寿命。

三、辅助蒸汽系统

辅助蒸汽系统是发电厂公用汽系统，单元制机组均有设置，其作用是保证机组在各种运行工况下,为各需蒸汽的用户提供参数、数量符合要求的蒸汽。

辅助蒸汽系统主要由供汽汽源、用汽支管、辅助蒸汽联箱(或称辅助蒸汽母管)、减压减温装置、疏水装置及其连接管道和阀门等组成。

确定辅助蒸汽系统供汽汽源时,要充分考虑到机组启动、低负荷、正常运行及厂区的用汽情况。对于新建电厂的第一台机组,要设置启动锅炉,用锅炉主蒸汽来满足机组的启停和厂区用汽。对于扩建电厂,可利用老厂锅炉的过热蒸汽作为启动和低负荷汽源。再热冷段也可作为辅助蒸汽系统的供汽汽源,但需接在高压旁路之后,这样在机组启动、低负荷及机组甩负荷工况下,只要旁路系统投入,且其蒸汽参数能满足用汽要求时,就能供应辅助蒸汽。当旁路系统切除,再热冷段蒸汽能满足要求时,由高压缸排汽供辅助蒸汽。该供汽管道上装有止回阀,防止辅助蒸汽倒流入汽轮机。当负荷大于70%～85%MCR时,利用汽轮机与辅助蒸汽联箱压力相一致的抽汽供辅助蒸汽,并且在抽汽供汽管与辅助蒸汽联箱之间不设减压阀,在辅助蒸汽联箱所要求的一定压力范围内滑压运行,从而减少了压力损失,提高机组运行的热经济性。接入辅助蒸汽联箱的抽汽管道上也装有止回阀。

如图8-17所示为600MW机组的辅助蒸汽系统。该机组除启动锅炉和从高压旁路装置后接出的冷再热蒸汽作为辅助蒸汽系统的汽源外,还有一路由锅炉汽包接出的供汽管道。当机组突然甩负荷,旁路系统未能投入时,为了保证必需的辅助蒸汽用汽,由锅炉汽包引来的饱和蒸汽经汽水分离器分离后,水进入疏水扩容器,蒸汽进入辅助蒸汽联箱,从而利用锅炉的余压向辅助蒸汽系统供汽。

四、锅炉的连续排污利用系统

锅炉连续排污利用系统的作用就是让高压的排污水通过压力较低的连续排污扩容器扩容蒸发,产生品质较好的扩容蒸汽,回收部分工质和热量提高机组的热经济性。扩容器内尚未蒸发的、含盐浓度更高的排污水,可通过表面式排污水冷却器再回收部分热量。在图8-1的600MW机组原则性热力系统中,锅炉采用一级连续排污利用系统,扩容器CV分离出来的蒸汽送入除氧器回收利用。连续排污利用系统由排污扩容器、排污水冷却器及其连接管道、阀门、附件组成。

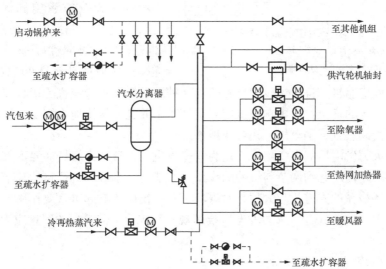

图8-17 600MW机组的辅助蒸汽系统

第五节 火电厂的辅助生产系统简介

火力发电厂的生产过程除了上述所谈到的一些热力系统外,还涉及其他几个辅助生产系统,下面进行简单介绍。

一、燃料运输系统

随着电力工业的发展,电厂容量的不断增大,耗煤量日益增加,一座600MW的火力发电厂燃烧一般发热量的煤,每天需要近万吨。由此可见煤的输送和处理是保证电厂安全可靠、经济运行的前提。

电厂的燃煤运输包括厂外运输和厂内运输两大部分。

目前煤的厂外运输方式主要分陆路运输和水路运输两大类。陆路运输包括铁路、公路、长距离带式输送机、索道和管道运输等,其中铁路运输为主要运输方式,其余几种应用较少。水路运输主要是采用江、海驳船,或采用水—陆联运方式。采用铁路运输时,电厂设有专用铁路线,在国家干线上的接轨站进行接轨,用自备机车牵引运煤列车进厂。水—陆联运则是从矿山用铁路运输将原煤运送到江、海边的转运码头,再装煤上驳船,运送到电厂煤码头,最后用带式输送机或者自卸卡车运到厂内。

厂内燃料供应系统是指运输部门用车船将煤拉入电厂后,从卸煤开始,一直到将合格的煤块送到原煤仓的整个工艺过程。它包括卸煤生产线、上煤系统、储煤场、破碎与筛分、配煤系统及辅助生产环节,如图8-18所示。

卸煤设备是将煤从车厢或船舱中清除下来的机械。要求卸煤速度快、彻底干净、不损伤车厢或船舱。车厢应用较多的卸煤设备有螺旋卸煤机、翻车机、自卸式底开车厢;船或驳船应用较多的卸煤设备有周期性作业的抓斗卸船机、连续性作业的斗链式卸船机、斗轮斗链

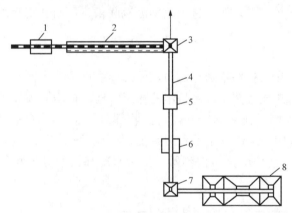

图8-18 燃料运输系统示意图
1—车厢秤;2—卸煤装置;3、7—转运台;4—胶带运输机;
5—碎煤装置;6—自动秤;8—原煤斗

式卸船机、螺旋卸船机、自卸煤驳和自卸船等。铁路运煤的受卸装置是接收和转运设备的总称,要求具备一定的货位,不影响一次或多次卸车,并且能尽快地将接受的煤转运出去。主要有长缝煤槽受卸装置、翻车机、栈台或地槽等。

储煤场是火力发电厂的煤备用库,是为安全发电而设置的。煤场储煤不仅可以备用,还可对厂外来煤不均衡时起到调节与缓冲的作用,并能对高水分煤进行自然晾干和提供混煤场地。近年来煤场机械的先进化与大型化对煤场工艺系统的改进起着重要作用。

根据DL/T 5000—2000《火力发电厂技术规程》规定,储煤场的容量应为全厂5~20天的耗煤量。

二、除灰系统

在锅炉运行过程中不允许灰和渣在灰斗与渣斗中堆积过多,灰渣在渣斗中堆积会引起煤

粉炉的炉膛结焦。灰在灰斗中堆积会破坏除尘器正常运行，以致导致停炉事故。所以必须定期地或连续不断地排除锅炉中的灰与渣，并送往储灰场。除灰系统的选择，应根据灰渣量，灰渣的化学、物理特性、除尘器和排渣装置的形式、冲灰水质、水量，发电厂与储灰场的距离、高差、地形、地质和气象等条件，通过技术经济比较确定。除灰系统设计应充分考虑灰渣综合利用和环保要求，并贯彻节约用水的方针。

目前电厂采用的除灰方式有机械、水力和气力除灰三种。

机械除灰渣方式仅在一些中小型电厂中应用。煤粉炉的底渣，常采用水力除渣方式，如图 8-19 所示。水力除灰方式的设备有排渣槽、冲灰器、灰沟、灰渣泵及冲灰水泵等。根据发电厂的容量、储灰场的距离和供水条件，水力除灰方式又分为低压和高压两种水力除灰系统。随着灰渣的综合利用，煤粉炉的底渣也在逐渐采用干式除渣，其目的是减少污水排放和灰渣综合利用。对于飞灰，现在电厂普遍要求采用气力除（飞）灰方式。气力除灰又可分为正压除灰和负压除灰两种方式。正压除灰对设备磨损程度主要取决于输送介质的速度和颗粒浓度，当采用正压密相输送时，磨损明显比稀相负压输送小。正压除灰对设备维修工作量大，常用于中小型电厂。负压除灰系统的吹灰器结构简单、系统占地面积小，但运行可靠性差、费用较高。为防止输灰管道结垢，输送空气需要除湿加热，常采用电加热。

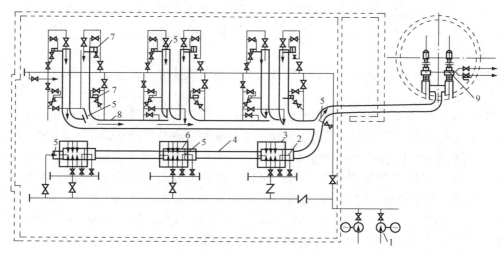

图 8-19　灰渣泵水力除灰系统
1—冲灰水泵；2—冲灰喷嘴；3—浇水装置；4、8—灰沟；5—激流喷嘴；
6—排渣槽；7—冲灰器；9—灰渣泵

三、供水系统

1. 供水用途

电厂设置供水系统的目的，主要是向凝汽器供给冷却水。如对于直流供水系统的 N300MW 机组，凝汽器处冷却水流量达到 $49680 m^3/h$，此外还需向辅助冷却水系统、化学水处理系统、锅炉除灰系统、消防及生活等提供水源。凝汽器冷却流量之外的用水量总和约占供水系统总水量的 12%，其中辅助冷却水系统为 7%～10%，除灰渣用水 2%～4%，水力除灰所需水量主要取决于燃料燃用量、灰分含量、除灰方法与除尘方法等。化学水处理系统所需的水量则相对很小。

2. 水源

供水系统的水源主要来自江、河、湖泊水，海水和地下水等三个方面。

江、河或湖泊水通常含有大量的悬浮物、胶体杂质、有机物质和微生物。由于受腐殖质和工业水的污染，通常有色度。它的硬度一般较低，矿物质也较少。上述特点会随着流速、河川演变、潮汐等水流条件，废水污染等水源环境，以及季节等的变化而变化。

海水矿物质含量特别高，其中主要的溶解离子会引起凝汽器及其他冷却设备的腐蚀。

地下水悬浮质少和溶解杂质多。这是由于土层的过滤作用，水中悬浮杂质被大量除去，但埋藏在地下的大量无机物质或腐殖质等有机物会溶解于水。溶解杂质的种类和数量与土壤的性质有关。

发电厂水源选择的原则是厂址应尽量靠近水源，以节省建造引水渠的费用；同时要收集和研究水量、水质、水温、水位、含砂量、河川和河岸的稳定性及其坚固性等水文气象资料。

3. 对供水系统的要求

发电厂对供水系统的要求是必须可靠，因为它会直接影响汽轮发电机组的正常运行。具体的要求有如下几点：

（1）保证不间断地供给足够的水量。

（2）进入凝汽器的冷却水最高温度一般不应超过制造厂的规定值。

（3）最大程度地清除冷却水中的杂质，以避免堵塞冷却设备。

4. 供水系统的形式

发电厂的供水系统由水源、取供水设备及其管路组成，可分为直流、循环和混合三种供水系统。

（1）直流供水系统，是指水自水源引入，通过发电厂的凝汽器等冷却设备吸热，使用一次后直接排走的系统，故也称开式供水系统。该系统的特点是投资省，运行经济性高。当水源为流量足够的河流以及海洋时，应优先采用该系统。直流供水系统分为岸边水泵房系统、中继泵房系统、厂区内泵房系统等形式。岸边水泵房系统是使用最广泛的一种形式，如图 8-20 所示。当水源水位较低或水位变化幅度较大时，将循环水泵布置于岸边水泵房内，水源的水经循环泵加压后，由铺设的管道送至汽轮机房。从凝汽器及其他冷却设备排出的热水经管道进入虹吸井中，再经排水渠沟流回水源的下游。该系统的循环水泵可以安装在较低的标高上，即使在最低水位时也可保证吸水高度在允许值之内。因此运行条件比较可靠，但其供水管道长，流动阻力大，耗电量和设备投资大。

（2）循环供水系统，是指冷却水被重复利用的系统。在该系统中，冷却水经凝汽器等冷却设备升温后，在专用的冷却装置中使冷却水对环境空气散热，降低温度后再次供冷却使用，从而构成一个闭式的循环，故也称闭式系统。该系统按循环水自身的冷却方式又分为冷却塔、冷却池和喷水池冷却的循环供水系统。自然通风冷却塔循环供水系统是应用最为广泛的一种形式，如图 8-21 所示。冷却水进入凝汽器吸热后，沿压力管道由塔身中心进入距地面 8～12m 高处，沿配水槽由中心流向四周。再由配水槽下边的滴水孔眼（或滴水管）呈线状滴落到与孔眼同心的溅水碟上形成细小的水滴，落入淋水装置散热后流入储水池中。池中水再由循环水泵送进凝汽器中重复使用。

（3）混合供水系统。该系统是指直流与循环供水系统混合构成的供水系统。

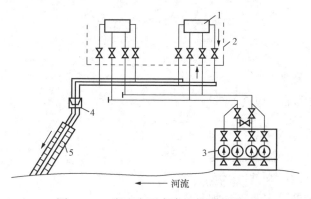

图 8-20 岸边水泵房直流供水系统图
1—凝汽器；2—主厂房；3—水泵房；
4—虹吸井；5—排水渠（沟）

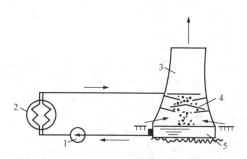

图 8-21 自然通风冷却塔循环供水系统
1—循环水泵；2—凝汽器；3—冷却塔；
4—淋水装置；5—储水池

思 考 题

8-1 发电厂原则性热力系统由哪些部分组成？以 N600MW 机组为例熟悉系统图。

8-2 回热加热器怎样分类？表面式加热器有何特点？

8-3 绘出 U 形管板加热器结构示意图，标注主要构件名称，说明其工作过程。

8-4 与回热加热器相关联的连接系统有哪些？分析系统中的主要管路及构件的作用。

8-5 停用加热器有何不利？回热加热器运行中应注意哪些方面的问题？

8-6 给水为什么要除氧？除氧有哪些方法？

8-7 说明热力除氧的工作原理及保证除氧效果的方法。

8-8 以高压喷雾填料式除氧器为例说明其主要结构部件及作用、除氧器的工作过程。

8-9 除氧器有哪两种运行方式？各有何特点？

8-10 主蒸汽系统是指电厂的哪些部分？对主蒸汽系统的要求有哪些？

8-11 主蒸汽系统有哪些形式？各有何特点？

8-12 再热机组设置旁路有何作用？有哪些旁路形式？

8-13 电厂辅助蒸汽系统有何作用？

8-14 火电厂有哪些主要的辅助生产系统？各有何作用？

参 考 文 献

[1] 张永涛. 锅炉设备及系统. 北京：中国电力出版社，1998.
[2] 吴志敏. 电厂锅炉. 北京：中国电力出版社，1999.
[3] 周菊华. 电厂锅炉. 2版. 北京：中国电力出版社，2009.
[4] 姜锡伦. 锅炉设备及运行. 2版. 北京：中国电力出版社，2010.
[5] 关金峰. 发电厂动力部分. 2版. 北京：中国电力出版社，2007.
[6] 赵义学. 电厂汽轮机设备及系统. 北京：中国电力出版社，1997.
[7] 陈去恶. 汽轮机设备及运行. 北京：中国电力出版社，1997.
[8] 赵永民. 汽轮机设备及运行. 北京：水利电力出版社，1994.
[9] 代云修. 汽轮机设备及运行. 北京：中国电力出版社，2005.
[10] 席洪藻. 汽轮机设备及运行. 北京：水利电力出版社，1988.
[11] 赵素芬. 汽轮机设备. 3版. 北京：中国电力出版社，2014.
[12] 张燕侠. 热力发电厂. 3版. 北京：中国电力出版社，2013.
[13] 郑体宽. 热力发电厂. 2版. 北京：中国电力出版社，2008.
[14] 程明一. 热力发电厂. 北京：中国电力出版社，1998.
[15] 叶涛. 热力发电厂. 4版. 北京：中国电力出版社，2012.
[16] 《中国电力百科全书》编辑委员会. 中国电力百科全书：火力发电卷. 2版. 北京：中国电力出版社，2001.
[17] 蔡锡琮. 高压给水加热器. 北京：水利电力出版社，1995.
[18] 上海市第一火力发电国家职业技能鉴定站. 汽轮机辅机检修. 北京：中国电力出版社，2005.